# 楊振寧—
# 20世紀一位物理大師及其心路歷程

## 丘成桐　編輯

國立交通大學出版社

楊　振　寧

合肥　　　　　1926 年

楊振寧（右）與陳省身夫人的兩位兄弟鄭士成（中）、鄭士清。

　　楊振寧在小學和中學時，同學們都稱他「大頭」。楊振寧回憶道：「我跟我的小學同學們在清華園裡到處遊玩，幾乎每一棵樹我們都爬過，每一棵草我們都曾經研究過。」

左至右：凌寧、李政道、楊振寧　　1947 年 8 月 23 日芝加哥大學

　　楊振寧一行三人，於駕車漫遊美國出發前所攝。在 38 天時間裡，他們到過拉什莫爾山（南猶科他之州，山石上雕有華盛頓、傑佛遜、林肯和西奧多、羅斯福四人的巨像）、蒂頓族印地安人保留地、斯波坎附近一望無際得一抹平川、舊金山、約塞米蒂谷（在加利福尼亞州中東部）、大峽谷（在亞利桑那州）和許多其他令人難以忘懷的風景名勝地。這是他們對美國認識與了解的一次重要旅行。

杜致禮和楊振寧於新澤西州普林斯頓
結婚典禮　　　　1950 年 8 月 26 日

楊振寧　　1957 年春

楊振寧的太太杜致禮與瑞典國王攝於斯德哥爾摩
1957 年 12 月

楊振寧和母親於香港　　　1971 年 1 月

楊振寧同母親渡過的最後一個
春節攝於香港　　1987 年 1 月

楊振寧和周恩來 1971 年 8 月 4 日

楊振寧與鄧小平攝於華盛頓希爾頓飯店 1979 年 1 月 30 日

攝於中國長城　　　　　　1971 年

全家合影攝於石溪附近（感恩節）　　　　1976 年

楊振寧在香港　攝於其生日慶祝會上

楊振寧的小學同學藝術家熊秉明書贈楊振寧慶賀他七十大壽的中堂

形骸已与
流年老詩
句猶爭造
化功

振寧楊教授查誦放翁
此句壬申新歲值
七十攬揆之辰因以奉申
祝旅南開大學持贈啓功書

詩句猶爭造化工

此楊先生近年所弄
台清華大學今人祈賀
啓功句
熊秉明書

楊振寧先生七十壽

形骸已与流年老

送給楊振寧慶賀他七十大壽的條幅（宋代大詩人陸游句）上
爲啓功書，下爲熊秉明書

楊振寧在他的辦公室　　　　　　　1986 年

楊振寧與邱成桐在新竹清華出席,慶祝楊振寧
七秩大壽慶典　　　　　　　　　　　　1992 年 7 月

楊振寧夫婦同新竹清華校長夫婦合影於本書編著所組織的
慶祝楊振寧七十壽辰的大會上　　　　　　　1992 年 7 月

攝於吉林長白山　　　1993 年 8 月

# 智慧叢書序一

## 二十一世紀的年輕人應當兼有氣質與理性

十九世紀後半期，歐美各國挾著優越的科技文明、經濟制度向亞、非洲不斷地擴張，對中國產生重大的衝擊。清廷也開始了模仿西法，知識分子也思考如何使中國站起來，從「西學源於中國說」，到「中學為體，西學為用」，不斷思索如何面對此「三千年來未有之大變局」。至 1919 年的「五四運動」中，知識分子又高舉著「德先生」與「賽先生」，不久又激起了一場「科學與玄學」之爭辯。可惜，由於歷史在作弄著我們，經過了四分三的世紀中，「民主」與「科學」並沒有在中國這長達幾千年的威權社會中生根茁壯。

海峽兩岸隔海分治半世紀以來，使臺灣的青年學子能夠擁有一個頗為完整的教育環境。在這環境中的教育體制極不健全：中學教育不正常，學校、教師和學生將目標放在應付升學，絕大多數的學生只知強記、不求瞭解，目的是為了進入好學校，對學問了無興趣。進入大學，因在高中階段，社會組、自然組在修習科目上壁壘分明，「人文」與「科學」已開始分立，使青年學子無法達到以啟發思考、培養為「完人」的大學教育。半世紀前，美國著名的哈佛、耶魯等大學已針對大學教育是一個「通才」抑是「專才」的教育，展開了一系列的爭辯，最後歸納出結果：大學是一個完整的教育，其目的在培養一「完人」，必須以通才教育為核心，兼顧科學與人文。偏重於專門的科學教育，輕忽人文的陶冶，似乎少了「氣質」；而重人文，輕忽科學，似乎少了「理性」。二十一世紀的年輕一代應是兼有氣質與理性的。

大學應該既是提供「通才教育」(liberal arts)，也是提供「實用性(專門性)教育」。通才教育課程通常是要求所有大學生修習外語、人文、社會、藝術、及基礎科學等課程；實用性教育課程是大學生本身所選擇的系所，針對不同系所所開設的應用科學、工程、醫學、法律、社會等課程。所以，大學不是職業的訓練場所，也不是基礎及專門知識的傳授，而是使學生在畢業後，能有國際觀、面對社會挑戰、或獨立研究與思考的「完人」。大學是學者致力學術研究，培養後學者的處所，美國之哈佛、耶魯，英國之劍橋、牛津等能被稱為世界一流大學，在於數百年來能不斷培植一流人才有關。

　　在當前推廣通識教育的過程中，提供一系列適當的書籍是有必要的。本校近年來也著力在往世界級一流大學提昇，自 1999 年成立了「交大出版社」，設立「智慧叢書」就是希望大家認識到，科學與人文是人類文明兩大支柱，也是大學生在求知階段所必備的。希望這些叢書能讓我們莘莘學子能有完備的通識教材，也能成為二十一世紀人人必讀的知識叢書，那麼這將是「交大出版社」最大的收穫了。

國立交通大學校長

張俊彥

2000/07/14

# 楊振寧先生傳序

先生，安徽合肥人也。歷代文氣所聚，先生父子承其宗，何德之厚也。

自晚淸以降，國步維難。中學不足禦外，西學未知所爲。先生起華夏，揚歐美，解微子之謎，創規範之論。二千年中土學者未有達斯境者，華裔於西學從此無懼矣。

嗟夫，物象萬千，誰實司之。液氣相遷，誰實知之。弱力電生，誰實現之。強子膠堅，誰實命之。悠悠蒼生，此何人哉。宇稱恒規，先生其主之乎。

先生之學，思古求新，格諸物之理，自然成章，直抵造物之根，籌學之源。天下言物理者，皆折中於先生。先生之風，俊逸超群，典雅高致。其爲文也，恰如秋水澄江，略無涯涘，又如皓月當空，清輝滿盈。先生之德，澤遠流長，承先人之志，家國得榮，此曾子所謂大孝者乎。

華夏之興，父母之養，先生克盡厥思。朋友之交，後學之率，至情至性，宜乎天下之表率也。

遂聚時賢，爲先生記。其百世後，毋忘先生風骨也。

丘成桐 贊　2001.6.28

# 譯　序

　　1992 年，是方今健在的最偉大的物理學家、諾貝爾獎得主楊振寧教授七秩大壽。世界各地都以各種形式舉行了祝壽慶典，其中，新竹清華則以「慶祝楊振寧教授七十壽辰」為題召開了一次國際學術研討會。出席研討會的有來自世界各地的著名科學家，包括多名諾貝爾獎獲得者；他們當中，有楊振寧先生的師長、學生、同事和朋友。除了切磋學問之外，他們還利用這次難得的學術聚會表達對楊教授的頌揚之情。事後，丘成桐教授和劉兆玄教授把研討會的文章編輯成集，以《楊振寧－二十世紀一位偉大的物理學家》為書名，於 1995 年春在美國出版。承蒙丘成桐教授厚愛，該書一經問世，就給我寄來一本，俾我得以先讀為快。閱讀是書，乃一大樂事。看到如此眾多的學者、名流熱情洋溢，異口同聲地贊頌楊振寧對物理學的不朽貢獻，我心中不禁歡喜，蓋因我在拙著《楊振寧評傳》（廣西科學技術出版社出版，1992 年，南寧）中，稱楊振寧先生為方今健在的最偉大的物理學家，而受到某些人詰難。現在，《楊振寧－二十世紀一位偉大的物理學家》一書中各位大師都說，物理學史上，只有牛頓、麥克斯韋、愛因斯坦和狄拉克這樣的科學巨匠才能與楊振寧相提並論。這是我中華民族的極大榮耀，無疑也是對我上述論點最有力的支持。一篇文章要做到完全客觀，是不可能的。然而，眾口一詞，人人都這麼說，那就一定客觀公允。讀過這本書的人，都會由衷地感到，楊振寧先生不但是科學泰斗和一代宗師，而且在一切方面都堪稱做人楷模。因此我希望把這本著作翻譯出來，以饗讀者。

翻譯此書，還有另一層考慮。我曾有幸翻譯出版楊振寧先生的兩本大作：《讀書教學四十年》（香港三聯書店出版，1985 年）和《三十五年心路》（廣西科學技術出版社，1989 年，南寧），這兩本書收集楊振寧先生的演講和回憶錄，內容主要是楊先生說自己，談物理，議論他所經歷和參與的歷史事件，以及評論各種人物。兩書出版以來，頗受海內外讀者的歡迎，被譽為姊妹篇。而如今的這本《楊振寧－二十世紀一位偉大的物理學家》則是眾多學者、名流議論和評價楊先生的文集。從這個意義來說，後面這本書才是前兩本書真正的姊妹篇；這三本書合在一起，就能使我們對楊振寧先生的崇高品格和偉大貢獻，有一個明晰和完整的認識。我有機會翻譯出版這樣三本重要的書，真是三生有幸！

　　前兩年，楊先生應邀到北方某大城市講學，同機前往的還有一位大紅大紫的流行歌星。機場上，一大群追星族手捧大束大束的鮮花，迎候他們心目中的偶像。看到楊先生在一些人的簇擁下走向停在一旁的豪華轎車，這群追星族聽說同機前來的還有一位大名人，便跑過來打聽。當被告知，這位大名人是楊振寧先生時，歌迷們滿面狐疑：「楊振寧？未聽說過。楊先生是唱什麼歌的？」呼的一聲又散去。該市電視台播出「楊振寧教授到我市 XX 大學講學」的消息，通篇竟把楊先生的名字寫錯念錯了！聽罷這個故事，我不禁黯然神傷。

　　有道是中華民族應該對人類作出更大的貢獻，既然如此，我們為什麼不去宣傳、頌揚像楊振寧這樣已經對人類作出了極大貢獻（連外國人都異口同聲地承認這一點）的中華民族精英呢？正是因為有上面的刺激和感慨，本書譯者這些年來才如此起勁地研究、介紹和宣揚楊振寧先生，以及他對人類所作的偉大貢獻。我的一片苦心孤詣，希望能夠得到讀者諸君的理解和贊同。

　　要說明的是，原書是一次物理學研討會的文集，收入了許多學術論文。考慮到廣大讀者並不熟悉，也不需要學術性、專業性太強的內容，故略去（完全略去未譯的數學、物理論文共有九篇）。另外，外國人名、地名，除眾所周知者外，一律不譯出。每篇文章都附一小段作者簡介，多是原書所載，部分為本書譯者所撰。一些情況下，為了幫助讀者完整地了解某一作者對楊振寧先生的評價，本書譯者收集了該作者的其他文章，作為附錄，載於文後；這些附錄皆非原書所有。我們在每一附錄之後，都標明文章的出處，在此特向有關作者及出版者致謝。

　　此外，譯者對原書各篇文章先後順序，稍加變動。藉此機會，我要向讀者介紹原書編者之一丘成桐教授。丘先生是世界著名的美籍華裔數學家，美國哈佛大學教授，同時是美國史丹佛大學、加利福尼亞大學柏克萊分校和普林斯頓大學的終身教授，美國數學會會員。他是 1949 年生於廣東汕頭，隨即和父母遷居香港， 1971 年獲美國加州大學學柏克萊分校哲學博士學位，1980 年獲香港中文大學理學博士學位。他在微分幾何、非線性橢圓微分方程、低維流型拓撲、廣義相對論、複流型解析幾何等方面有突出的貢獻。1977 年因解決卡拉彼猜想和廣義相對論的正質量猜想而揚名數學界。他還與蕭蔭堂合作解決了任鴻熙猜想。1979 年獲得美國加州科技及工業博物館科學家獎；1981 年獲得美國數學學會韋伯倫獎，同年又獲美國國家科學院卡利獎；1982 年再獲菲爾茲獎，這是獲得此項殊榮的第一位華人。由於諾貝爾委員會不設數學獎，故菲爾茲（J.C.Fields）

獎和沃爾夫（Ricardo Wollf）獎就成了相當於諾貝爾獎的世界數學最高獎項，其中，前一種只獎給不滿四十周歲的青年數學家。

此書翻譯出版得到了廣西師範大學物理系柳繼鋒教授的大力促成，在此謹表謝忱。本書的校譯者黃得勳教授和我在共同翻譯楊先生大作《讀書教學四十年》過程中合作愉快，記憶猶新。我們還共同翻譯了本書中 Max Dresden 的那篇文章。囿於譯者才疏學淺，錯漏在所不免，敬請讀者諸君不吝賜教，是所至祈。

甘幼玶

1995 年 8 月於邕州

# 編後語

　　兩年前，丘成桐先生將他在美國 International press 主編的二本書，陳省身 ── 廿世紀的幾何學大師及楊振寧 ── 廿世紀的一位偉大物理學家，委託新竹交通大學出版社以中文出版，由本人負責相關工作，並列為本校出版社智慧叢書之一及二。

　　本校出版社草創伊始，一旦承膺大任，真是又喜又懼。希望能拿出最好的成果，不要讓丘先生及眾多讀者朋友失望。這二年來，承蒙蔡教務長文祥、出版組陳莉平組長、李珮玲小姐、黎燕麗小姐的努力，先由簡凱萍小姐將陳書及林吟衡小姐將楊書由簡體版翻成繁體版。並經潘呂其昌及曾華壁兩位教授教授潤稿修辭，陳書由本人校閱，楊書經本人及物理學家邵錦昌、高湧泉及馮明光等多位教授校閱。非常感謝大家的努力，才能讓此二書早日問世。

新竹交通大學理學長院院長

林松山 2001.9.20

# 第一部份

# 楊振寧－二十世紀一位偉大的物理學家

### 丘成桐　劉兆玄　編

### 甘幼玶　譯

國立交通大學出版社

# 目　錄

# 第一章　電子－正電子高能對撞的最新結果

丁肇中

今天，能在這個講壇上做報告，慶祝楊教授的七十壽辰，我個人感到極大的榮幸。第一次聽到楊教授名字的時候，我還是台北的一個高中生，楊振寧和李政道關於宇稱不守恆的偉大工作是我們了解弱相互作用的關鍵一步。

楊振寧教授是二十世紀最偉大的物理學家之一。他對物理學和數學的貢獻大大地推進了我們對物質世界的了解。大家公認，每當提起二十世紀物理學的主要里程碑時，下面幾項立刻就會浮現腦際：

1.相對論

2.量子力學

3.規範理論

人們可以很容易地列出楊振寧－米爾斯理論的某些重大後果：

a.把局域規範不變性用到一族 n 個粒子時，得到：

－量子色動力學以外的第一個成功的理論；

－用於粒子的第一個非阿貝耳對稱群；

－建立了更高的對稱及不變性之間的關係。

b.應用於 SU（2）（n=2）時；

－爲規範場建立了局域變換規則；

－用 $A_\mu$ 來表示 $F_{\mu\nu}$ 的表達式；

－闡明了對稱及同位旋守恆；

1

　　－引進了三個矢量規範粒子：無質量，其中兩個荷電，一個
　　　中性；

　　－表明了對質量大的規範粒子需要一種希格斯機制；

　　－爲統一的弱電理論奠定了基礎。

c.推廣到 SU（3）（n=3）時：

　　－量子色動力學及 8 個無質量的膠子。

d.推廣到弱電相互作用時：

　　－標準模型。

e.成爲所有現代規範理論的基礎。

　　60 年代末，我正在德國的 DESY（德國電子同步加速器）做矢
量介子的光子產生及量子電動力學的驗證研究。在利物浦會議期
間，我第一次有機會同楊教授進行了深入的討論。隨後，1974 年在
布魯克海文發現了 J 粒子之後，我又同楊教授在布魯克海文和石溪
相處了一段時間。1977 年夏，我同楊教授在北京相會，當時我們共
同爲接待中國科學院的科學家預做安排。這次，我有機會同他做了
長談，並有幸見到了他的岳父杜聿明將軍。隨後一段時間裡，我們
利用在義大利 Erice 舉行的夏季講習班、在新加坡和漢城舉行的亞
洲及太平洋物理學大會等機會，又做了許多討論。最後，幾年前，
當他到瑞士接受蘇黎世高等工業學校（ETH）榮譽博士學位時，順
便來到歐洲核子研究中心（CERN）探望我們。此外，我還於 1986
年在香港見到他。現在他每年都要到香港停留一些日子。

　　楊教授有一付異乎尋常的清晰頭腦，對物理學有透徹的了解。
他常常幫助我弄清我所進行的實驗，有什麼價值和蘊涵。他雖然不
是一位實驗家，可是對實驗的局限和可能性卻有深入的理解。他知
道什麼可能、什麼不可能。對判斷不同實驗結果的相對價值，他也

有良好的感覺。

　　他總是以極大的熱情來支持和鼓勵年輕的科學家。他的洞察力和睿智，使他認識到，對許多國家來說，以應用爲目的的科學，比起諸如實驗高能物理等費用高昂的純科學來，或許更重要。

　　我今天要做的報告，涉及到許多實驗。它們都是楊振寧教授關於宇稱（同李政道一起）和規範理論工作的直接後果。本工作是在世界上最大的加速器，即日內瓦 CERN27 千米長的電子-正電子對撞機（LEP）上進行的。

（以下爲專業論文，從略）

## 本文作者：丁肇中

註　　解：

① 丁肇中教授是世界著名的實驗高能物理學家，祖籍山東日照，1936 年生於美國密西根州，1962 年獲密西根州大學博士學位，現爲美國麻省理工學院教授。1974 年他發現了一個新的長壽命中性粒子—J 粒子，震動了整個物理學界，並因此於 1976 年榮膺諾貝爾物理學獎。翌年，他當選爲美國國家科學院院士。1988 年，他榮獲義大利最高科學獎—德卡斯貝里獎。

# 第二章　附錄:楊振寧小傳[①]

丁肇中

中國積極吸收自然科學,由來至今,已屆樹人之年。國人在國際科學壇上有建立不朽之功績者,乃自楊振寧始。

楊振寧教授係 1922 年生於安徽省合肥縣。六歲時父親從美國芝加哥大學學成回國,先在廈門大學執教,次年受清華大學聘爲數學教授,因此楊教授成長時期,住在當時的北平。

1937 年抗日戰爭開始,楊家幾經轉折,遷入內地的崑明。1938 年他以高中二年級的資格,考入西南聯大;因爲得到許多良師的啓發,他開始對物理學發生興趣。在吳大猷先生指導下,他完成了取題於群論及分子光譜的學士論文。這段工作引起他對對稱性特別的興趣。其後,跟王竹溪先生做碩士論文時所涉及的統計力學,也成爲他以後研究的主題之一。

1945 年楊教授赴美,進入父親的母校芝加哥大學,三年後得物理博士學位。在芝加哥大學時,他接觸到許多世界第一流的物理學家,包括著名的論文主任泰勒(Teller)和一代大師費米(Fermi)。1948 年他與費米提出 π 介子是質子及反質子束縛態的可能性,開啓了研究粒子內部結構的先河。

1949 年他應奧本海默(Oppenheimer)的邀請,前往普林斯頓高等研究院進行研究工作,未幾升等爲教授。1954 年他與米爾斯(Mills)發表的規範場理論,是一個劃時代的創作,不但成爲今日理論的基石,並且在相對論上及在純數學上,也有重大的意義。

1956 年他與李政道教授指出宇稱不守恆,次年即獲得科學界最高榮譽的諾貝爾獎。從 1966 年至今，楊教授主持紐約石溪州立大學的理論物理研究所。

　　楊教授爲人耿直，誨人不倦，聰敏過人，治學嚴謹，年逾耳順而精神蓬勃，是年輕人無上的榜樣。

**本文作者：丁肇中**

註　　解：

　① 本文是丁肇中教授爲香港中文大學「楊振寧閱覽室」揭幕時所
　　撰。

# 第三章　楊振寧和CP不守恆

詹姆士‧W‧克羅寧(Cronin, J. W.)

　　我一向敬佩楊振寧。他的物理學品味和論著的風格，對實驗物理學家而言，有很自然的吸引力。他和李政道系統地分析宇稱不守恆的證據時，所表現出來的風度，是他的物理學風格的著名例子。它的特點是，一切考慮都以實驗事實爲基礎，盡力避免任何牽強附會的推測。在發現 CP 不守恆的那段時間，我和他在研究方向上，曾有過相互交叉的情況。在這篇短文裡，我想談談楊振寧對這個課題的一些研究工作。他清楚地、準確地指出，在中性 K 介子系統中，必須做些什麼測量，然後才能完全確定 CP 不守恆。

　　我是在芝加哥大學開始我的研究生生涯，楊振寧也在芝加哥大學 Samuel K.Allison 教授的實驗室裡，開始他的研究。一段時間以後，大家都很清楚，楊振寧在理論物理方面的天分太高了，如果再跟 Sam Allison 學實驗物理，就等於白白浪費他的才華。最近跟楊振寧交談，我弄明白了他的這段經歷，其中有兩點是有價值的。對楊振寧來說，跟著 Sam Allison 從核物理的研究，到氣體中輕離子的俘獲，和耗損截面的研究等，在這些課題上轉來轉去，是很有裨益的，因爲這使他懂得了許多重要的技術，包括向等離子容器注入中性原子、向加速器注入負氫離子、及串列范德格拉夫加速器的電壓倍加等等。實驗本身也讓楊振寧知道應該尊重實驗，並對實驗抱有興趣。這些有助於他日後對物理學作出貢獻。就我本人而言，Sam Allison 則使我體會從事實驗工作的樂趣。

　　我這一代的物理學家，對 50 年代中到 60 年代中的那段時間，有著非常美好的記憶。那時候無論實驗物理還是理論物理，到處都是一片生機勃勃的景象，重要的發現一個緊接一個；只要由很少幾個人組成的小組，進行重大的實驗。因此，正是這個時期，完成了許多能夠清楚檢驗粒子物理學中各種對稱是否成立的實驗。隨著宇稱不守恆的發現，人們提出了弱作用中在宇稱（P）和電荷共軛（C）聯合作用下，對稱是否得以保持的問題。如果 CP 守恆，則物質和反物質就保持對稱。蓋爾曼（M.Gell-Mann，1929－，美國物理學家，由於基本粒子的分類、相互作用方面的發現，且又提出「夸克」理論而獨自榮膺 1964 年諾貝爾物理學獎。譯注）和派斯在一篇漂亮的論文中所描述的不同尋常的中性 K 介子系統的性質，也就得以保持。若 CP 守恆的話，長壽命中性 K 介子衰變成兩個 π 介子的反應，就不能進行。李政道、Oehme 和楊振寧合作的一篇論文，清楚地指出了這一點。尋找被禁止的兩體衰變，就成了對實驗物理的一種挑戰。那時（1963 年），沒有人對 CP 表示懷疑，由於 Adair 等人發現的反常再生的不尋常結果，刺激 Jim Christenson、瓦爾・菲奇（Val Fitch，1923 年生，美國物理學家，由於發現 CP 的對稱而與克羅寧一起榮獲 1980 年諾貝爾物理學獎。譯注）、Rene Turlay 和我本人，提出了要做一個可以大大地改進限定 CP 可能不守恆範圍的實驗。

我們的實驗在 1963 年進行，實驗結果於 1964 年 7 月發表。因為使用了火花室新技術，我們的裝置比前人的要靈敏得多。我們得到了長壽命中性 K 介子衰變成兩個粒子（其中每個的質量等於帶電 π 介子的質量）之確鑿無疑的證據。1964 年 8 月，伊利諾小組發表了一篇類似的論文；八個月之後，我們發表了完全肯定的實驗結果。

對我們所獲得的實驗結果，人們有各種各樣的反應。有許多論文想探究，是什麼原因產生了所觀察到的效應。人們紛紛提出了各種怪異的解釋，許多人試圖堅持 CP 守恆。我的同事瓦爾‧菲奇評論道：「我們並未期望有這個發現。做這個實驗時，我們也未曾料想到它會是這樣的一個結果。最初，我們還想找出一個能夠甩開這個結果的某種解釋呢」。所有 1964 年發表的理論分析文章中，今天仍被人引用的只有兩篇。一篇就是吳大峻和楊振寧合寫的論文，題目是 < $K^0$ 和 $\bar{K}^0$ 衰變中 CP 不守恆的唯象分析 >；另一篇是 L.Wolfenstein 的論文，他認為，導致 CP 不守恆的是一種「超弱作用」。其結果是，只有在中性 K 介子系統中，才能觀察到 CP 不守恆。

　　楊振寧和吳大峻的文章分析了與 CP 不守恆有關的中性 K 介子系統中，一切可能進行的測量。他們強調，要完全肯定在該系統中 CP 不守恆，還應該做些什麼測量。他們提出了一系列表徵 CP 不守恆的參數，這些參數一直沿用至今。他們引進了 $K_S$（短壽命）和 $K_L$（長壽命）這兩種有限壽命粒子的定義，以區別於 CP 本徵態 $K_1$（偶）和 $K_2$（奇）。為了分別地表徵荷電及中性兩種衰變模式中 CP 不守恆，他們引進了著名的複振幅比 $\eta_{+-}$ 及 $\eta_{00}$，它們由 $\eta_{+-}=a_{+-}^L/a_{+-}^S$ 及 $\eta_{00}=a_{00}^L/a_{00}^S$ 兩式定義；式中的各個 a 表示相應衰變模式中的振幅。這些振幅之比，通過 $\eta_{+-}=\varepsilon+\varepsilon'$ 及 $\eta_{00}=\varepsilon-2\varepsilon'$ 而與兩個量 $\varepsilon$ 與 $\varepsilon'$ 相聯繫。其中，參數 $\varepsilon$ 是 CP 偶態在佔統治地位的 CP 奇態 $K_L$ 中混合程度的量度。參數 $\varepsilon'$ 則是兩 $\pi$ 衰變模式內稟 CP 不守恆程度的量度。過去幾年，大家在竭力找到 CP 不守恆的第二種表現形式，即 $\varepsilon'$ 不為零，或者發現某些其他系統中的 CP 不守恆（如測量中子的電偶極矩，等等）。

　　在我們發現 CP 不守恆時，重要的是要有一種系統的分析，究竟必須做些什麼測量才能完全肯定中性 K 介子系統中 CP 不守恆。吳大峻和楊振寧的文章不去考慮（更準確地說，是不去猜想） CP 不守恆的原因，而是集中力量去選擇那些對我們完整地理解所發現現象必不可少的其他測量，從而建立起完整的唯象描述。正是根據這種準確的分析，使實驗物理學家得以弄清進一步研究的方向。

　　在此，我不想深入討論吳、楊論文的技術細節，也不想重提林林總總的實驗結果，吳、楊的論文中已包括了這些東西。為慶祝發現 CP 不守恆廿五周年而舉行的大會的文集，對當前 CP 不守恆問題的狀況及其歷史，作出了全面的評論。在這裡，我要對楊振寧表示敬意，他寫了這樣一篇好文章，不但澄清了 CP 不守恆的發現所引起的問題，而且為過去廿九年以來的實驗，指引了方向。我們在深入了解 CP 不守恆問題方面，進展十分緩慢，但每年都有人完成更精確的實驗。吳、楊論文所建議的實驗中，最重要的是測量 $K_L$ 衰變成兩個中性 $\pi$ 介子與衰變成兩個荷電 $\pi$ 介子的比值。最近的實驗發現，這個比值與 $K_S$ 衰變的對應比值相等，誤差小於 0.4%。這個結果表明，K-長壽命原則上是 CP 奇態，混有極少量的 CP 偶態。比值 $\varepsilon/\varepsilon'$ 小於 0.001。這正是超弱力模型所預言的，唯其如此，Wolfenstein 的論文才一直不斷被人引用。是否可以在粒子物理標準模型的框架內解釋 CP 不守恆，目前還不清楚。吳、楊定義的各種參數，已經差不多完全精確地測定出來了；或許，我們必須在其他系統中找出 CP 不守恆，否則無法取得進展。

　　CP 不守恆發現近三十年了，我們對它的了解並沒有多大進展；要進一步研究這個問題，須要用到新的加速器和新的探測器。毫無疑問，楊振寧在評價他自己的工作時，會認為別人的論文更有意義，但是我希望他本人充分認識他和吳大峻合寫的那篇論文對整整一代實驗物理學家所起的作用；這一代實驗工作者爲理解 CP 不守恆作了巨大的努力。寫此短文敬獻給他的七十壽辰，這一點正是我所要強調的。

**本文作者：詹姆士・W・克羅寧**

**註　　解：**

① 詹姆士・W・克羅寧（1921－）爲美國芝加哥大學、物理系及恩里科・費密（Enrico Fermi，1901－1954，美籍義大利物理學家，1938 年諾貝爾物理學獎的唯一得主）研究所教授。由於發現 CP 不對稱，與 V.L.Ficth 同獲 1980 年度諾貝爾物理學獎。

# 第四章　楊振寧－米爾斯方程和楊振寧 －巴克斯特方程

陳省身

## 一、六十餘年的友誼

我第一次見到楊振寧是在 1930 年，當時我到清華大學數學系當助教。數學系很小，只有四位教授，兩位講師，我是系裡唯一的助教。振寧的父親楊克純（武之）是系裡教代數的教授，我常到他家裡拜訪。在楊教授家裡見到振寧時，他還是個八歲的孩子，當時我十九歲。我同振寧肯定談過些話，但接觸很少。楊克純教授不時談及當時還是小學生的楊振寧愛刨根問底的天性，給我們留下了印象。

由於抗日戰爭爆發，清華大學在 1937 年搬到長沙，翌年再播遷崑明。我到國外學習三年之後，回清華任教；而楊振寧則成了清華的學生。1940 年間，他選修我的微分幾何學，隨後還選了研究班的一些高級課程。當時，我正在研讀伊利·嘉當的巨著。我明白了「連絡」這一概念所起的極端重要的作用，於是寫了幾篇關於把「連絡」同一給定幾何結構聯結起來的論文。我很高興，我和楊振寧各自的研究工作都和「連絡」有關。

爲了準備這個講話，我曾試圖研究楊振寧的一些著作。但對我來說，物理學始終太艱深難懂了。在此我想談的是，從一個數學家的角度來看，我學到了些什麼。

## 二、楊振寧－米爾斯方程

　　這是些洛崙茲流形四維黎曼空間上複矢量叢中的偏微分方程。未知函數是一個連絡（即規範勢）。把流形記為 M，為簡單起見，假定它是黎曼的。

　　設

$$\pi：E \rightarrow M \tag{1}$$

是 q 維複矢量空間的一個叢，其群為 U（q）或 SU（q）。在分析上，連絡就定義為一個線性微分型的矩陣

$$\omega = (\omega_i^j)，1 \leq i，j \leq q \tag{2}$$

矩陣 $\omega$ 是反厄米型的，即

$$\omega +{}^{\prime}\bar{\omega} = 0，{}^{\prime}\bar{\omega} \text{ 是 } \omega \text{ 的共扼轉置} \tag{3}$$

叢群是 U（q）。如果群是 SU（q），則另有一附加性質

$$\text{Tr}\,\omega = 0 \tag{4}$$

用連絡使我們能定義矢量場的共變微分 $\xi^i$ 如下：

$$D\xi^i = d\xi^i + \omega_j^i\,\xi^j \quad 1 \leq i，j \leq q \tag{5}$$

通過標準的途徑；它也定義了叢（1）的張量場的共變微分。

　　聯絡矩陣 $\omega$ 隨變換而定義為

$$\omega \rightarrow \omega{}^{\prime} = dgg^{-1} + g\omega g^{-1} \tag{6}$$

式中 g 是一個滿秩矩陣，它描述局域基的變化，而通過這些局域基，E 被坐標化。取（6）式的外微分，得

$$\Omega{}^{\prime} = g\Omega g^{-1} \tag{7}$$

式中

$$\Omega = d\omega - \omega \wedge \omega \tag{8}$$

$\Omega{}^{\prime}$ 通過 $\omega{}^{\prime}$ 而類似地加以定義。$\Omega$ 是一個兩型（qxq）矩陣，隨變換（7）而定義。它叫做連絡的曲率（即強度）。物理文獻中，$\omega$、

$\Omega$ 分別用 A、F 表記。據（7）式，Tr（$\Omega \wedge \Omega$）是 M 中的 4-型。

假定 M 是緊致的。下式的數 K 是一個整數，並且是叢的一個不變式，這是特徵類中的一個結果：

$$k = \frac{-1}{8\pi^2} \int_M \mathrm{Tr}(\Omega \wedge \Omega) \qquad (9)$$

這是所謂陳省身-魏耳理論的一個特殊情形，該理論給出用局域數據表示的叢的不變式。這種不變式並不常見，但在具體問題中很有用。

因 M 是黎曼的，Hodge * 算符就得到定義；我們引入楊振寧—米爾斯泛函

$$\mathrm{YM} = \left\| \Omega \right\|^2 = - \int_M \mathrm{Tr}(\Omega \wedge {}^*\Omega) \qquad (10)$$

楊振寧—米爾斯方程是這個泛函的歐拉-拉格朗日方程。它們可寫為

$$D\Omega = 0，D{}^*\Omega = 0 \qquad (11)$$

式中，D 是 E 裡用於張量微分型 $\Omega$ 上的共變微分。必須說明，上式中的第一個方程就是所謂的畢安其恆等式，它由外微分（8）而得出。存在流的情形下，（11）的第二式的第二個成員不為零。

當 q = 1 時，楊振寧—米爾斯方程變為麥克斯韋方程。這時，群為 U（1），它是阿貝耳的。因為 ${}^*{}^2 = 1$，故 $\Omega$ 分裂為

$$\Omega = \Omega^+ + \Omega^- \qquad (12)$$

其中

$${}^*\Omega^+ = \Omega^+，{}^*\Omega^- = -\Omega^- \qquad (13)$$

於是

$$\mathrm{YM} = \left\| \Omega^+ \right\|^2 + \left\| \Omega^- \right\|^2$$

現在，（9）式可寫為

$$8\pi^2 k = \left\| \Omega^+ \right\|^2 - \left\| \Omega^- \right\|^2$$

故

$$YM \geq 8\pi^2 |k| \qquad\qquad (14)$$

對給定的 k，如

$$*\Omega = (sgnk) \quad \Omega \qquad\qquad (15)$$

則 YM 達到其極小值。此時，連結稱爲自二象的或反自二象的，也叫做瞬子。注意，k 的符號由 M 的指向決定。

因此，重要的問題就是求得瞬子，即方程（15）的解；或者，更一般地說，就是在給定 M 及給定整數 k 的情況下定出所有瞬子的空間。

通過 S.K.Donaldson 定理，這一問題導致微分拓撲學的一個重要結果。讓我們考慮 k=1 時 M 上的瞬子空間。除了某些奇點之外，這是以 M 爲邊界的一個五維流形。人們由此推導出，在 $R^4$ 上存在膺可微結構，即四維數空間的奇異現象。已知 $R^n$（n≠4）只有一個可微結構，即標準結構。但有 $R^4_{膺}$，它對 $R^4$ 同胚而不是微分同胚。事實上，Gompf 和 Taubes 證明，存在一個這種結構的二參數族。$R^4_{膺}$ 的一個奇異性質是：在 $R^4_{膺}$ 中有一致密集 C，因此，圍繞它沒有平滑嵌入球面。

## 三、楊振寧－巴克斯特方程

1967 年，在研究量子力學可積問題時，楊振寧導出了如下的矩陣方程

$$A(u) B(u+v) A(v) = B(v) A(u+v) B(u) \qquad (16)$$

並求得了該方程的顯解，其中 A（u）及 B（u）是 u 的有理函數。1972年，巴克斯特在研究經典統計力學中一個不同的可積問題時，發現

了同一個方程。近十年來，大家對方程（16）進行了廣泛的研究，並將之命名為楊振寧－巴克斯特方程。

如果 A（u）及 B（u）與 u 無關，則（16）變為

ABA=BAB　　　　　　　　　　　　　　　　　　（17）

這是編結群 Artin 理論的基本方程，是結理論的一個重要拓展。

另一些結果是由下面的 Weierstrass 定理推廣而成：如果函數 f（u）是在整個複平面上亞純的，而且滿足形為（18）的泛函方程

P（f（u），f（v），f（u+v））= 0　　　　　　　（18）

其中 P 是一個非零多項式，則 f 是橢圓型或有理的，或者具有 $\varphi(e^{ku})$ 的形狀，而 $\varphi$ 是一有理函數。

1985 年，Drinfeld 建立了 Hopf 代數與楊振寧－巴克斯特方程之間的基本關係。Heinz Hopf 證明了，一個緊致群流形的上同調環同奇維球乘積的上同調環一樣，並具有後來稱之為 Hopf 代數的特殊結構。這種代數結構在理論物理這麼多領域的可解性方面，起著如此根本的作用，真是不禁令人嘖嘖稱奇！

楊振寧－米爾斯方程和楊振寧－巴克斯特方程引起了這麼大的數學興趣，我想，在未來的歲月裡，還會有許多數學家去爭相研究它們呢。

## 四、一首小詩

麥翁[†]磁電魁

楊子[‡]規範能

窮究宇宙秘

炎黃不世才

　　陳省身是世界著名的美籍華裔數學家，美國加州大學柏克萊分校榮譽終身教授、柏克萊數學研究所榮譽終身所長。他是美國科學院院士、英國皇家學會會員；1975 年獲美國國家科學獎，1984 年獲世界數學最高獎項沃爾夫獎。陳省身於 40 年代完成了高斯-彭內公式的內在證明和關於示性類的著作，使微分幾何取得了突破性的進展。許多數學定理都以他的名字命名，如纖維叢理論中的「陳省身類」等等，說明他在世界數學界有著崇高的地位。

**本文作者：陳省身**

註　　解：

① 指麥克斯韋這位老夫子，他因建立電磁場的完整理論而永垂不朽。

② 楊子，指年輕的物理學家楊振寧，他將因建立楊振寧—米爾斯方程而流芳百世。

# 第五章　附錄：我與楊家兩代的因緣[①]

### 陳省身

　　中文大學楊振寧圖書室開幕，不可無祝。記與武之先生、振寧兩代半世紀的關係，以代賀辭。

　　我於 1930 年從南開大學畢業，投考入清華研究院。9 月去報到，才知因只有我一個學生，數學系決定緩辦一年，並聘我為助教。那時數學系最活躍的兩位教授，是孫光遠和楊武之先生。我從孫先生習幾何，比較相熟。楊先生專長代數，有時在辦公室談天，覺得他為人正直，通達情理。那時數學系教員連我在內共七人，曾多次到楊家吃飯，振寧才八歲。

　　楊、孫二先生都是芝加哥大學博士。清華後來聘請的胡坤升先生也是芝加哥大學博士。振寧就是芝大出身，而我則於 1949 年到 1960 年在芝大教了 11 年。我們同芝大真是有緣。

　　我入研究院後曾選讀武之先生的「群論」課。那時搞代數的年輕人有華羅庚和柯召，在同一班上。武之先生有時同我們談到振寧的早慧。往事歷歷，不禁滄桑之感。

　　我同楊先生接觸較多的一年是 1934 年。那年他代理系主任，我則從研究院畢業，準備去德國留學。我因論文導師孫先生去了中央大學，成了「孤兒」，辦理畢業與留學，不全順利，而楊先生是我在學校裡最可靠的朋友。

　　我同士寧的婚姻是楊先生促成的，1937 年我們在長沙訂婚，他是介紹人之一。1938 年起在崑明西南聯大，楊先生是清華的系主任，振寧則是物理系的學生。振寧曾選讀過我的好幾門課，包括為研究院開設的法國大學數學家嘉當（Cartan）的偏微分方程組理論。聯大的學生優秀。那時我的班上數學系有王憲鐘、嚴志達、吳光磊等，物理系除振寧外還有張守廉、黃崑等，這些人後來都有獨特的貢獻，成爲各方面的領袖。「得天下之英才而教育之」是我一生的幸運。尤其幸運的是這群好學生對我的要求和督促，使我對課材有更深入的了解。振寧在班上是一個活躍的學生。那時中外隔斷，設備奇缺，但是我們的學術生活並不十分貧乏。

事後想來，我們必曾注意到嘉當在 1923 年、1924 年關於相對論的兩篇重要論文。他的處理方法可用到任意纖維叢的連絡，這也是物理上規範場論的幾何基礎。四十年來這些都發展爲數學上的基本概念。

1945 年振寧到美國留學。他去芝加哥前，我們曾在普林斯頓相見。

等到我 1949 年夏去芝加哥任教，振寧在物理系任教員，時常相會。1954 年至 55 年我從芝加哥休假，去普林斯頓一年，振寧在彼。我們見面常談學問。很奇怪的，楊振寧－米爾斯場論發表於 1954 年，我的示性類論文發表於 1946 年，而我於 1949 年初在普林斯頓講了一學期的連絡論，後來印成筆記，我們竟不知道我們的工作有如此密切的關係。二十年後兩者的重要性漸漸爲人所了解，我們才恍然大悟，我們所碰到的是同一大象的兩個不同部分。

矢量叢的連絡已成爲數學的基本概念，相信在不久的將來，它將成爲高等微積分課程的課材。它的觀念其實很簡單自然，它有局部的和整體的性質，兩者的關係便成爲微分幾何學家研究的對象。這個觀念，同物理學的場論自然符合。數學家得到現在的認識，花了幾十年功夫，譬如沙漠求泉，得來不易，海底探寶，獲珠爲難。

科學家獻身而辛勤，非常人所可了解。他的酬報是得寶後的快樂。

在物理學上一個重要的特別情形是，振寧與米爾斯能獨立看出這些深刻的數學性質，這是十分驚人的。許多物理學家認為物理學家不必讀太多數學，因為他們應該能發現所需要的數學，而這就是一個例子。1954 年楊振寧－米爾斯的非阿貝耳（Non-Abelian）規範場論是一個大膽的嘗試，現在大家公認，物理上的一切場都是規範場。

振寧在基本粒子論上，另一個重要的貢獻是他和李政道關於宇稱可能不守恆（Non-Conservation of Parity）的建議；他們因此於 1957 年獲得諾貝爾獎。振寧在理論物理領域還有許多重要的工作，都富有獨立性與創造性。在理論物理學家中，他以超人的數學能力見長。

我同楊氏父子的關係，有幾點值得特別提出的：第一，武之先生促成我的婚姻，使我有幸福的家庭。第二，振寧在規範場的工作和我在纖維叢的工作，有共同出發點。我們走了不同的方向，但在物理和在數學上卻都成為重要的發展，這在歷史上當是一段佳話。第三，他們每人送我一首詩。當今社會對我的認識，這兩首詩的作用很大。1962 年夏天，武之先生及楊師母在瑞士日內瓦小住，我專程去探訪他們，相聚數日，楊先生送我以下的詩句：

衝破烏煙闊壯游　　　果然捷足佔鰲頭
昔賢今聖遑多浪　　　獨步遙登百丈樓
漢堡巴黎訪大師　　　藝林學海植深基
蒲城身手傳高奇　　　疇史新添一健兒

振寧在一篇文章中為我作了下面這首詩：

天衣豈無縫　　匠心剪接成
渾然歸一體　　廣逐妙絕倫

造化愛幾何　　　四力纖維能
千古寸心事　　　歐高黎嘉陳[2]

最後一句我不敢當，姑妄聽之而已。

　　1986 年春，天津南開大學授予振寧名譽教授名義。他來南開，並參觀南開數學研究所。我們決定在所中成立理論物理組，由他指導。先後五十年。從聯大到南開（南開是聯大的一員），造物待我們厚矣。

**本文作者：陳省身**

**註　　解：**

① 轉載自寧平治等主編的《楊振寧演講集》，南開大學出版社（1989）。

② 意思是說，陳省身在歷史上與歐幾里德（Euclid，公元前約 300 年，古希臘數學家，《幾何原本》的作者）、高斯（C.F.Gauss，1777－1855，德國數學家，對代數、數論、天文、電磁理論和大地測量都有重大貢獻）、黎曼（G.F.B.Riemann，1826－1866，德國數學家，黎曼幾何學的創立者）和嘉當（E.J.Cartan，1869－1951，法國數學家）等偉大數學家齊名。

# 第六章 楊振寧教授七秩大壽

吳健雄

獲邀參加楊振寧教授七十大壽生日慶祝會，甚感榮幸。然而，我仔細一看請柬，心中又不免惶恐；因為這次盛會的名稱是「國際研討會」，我卻未作好準備去參加什麼研討會。

今年（指 1992 年，譯注）五、六月，大批旅美中國物理學家回到大陸訪問，出席分別在南京、上海和北京舉行的一系列生日慶祝會和周年紀念會。袁家騮和我在 6 月中旬回到紐約家裡，發現一封邀請我們參加楊教授生日慶祝會的信件。

「β衰變中宇稱守恆被推翻」一事，是 1957 年 1 月宣布的一項理論物理和實驗物理聯合研究成果，迄今有卅五年了。對這個課題，已經有許多總結文章。新竹清華大學的劉校長提議，我最好能寫些有關教育－尤其是舊日中國科學教育的事。這個建議使我記起高中時學過的非常睿智而又令人感動的詩句：

1.歲寒松柏古栽培
　異日必然成大器
2.十年樹木
　百年樹人

楊振寧教授是 1922 年生於安徽省合肥。那時，他父親在懷寧（今安慶）任教，故給他取名「寧」。振寧十個月大時，父親就負笈到美國芝加哥攻讀數學。1928 年回國後，他攜振寧母子到福建廈門。翌年，他們搬到北京，振寧的父親在清華大學教數學（今天，新竹清華校園同北京清華校園一樣，都非常美麗）。隨後八年，楊家就住在「水木清華」的教師宿舍區。清華大學一直以校園秀美著稱，那裡是孩子們的玩樂天堂。振寧後來曾寫到，他記得校園裡的一草一木。

本世紀 20、30 年代，中國內政外交都遇到了大問題。內政方面，軍閥混戰；外交上，日本軍隊在東北頻頻侵犯。最後，發生了 1937 年 7 月 7 日的盧溝橋事變，日本軍隊成軍人馬通過盧溝橋入侵中國。那是一條美麗的石橋，兩旁的大理石護欄裝飾著許多雕刻的龍柱。

於是，楊家遷回家鄉合肥。就在這個時候，蔣介石委員長終於宣布開始抗日戰爭。我國政府深知自己的軍隊無論從訓練上或是裝備上都未作好準備，便採取焦土政策。位於沿海大城市設備良好的大學和研究機構，搬遷內地，以便能繼續辦學。要把師生（包括老弱婦孺）和裝備，經過長途跋涉遷入內地，真是大不易。況且，內地並沒有新建的校舍在等待他們。但是，搬遷畢竟順利完成。在中國西部，許多新校園建立起來了，校舍只不過是些簡陋的臨時課堂和宿舍，但師生紀律嚴明，校風嚴謹，水平很高。教學水平如此之高，今日實難想像。每當想起在西南聯合大學當學生的日子，振寧心裡總是充滿感激之情。西南聯大由播遷到邊陲城市崑明的北大、清華和南開三所大學聯合而成。趙忠堯教授（來自清華）是他的大一物理教授。趙教授在美國加州理工學院取得博士學位，並在 1929 年第一個檢測到電子-正電子湮滅時發出的輻射。

大二時，另一位著名物理學家吳有訓（也來自清華）教振寧電磁學。吳有訓因為在芝加哥大學同康普頓（A.H.Compton，1892－1962，美國物理學家，1927 年諾貝爾物理學獎得主。譯注）一起工作而成名，後來曾任國立中央大學校長和中國科學院副院長。二年級時，振寧還有一個非常好的老師教他力學，那就是周培源。後來，周培源也當了中國科學院副院長。

在振寧讀三四年級時，一位青年理論物理學家王竹溪先生剛從英國回來。王先生成了楊振寧的碩士論文導師。振寧的學士論文導師是吳大猷教授（來自北大，現任中央研究院院長）。吳教授最近說，1941 年，他的書桌上有一本 *Review of Modern Physics* 雜誌，其中一篇論文是關於分子光譜學的。吳教授把那本雜誌交給楊振寧，並說：「把它拿回去，讀讀這篇文章，看看你能否從中得到些什麼。」振寧把它帶回家研讀。父親問他：「你在讀什麼？」振寧答：「這是吳教授讓我讀的一篇關於分子光譜學及群論的文章。」振寧的父親是位數學家，對群論很熟悉。他說：「書架上有一本狄克遜寫的代數學教程，裡面有群論的內容。」這就引導楊振寧走上了對稱物理之路。

對於一個聰敏而才氣橫溢的年輕人，有這樣的家學淵源，在大學和研究生階段又有如此眾多的大師和最好的物理學家教導和指引，用楊振寧自己的話來說，真是三生有幸。

讓我們祝他生日快樂，並希望他像他的師長那樣，反過來在全世界教導和培養出許許多多才華橫溢、訓練有素的學生。我們祝他健康長壽，桃李滿天下。

**本文作者：吳健雄**

**註　　解：**

① 吳健雄教授 1912 年生於江蘇上海縣，美國加州大學柏克萊分

校博士，弱相互作用的實驗權威。1957 年，正是因爲她領導的一個科學家小組證實了弱作用中宇稱不守恆，從而導致李政道、楊振寧榮膺當年諾貝爾物理學獎。她的這項實驗震驚了世界物理學界，因而使她榮獲普林斯頓大學、耶魯大學、哈佛大學等十二所美國著名大學的博士學位。1958 年她當選美國科學院院士；1975 年當選美國物理學會會長，同年獲美國總統福特頒贈國家科學勳章； 1991 年被哥倫比亞大學授予代表科技界很高榮譽的普平獎章。爲了表彰她對科學的巨大貢獻，1990 年 5 月中國科學院南京紫金山天文台將該台在 1965 年 9 月 20 日發現的一顆小行星命名爲吳健雄星。她在 1958 年出任哥倫比亞大學教授直到 1982 年退休，擔任哥倫比亞大學物理系榮譽教授；於 1997 年 2 月逝世。

# 第七章　楊振寧教授七十壽辰獻辭

弗里曼・J・戴遜(Dyson, F.J.)

　　下面是我對楊振寧教授七十壽辰的賀辭。四十年前，楊振寧發表了一篇論文，準確地計算了二維易興鐵磁模型的自發磁化。他的計算結果，以其美麗的簡潔使我們嘖嘖稱奇；他的計算本身，則以其漂亮的複雜使我們震驚。這項計算，是一位巨匠所做的雅可俾橢圓函數的一種練習，而得到的結果，則是一個簡單的代數表達式，完全看不到橢圓函數的任何痕跡。讀完這一令人驚愕的、五光十色的數學炫耀之後，我感到有點失望：楊振寧為何要選擇這麼一個不重要的問題來浪費自己的才能？當時，由於少不更事，我竟口出狂言：如果楊振寧能選擇一個非常重要的課題，並作出同樣漂亮的工作，那麼，他就真的有點像一位科學家了。這以後，我有幸注視著楊振寧如何比自己高出一頭，成為一個世界水平科學家的經過。僅僅兩年之後，他就找到了一個與他的天賦相稱的重要問題，並將之解決。他以 1954 年發現的非阿貝耳規範理論，奠定了一個堅實的基礎，經過許多常常以失敗告終的相互競爭的嘗試之後，終於在這個基礎之上，建立了粒子相互作用成功的統一理論。通過規範場和粒子對稱性的工作，他向我們展示了：把對自然界的深層次了解和美麗的數學技巧結合起來，是可能的。

　　自從關於易興鐵磁模型的論文發表以後四十年來，楊振寧不斷就重要或不重要的問題做出了漂亮的工作。除了對粒子物理和多體理論這些中心問題，做出了巨大貢獻之外，他通過不斷解決不重要的問題，而使自己的品味沉涵於經典數學之中。他依然喜愛錯綜複雜的橢圓函數之巴洛克[2]音樂，即他在 1952 年那篇論文中玩奏的那種音樂。我用這些話來慶祝他的七十歲生日，希望他在解決另一個不重要問題時，能繼續從這種音樂中享受到樂趣。

**本文作者：弗里曼・J・戴遜**

**註　　解：**

① 弗里曼・J・戴遜是美國普林斯頓高等學術研究所資深教授，
   著名的理論物理學家。他的最大貢獻是和朝永振一郎 （1906
   －1979，日本物理學家）、史文格（J.S.Schwinger，1918－，
   美國物理學家）和費因曼（R.P.Feynman，1918－1988，美國
   物理學家）一起提出了量子電動力學的重正化方案。1965 年，
   諾貝爾委員會把諾貝爾物理學獎授予朝永振一郎、史文格和費
   因曼，但沒有同時承認戴遜的貢獻，這是不公平的，因為前三
   位只做了低階的計算，並沒有完成重正化方案；是戴遜對問題
   做了深刻分析，指出了微結所在，並做了非同小可的艱巨的高
   階計算，才完成了量子電動力學可重正化的證明。
② 巴洛克，1550－1750 兩百年間，在歐洲流行的一種藝術和建築
   風格。

# 第八章　楊振寧教授七十壽辰賀詞

*愛德華・泰勒(Edward Teller)*

振寧，你和我在一起的那些歲月，是我生活中一段最美好的時光。這裡我想回顧一下那個時期及其前前後後，我還有一個弄不明白的問題，希望和大家討論討論。

## 一、回憶

你到芝加哥時，我明白你決心要幫助你的祖國－中國，發展物理學。那是共產黨取得政權之前的最後一段時間。由於我們的好朋友 Robert Mulliken 的推薦，我很高興地建議您做一個理論物理方面的博士學位課題。但你卻認為做實驗課題更實用，於是就這樣定了下來。

事情並不那麼順利。看來，你在理論方面非常優秀，實驗技能則不敢恭維，我甚至聽到了關於你在做粒子物理實驗時的一些流言蜚語，至今仍能清楚地把它背誦出來：

　　　　哪裡炸得乒乓作響，

　　　　那裡準有楊振寧在場。

過了不久，你到辦公室告訴我，你讀了我跟 Konopinski 合作的論文＜對 D+D 反應的若干理論考慮＞。文中，我們論述了核反應的產物裡，角動量與角分布之間的一種關聯。你說你可以給出證明，我要求你把它寫下來。你用了不到四頁紙就把這個漂亮的證明寫好了。

我知道你的實驗遇到了困難，便建議你用這項工作作為博士學位論文；它是一篇好文章，只是稍嫌短了些（我通常都不要求別人寫長文章）。我特別建議你把證明推廣到量子數爲半整數的情形。你不費吹灰之力就做到了這點，只增加了兩頁紙。就這樣，來來回回折騰了幾個星期，直到論文達到十三頁紙，我才鼓勵你把它呈上去申請答辯。這是我指導過的最優秀，而且也是最短的一篇博士論文。

正好，我同恩里科、費密對文章的長短和內容孰輕孰重的口味並無差別，這使事情好辦多了。

這是故事的開頭，至於它的結局如何，那是全世界都已耳熟能詳了的。

## 二、問題

這裡提出的問題是近六十年來我一直在冥思苦想的，同時，它也一直困擾著物理學界。問題涉及狄拉克（P.A.M.Dirac，1902－1984，英國物理學家，1933 年度諾貝爾物理學獎得主。譯注）的磁單極。正如狄拉克在他那篇聞名世界的論文結尾提出的，「自然界沒有利用這個可能性嗎？」我的問題則是：「或許，自然界已經以其隱蔽又狡詐的方式，利用了這種可能性？」

人們常常假定，磁單極之所以不露面是因爲它那過大的質量。也許如此！但還有另一種可能性。按照最神聖的原則，兩個不同的磁單極成對地產生，應該是它們湮滅過程的逆轉。磁單極同電荷之不同在於，$\mu^2/\hbar c$（$\mu$ 是磁荷）等於 34.25，而 $e^2/\hbar c$ 很小。但是，它們之比值恰巧等於經典半徑 $\mu^2/mc^2$ 和康普頓半徑 $\hbar/mc$ 之比。因此，在經典力學而不是量子力學適用的範圍內，單極、反單極對獲得負的能量。在單極、反單極仍具有正能量，並且仍屬於非相對論性的範圍內，它們可以被描述成在開普勒軌道上運轉，並周期性地發射能量。被發射的那一份能量大約等於其本身能量的 $v^3/c^3$ 倍。質量為零時（接近經典半徑），已經發射了許多量子，所以早已達到了不合理的負能態，質量也為負值，力和加速度反方向平行。隨著單極子趨向於經典半徑，速度 v 趨近 c，單極－反單極對在一個周期裡發射的量子數目為 $\dfrac{\mu^2}{\hbar c}\dfrac{v^2}{c^2}$，這就是問題的本質。這個過程不須用量子化來描述。因此，單極－反單極對的湮滅本質上是可以用經典物理描述的，反過來，它們的產生過程也一樣。從而，單極－反單極對通過單一量子而產生的情況可以忽略不計。

　　對孤立子模型來說，情況也一樣。這時，單極子是由半經典場造成的復合粒子（例如 t'Hooft-Polyakov 模型）①。然而這種情況下，復合粒子的場在單極子的經典半徑內看上去不再是單極的，並且，在孤立子的結構之內將會發生湮滅，負能態得以避免。

　　下面，我轉到假設的點單極和對產生的問題上。我的結論是，如果存在單極－反單極對產生的過程，那麼，它不會是通過吸收一個量子而發生的。它很可能在許多量子同平行磁場位相的相互作用中產生。如果確有單極－反單極對的產生，人們可以通過兩個鈾核的近距離逼近而找到這種情形。這兩個鈾核是在重離子對撞機裡產生的，其中 r 值可達到 $100[r=(1-\dfrac{v^2}{c^2})^{-1/2}]$。在這種情況下，兩核之間的電場互相抵消；在核的表面，兩核的磁場值比電場值大 100 倍。

　　我從 r 值不是 100 而是接近 1 出發，稍為考慮過這種可能性。考慮到單極的高荷和鈾的高電荷，我發現產生單極－反單極對的過程可以發生。事實上，估算一下經典半徑 $\mu^2/mc^2$ 範圍內的電磁密度就可得知，只要單極的質量同質子質量相當，這種磁單極對產生的過程就是可能的。增加 r 值於事無補。靠得近的一對可以產生出來，但只要有一點動量，就可以把它們扯開。場強隨 r 增加而增加，但碰撞時間則按 1/r 減小，因此，可用來使磁荷分開的動量保持不變。

因為單極的質量可能大於質子的質量，所以對產生過程將不會發生。但在虛態中的產生過程，將會在朝前和朝後兩個方向發出強烈的電磁輻射。即使虛態僅被微弱地激發，上面所說的這種輻射同電荷所產生的輻射之間的干涉現象，應該觀測得到。

狄拉克已不在人世，我對他的問題回答如次：或許，自然界已經利用了磁單極這一可能性；但同時，自然界卻使得找到磁單極存在證據的這件事，變得極端困難，因為這種證據是轉瞬即逝的。

祝你長壽，但願我們兩人有許多機會在一起討論問題。

**本文作者：愛德華・泰勒**

**註　　解：**

① 愛德華・泰勒是美籍匈牙利人，著名的物理學家，被稱為美國氫彈之父。

② 撰寫本文時，整體上特別是內容方面，得到我的好朋友勞倫斯・利弗莫爾國家實驗室的物理學家 Steve Libby 不少指教，謹致謝枕。

# 第九章　附錄—對楊振寧甫渡人生半世的賀辭[①]

愛德華・泰勒(Edward Teller)

有機會在我最優秀的一位學生六十歲生日時致詞祝賀，真是非常高興。可是，麻煩的是，這不是他的六十歲生日。他的六十歲生日是哪一天，不能確定。我聽說，那是 9 月 22 日，可又聽說，是 10 月 1 日。不過，如果我不能再找出一個疑難點，那便算不上一位理論物理學家了。大家知道，對於一位理論物理學家的誕生來說，重要的不是日曆，而是他的思想在什麼時候開始形成，這是非常難以確定的。就楊振寧的情形而言，我推估他的思想若不是形成於他開始考慮左和右之間的不同，就是他考慮物質和反物質之間區別的時候。所以，按照定義，我們可以說，這才是他的六十歲生日。

我知道，他已經向你們談過他的生活經歷，這樣，我也就沒有什麼好說的了。但是，有一天當他來到芝加哥的時候，看來他想要當理論物理學家，並有興趣聽取我的意見。於是，我向他提出了許多很有意思的課題。它們究竟算是什麼課題，我可不能肯定。我相信其中一個課題是鈹的 K 俘獲，以及鈹受到壓縮時這種俘獲如何改變，這個問題在當時是頗為不落俗套的。楊振寧把這個問題給解決了，還將結果向包括費密在內的一批人做過報告。不過，他沒有用這篇論文去申請學位。接著，我們考慮了原子核在強烈撞擊下被加熱後的蒸發。隨後，我們又考慮過氚、鋰 6 和鈹 10 的磁矩，它們之間都相差一個 $\alpha$ 粒子。這些都是古里古怪的想法。

後來有一天，楊振寧找到我，說：「我總得回中國去。回國後，我覺得理論物理沒有什麼用。中國需要的是實驗物理，所以我要做這方面的工作。」於是，楊振寧捨棄了我，轉而跟隨 Allison。很快的就傳出了關於他的一些逸事。在理論物理方面，他已經開始做出許多絕妙的研究工作；在實驗物理方面，他也開始做出另一種「絕妙」的活計，一首短小的打油詩形象地描述了這些絕活，至今我仍背得下來。這首打油詩是：哪裡炸得乒乓作響，那裡準有楊振寧在場。由於這個原因，他很快就得了個「黃色危險品」的綽號。我聽到了這些流言。在還未得知這些情況時，我有其他兩位理論物理學生，他們也很優秀，都和實驗有緣。對他們來說，實驗是終生的事業。

其中一位叫 Marshall Rosenbluth，是楊振寧的好朋友，他寫過一篇關於某種像介子那樣古老而陳舊事物的論文。除非它們有迷人之處，否則我們就不必再談論這些事物。Marshall 比楊振寧得到學位的時間略晚，而楊振寧則曾經給予他些許的幫助。楊振寧不僅在 Marshall 撰寫學位論文時給予幫助，而且，當後者寫完論文時，楊振寧已經是一名教員，並且參加了論文的評審工作。不過，Marshall 並沒有停留在純物理領域。他深深地投入了等離子體及可控核聚變等學科中。今天，他已經成為這個引人注目領域的最出色的理論家。如果今日有誰能理解可控核聚變實驗的話，那是非 Marshall Rosenbluth 莫屬了。

我的另一位學生 Arthur Kantrowitz 真的成了實驗物理學家。他的年齡較長一些。我和楊振寧相識之前幾年，他就到哥倫比亞大學進入我的學門。Kantrowitz 曾同我談及二氧化碳氣體中衝擊波的一些非常有趣的結果。那時，還沒有一個理論物理學家知道任何有關衝擊波的事情。我知道一丁點，因為另一個匈牙利人西奧多·馮卡

門 （Theodor von Karman，1881－1963，傑出的美籍匈牙利物理學家。1911 年完成卡門渦街的研究，在流體力學、湍流理論、超音速飛行、工程數學、飛行器結構和土壤風蝕等方面，均有重大貢獻。譯注）告訴我，他做了許多有關飛行研究的情況。因此，我能聆聽 Kantrowitz 的敘述，並說：「這非常有趣。」Arthur 問我：「你認為以此作為學位論文行嗎？」我回答：「這肯定可以作為一篇學位論文。」他又問：「就請您做我導師好不好？」我說：「有關衝擊波的問題，你知道的比我多一百倍，我怎麼能當你的導師呢？」他說：「您瞧，我找過許多人，他們甚至連聽也不願聽我說。請您就當我的導師吧。」

　　這樣，我就成了他的導師。後來，他得到了博士學位。他做流體力學的研究，隨後又轉到激光的領域，成為美國最優秀的應用激光專家。現在，他不再研究激光，因為他有一個想法，一個非常好的想法。我們正在為各種各樣的事情奮鬥，例如基因工程、水的氟化、低強度放射性，還有其他許多煩惱。對這些問題，我們不能取得一致意見，人人都感到困惑。Kantrowitz 說：「讓我們建立一個科學法庭，用一種使人感興趣的方式討論這些事情，這樣，人們就有心思去傾聽。這將十分有益。」他正為此而奔波，不再研究激光了。

　　對楊振寧來說，事情就不同了。過了一段時間，他回過頭來找到我，說：「您知道，您和 Konopinski 不久前合寫了一篇論文。文章裡，你們懷疑核反應中，出射粒子的角分布和角動量的變化有一定的關係，對此我可以給出證明。」我說：「好吧，你證明給我看吧。」他走到黑板前，不消幾分鐘就把證明寫了出來；事實上，他的證明非常乾淨利落。我接著說：「聽說你的實驗進行得不怎麼順利，你把這寫成一篇學位論文不是很好嗎！」楊振寧遲疑了一會兒，說：「我試試看。」

兩天後，他帶著一篇三頁紙長的學位論文回來了。一、二、三，一共三頁紙。頗長吧，是嗎？大家知道，那時在芝加哥我們有一條奇特的規例，學位論文的篇幅是比這要長。於是，我告訴楊振寧：「你看，這是一篇好論文，但是，你是否能把它寫得長一點呢？譬如，你是否能把它推廣到角動量變化為半整數的情形？」楊振寧走了，回來時帶了七頁紙長的論文，把半整數角動量的情形包括在內。我非常粗魯地對他說，他應該把論證寫得更清楚詳細些。其實，我不該這樣說，因為論文已寫得足夠清楚了。經過許多爭論之後，楊振寧走了。過了很長時間，大約十天左右，他帶回了一篇十頁紙的學位論文。這時，我不再堅持。他取得了他理所應得的博士學位。

我要說，在隨後發表的論文中，楊振寧保持了每一頁都濃縮著許多思想的這種風格。如果他寫一篇長點的論文，那只是因為他有更多的東西要說，就像左右對稱或不對稱的問題一樣，我在前面已提到過這一點。

如果不提及楊振寧和米爾斯把關於規範不變性推廣到同位旋，及不可對易變量的那篇著名論文，我就無法談論楊振寧的研究工作。歸根究底，他們的這篇文章幾乎已經成為所有展開進一步研究討論的基礎。我願意提議，楊振寧應該再次獲得諾貝爾獎。還有他討論過的其他課題，例如狀態方程，都是非常饒富興味的。

但是，有一件給楊振寧的生日禮物正在製作當中。大家知道，他和我們許多人一樣，一直對狄拉克原先發明的磁單極感興趣，也許你們已經聽到了，但我還是要詳細地給大家說說，史丹佛大學的一位物理學家 Blas Cabrera 看來已經找到了磁單極。下面我把他的實驗給大家做個介紹。他做了一個超導回路，為節省時間起見，我不談及細節，只是說，如果那是一個單網孔的回路，則超導體中的電流應跳躍，同時引起兩個磁通量子的改變。但 Cabrera 的回路不只一孔而是四孔，因此他預期八個量子的跳躍。但他沒有觀察到這一點。他等待著，得到了一個小的跳躍，這可以他的儀器不夠完美作為解釋；但是，還得到了好像是三分之一跳躍或半個跳躍。半年後，他發現了一個接近八個量子的跳躍。在最小的那些跳躍當中，他看到的最大的是 0.4；但隨後他卻看到一個 7.6 的。除非你承認，一個磁單極真的穿過了回路，否則，這種跳躍著實難以理解。包括 Cabrera 本人在內的許多人正在建造更大的回路，以便捕捉更多的磁單極，如果我們能夠找到一個或更多磁單極，就可做許多真正妙不可言的工作。

下面我要談談磁單極問題，但不會佔用許多時間。大家都聽到，楊振寧說如果我們只要得到一個磁單極，就可以捕捉一個電子和一個正電子，並製造一架永動機，花費 $2mc^2$ 而回收比這稍多一點的能量。好了，這無疑是我聽到過的解決能源危機的最好辦法。如果我把它可能稍為不準確稱做一架永動機，稍為不準確地請你們原諒我，你們大家已經討論過這一論題，但我要談談關於磁單極的其他也很有趣的實驗。

其中一個是我的朋友路易斯‧阿爾瓦雷茲（Luis W.Alvarez，1911－，美國物理學家。因為他對基本粒子物理學的重大貢獻，尤其是通過改進氫氣泡室和數據分析技術，因而發現許多共振態，成為 1968 年諾貝爾物理學獎的唯一得主。譯注）提出的。他說，如果我們得到一個磁單極，那該多好。我們可以用某種辦法捉住它，讓它在磁場裡加速，用一座廉價的裝置，就可以獲得巨大的能量。然後，我們可以在一個注滿水的小游泳池裡捉住它，把它帶回來，重複這種實驗。這樣，我們可以輕易地得到$10^{12}$電子伏的能量，真正在物理學領域內取得一個小小的進步，比一般通用的辦法少花幾個錢。

然而，我們會遇到一個困難。大家相信，這個磁單極重了一些，但我不敢肯定在這一點上我們是否正確。我想，通常這個數值是$10^{17}$京伏。你一旦得到一個磁單極，就不會輕易地失掉它，除非它遇到了一個反單極。遇到反單極時，它就要湮滅，湮滅能量大約相當於九千克 TNT 炸藥的威力，我不敢說這個估算十分準確。在這一點上大家不太一致，我們會失去這個單極和這個反單極。很遺憾，在此期間我成了政治家一類人物，所以想出了一個政治性的解決辦法。

讓我們同蘇聯人訂立一個條約，讓西方擁有全部單極而蘇聯人擁有全部反單極。這樣，我們就不會遇到麻煩了。同蘇聯人交往總是會引起麻煩的，但是，如果用鐵幕和他們分隔開，庶幾可以相安無事。這樣做還有另一個好處，因為如果準確地按照我所說的去安排，則蘇聯人就破天荒第一遭的，完全有理由把我們稱為壟斷資本家[2]。

下面，我想稍為深入地談談物理學。不過，並不像楊振寧在那間大演講廳所講的那麼深入。在這方面我並不想同他比試。他求得了狄拉克方程中電子的束縛態，而在薛定諤（E.Schrödinger，1887－1961，奧地利物理學家，因建立量子力學而與狄拉克分享 1933年諾貝爾物理學獎。譯注）方程中，這一個相同的問題討論起來也不難。至少，較高的激發態可能在薛定諤方程中有某種意義，於是便有下述結果。在薛定諤方程中，由於吸引力隨$\frac{1}{r^2}$而變，你可以很容易地處理問題。事實上，我在很年輕時就寫過一篇論文，證明了，

如果一種勢不如 $-h^2/8mr^2$ 深的話，就不可能求得束縛態的解；此處 m 是折合質量。但是，如果勢阱處處都比上述那個要深的話，你就可以在距離增加或減少時，求得無限多的束縛態。當然，在距離減少情況下求得的束縛態沒有什麼意義，因為它們遲早總歸要用到相對論性的方程。這時，薛定諤方程不再適用。不過，正如我說過的，直到那一點之前，薛定諤方程還是有效的，而 $\frac{1}{r^2}$ 正是電子的單極與偶極之間的相互作用。恰巧，這也是電子或質子的電場與單極所應具有的電偶極之間的相互作用，如果單極是由狄拉克方程描述的話。於是，表達式就同薛定諤近似的一樣，即 $h^2$ 的 1/8 再除以 $mr^2$，其中 m 為折合質量。

但是，對電子來說，這種相互作用不夠強。在薛定諤近似中，你得不到任何束縛態。此外，如果你把 $eh/2mc$ 這個磁子當做電子的磁偶極矩的話，也得不到任何束縛態。要得到一個束縛態，你至少須要兩個或比兩個稍多一點的磁子。但這樣一來，對最低可能角動量 （楊振寧證明，它等於 $\frac{1}{2}\hbar$ ）而言，你就得到無限多的束縛態。

所以，在薛定諤方程中，電子不可能被束縛住[3]。質子可以被束縛住，因為它有 2.7 個而不僅僅是一個磁子；但在最低角動量態中，你要多少徑向激發態都行。只是，它們的結合能迅速減少而已。反之，中子有 1.8 個磁子，它不能被束縛住；質子可以束縛，而中子沒有被束縛，這樣，中子最終將被質子吸引過去。

這正是對路易斯·阿爾瓦雷茲另一個實驗的一種可能的解釋。他有一個極妙的想法：如果有一個磁單極藏在這只煙灰缸裡，那麼，只要在煙灰缸周圍繞上一匝回路，你就能得到可以觀測的電流。他選擇了各種各樣的物件，從沒有發現磁單極。他甚至用到月球岩石標本，也未能找到磁單極。那麼，爲何 Cabrera 找到了一個磁單極，而阿爾瓦雷茲卻不能？我不知道個中的原因，而大多數人認爲 Cabrera 可能犯了錯誤。順便說一句，爲了慶祝楊振寧的正式生日，我希望能找到第二個磁單極，這樣，人人都會相信它的存在了。

但是，問題在於，如果存在磁單極，爲什麼阿爾瓦雷茲沒能找到它們呢？我有一個古怪但可能是錯誤的想法。質子可以被束縛，它們可以被束縛在低能態；而在高能態，某一區域內不是相對論性的，我們毫無問題的可以把質子看成是一個質點，而不是三個夸克，同時，可以把質子想像成一個具有偶極的點。事實上，在能量降到足夠低，熱相互作用或其他效應將把它們分開之前，少數質子可以用這種方式束縛住。一旦有幾個質子在磁單極附近結成團，中子將被吸引過來（僅僅用磁場不能把它們束縛住），然後被質子束縛住。這樣，你可以開始生成一個原子核，一個把磁單極圍繞在中心區域的真正的原子核。這種情況發展下去，就會俘獲更多的中子。如果俘獲的中子太多，它們就會發生 $\beta$ 衰變而變成質子。於是，便得到鈾或超鈾元素；最終，會得到核裂變。

在一微米範圍內的裂變，可以把晶體熔掉，包含在某一碎片中的磁單極將獲得自由。獲得自由的磁單極將沿著地球的磁場移動一小距離，並最終進入地球的內部。大概在某些地方，例如地球的熔岩芯會有許多磁單極，而我們只能偶爾逮住他們中的一個。如果我們能做到這一點，即能逮住它們，那將是很有用，而且很有趣的一件事。

我想，我說的比原想要說的多了一些。所以，我不再胡謅廢話，只用幾句非常實際和非常嚴肅的話就此打住。猶太人有一個古老習

俗，為別人過生日時要對他說：我盼望在你 120 歲生日時祝你快樂
[4]。在楊振寧人生及半的時候，能對他表示祝賀，我感到特別高興！

**本文作者：愛德華・泰勒是史丹佛大學胡佛研究所
　　　　　 高級研究員**

註　　解：

① 譯自 *Gauge Interactions Theory and Experiment*，編輯是 A.
Zichichi，由 Plenum Press（1984）出版。

② 這是一句俏皮話，利用了 monopole（單極）和 monopolist（壟
斷資本家）兩個英文字字形的相似，同時應了上面說的全部
monopole 都歸西方所有的說法。譯注。

③ 看來，這和狄拉克方程所得到的結果相吻合，即用矢勢表示的
純磁場，對電子來說，不能給出束縛態。

④ 分子生物學的發展，可以使這一古老的習俗變成事實。

# 第十章　楊振寧教授在一座優秀大學的發展過程中所引起的關鍵作用

約翰・S・托爾(Toll, J. S.)

　　這本文集中，許多文章談的都是楊振寧教授對理論物理的偉大貢獻。使楊振寧名揚四海並受人尊崇的，正是他這些非凡的各色各樣造詣極深的科學成果。但是，藉慶祝他七十壽辰的機會，我們來表彰另一個重要的方面，即他的偉大服務精神，看來也是合適的。

　　本文要概括地談談楊教授在一所優秀大學的發展過程中，所起的關鍵作用。照我看，1965 年他決定加盟紐約州立大學石溪分校，並且為學校貢獻他那驚人的才幹，是石溪分校發展過程中，最重要的一件事。1965 年以來，楊教授所做的每一件事都有兩重意義：他對科學和社會的許多貢獻，不但本身非常重要，而且為在他身邊成長起來的這所大學定了調。

　　當然，其他許多人為建立石溪的學術環境，和強大的陣容，也作出了巨大的貢獻；不過，在這裡我不想面面俱到，而僅限於談及楊振寧所起的關鍵作用。即使僅限於這一內容，本文也無法做到包羅萬象。我只希望我的概括之詞，能說明楊振寧是怎樣為「優秀」定下標準，然後學校裡其他人如何為達到這個標準，而努力追求。

　　1962 年，紐約州立大學開闢了一個新校園，把原先位於蛇灣鎮種植場的一所毫無辦學經驗的二年制學院，遷到更東邊的新址，那就是長島北岸布魯克海文鎮的石溪。

　　以 Henry Herald 為首的一個委員會在 1960 年向紐約州州長和州議會呈交了一份報告。根據這個報告的宗旨，這所學院搬遷後，它的使命也跟著改變了。這個委員會制定了一個目標，通過招收文學藝術、科學和工程專業的博士研究生，而把學校真正辦成一所重點大學，這正是教師們朝思暮想的事情。1964 年，根據以 Malcolm Muir 為首的另一個委員會的建議，紐約州當局規定，學校必須再加上一個醫療科學中心，包括醫學、牙科、護理、社會工作、與醫療相關的專業，以及基礎醫學等專業；此外還要有一個大學附屬醫院。因此，長島中心要辦成一所綜合性的研究大學。

然而，創辦一所優秀大學須要許多傑出學者的共同努力。幸而，在物理學等領域，已經形成了一個好的核心；精力充沛的物理系主任 T. Alexander Pond 立定主意，要把他的系辦成美國最好的物理系之一。遷到石溪廿年之內，這個系的研究所，已成為美國東海岸公立大學中，最優秀的研究所。達成此目的之最關鍵的一著，就是搬到石溪兩年後，能把楊振寧教授禮聘過來。請讓我把個中緣由細細道來。

我們的學校靠近布魯克海文國家實驗室，楊振寧教授夏天常到那裡工作，他因而認識石溪分校及該校的許多教師。1965 年春，T. A. Pond 通過遊說紐約州科學技術基金會撥款，用於邀請楊振寧教授到石溪分校作訪問教授，而加強了這種聯繫。

但這僅僅是最初的一步。1965 年，在州長尼爾遜・洛克菲勒的領導下，紐約州在大學裡設立了五個傑出科學講座職位，命名為「愛因斯坦講座教授」；在人文科學領域，設立了五個同樣的「史懷哲（Albert Schweitzer，1875－1964，德國神學家、哲學家，1965 年諾貝爾和平獎得主。譯注）講座教授」。紐約州內各大學都可以爭取設立愛因斯坦講座教授職位，競爭得手的學校每年可獲十萬美元的撥款，這在當時確實是一筆可觀的數額，足夠開銷支付傑出學者的薪酬，以及支撐這個計劃的其他一些費用。

　　自然，紐約州內各大學都希望贏得州政府特別設立的這些講座席位。但是 T. A. Pond 和 Max Dresden（1964 年來到石溪）爲在石溪設立愛因斯坦講座，提出了一項強有力的建議。那時我參加了該小組的活動，分擔了遊說楊振寧教授的工作。我們請求楊教授同意，一旦爭取到愛因斯坦講座，他就接受這個席位。把他表示首肯的回信附到石溪的申請書上，一下子就使石溪比任何其他大學處於更強有力的競爭地位，因爲大家普遍承認，楊教授是世界上頂尖的理論物理學家，能把他吸引過來，對紐約州來說，無疑是大大地前進了一步。因此，第一個愛因斯坦講座教席便於 1965 年授予紐約州立大學石溪分校。

　　許多人對楊振寧教授接受愛因斯坦講座教席，感到大惑不解。楊振寧在恩里科・費密的指導下，獲得芝加哥大學博士學位後，立即就得到了普林斯頓高等學術研究所的任職機會，並成爲該所處於領導地位的一位理論物理教授。對大多數科學家而言，像愛因斯坦晚年那樣在高等學術研究所擔任一名教授，是一個理想的職位。楊教授在那裡幹得很好，但我們感覺到，他希望同學生們有所接觸，而大學的教席則使他能得到這種接觸。我們說，楊振寧來石溪，將會對我們這所新大學的「定調」施加巨大影響，楊教授對此表示贊同。我們真誠地認爲，來到石溪會令他更成效百倍，並爲學校的發展，設定長久的方向，使石溪成爲美國最卓越的大學之一。

　　我是 1965 年就任紐約州立大學石溪分校校長。正式上任的第一天，我就成功地談妥了有關設立愛因斯坦講座教席的具體事宜，這使我非常高興，這樣來開始我的任期，真是再好不過了！我認識楊振寧已經多年。我知道，他不僅像世界上其他物理學家那樣才氣横溢，而且還是一位在各方面，都可以爲我們想要吸引的教師樹立榜樣的不可多得的人物。

任何一間大學，開始時都要克服數不清的困難。例如，愛因斯坦講座由紐約州教育局（按照法律，教育局叫做「紐約州的大學」）管理。州教育局急於要使自己的形象看起來真的像是一所「大學」，因而想要把每位愛因斯坦講座教授，直接任命爲州的公務員，然後把他們分派到合適的分校去。我強烈地反對這種做法，認爲愛因斯坦講座教授應該完全是大學的一位教員，州教育局應該把錢撥給學校，然後由學校一視同仁地和其他教授一樣給愛因斯坦講座教授定薪金。州當局最後同意我的意見，並以此爲後繼的其他由州政府撥款建立的榮譽講座教席，立下了規例。

我們的這種安排，後來證明還有其他好處。我們盡可能在各個方面，充分利用愛因斯坦講座。紐約州立大學系統負責人 Samuel B. Gould 同意我們在石溪創立一個「理論物理研究所」的建議，這個研究所，除了按學術計劃的常規撥款外，將得到額外撥款，以獨立研究機構的方式組織，由愛因斯坦講座教授出任所長。因此，我們馬上開始招聘真正傑出的研究人員和楊教授一道工作。

楊教授立刻爲他的研究所，定下了極爲嚴格的招募人員的標準。他真的吸引來了非常能幹的一群人，包括李昭輝和 Gerald Brown。狄拉克則前來作訪問教授。理論物理研究所爲實現把我校辦成一所能吸引最佳教師隊伍的大學的這一願望，樹立了榜樣，我們用研究所定下的「調子」，來要求校內的所有其他單位。

雖然研究所的經費是獨立的，但楊振寧同意把它當成物理系的一個有機組成部分，研究人員也給研究生和本科生上課，並參加系裡的一切活動。楊振寧還把他的活動範圍，擴展到其他系。例如，他和數學系建立了密切的關係，由於他的關係，數學系吸引了一群真正傑出的微分幾何專家。

愛因斯坦講座教授楊振寧非常願意盡一切力量，幫助我們這所羽翼未豐的學校。為了能接近學生和教師，他在附近建造自己的房子，新居未竣工時，便住在校園內的一所小房子裡。如果我的回憶不錯的話，我當時猜到了楊振寧要選擇什麼樣的地方，建他的新房子。在物理學方面，他不僅能解決問題，而且是以其獨特的方式求得了最優美有效的答案。同樣，在為新屋選定地址時，他看中了離校園最近的長島海峽高高的岬角，要在那裡建造一座可愛的現代化新房子，充分利用那個位置的優越性。

楊振寧在石溪的頭十年是大學迅速發展的時期，伴隨這個時期的是許多混亂和不安寧。校園常常被新的建築工地搞得七零八落。60 年代末 70 年代初的學生騷亂，影響了全國校園，當然也影響了石溪。不時有毒品大搜捕，並發生校園與市鎮之間的摩擦。我們也遇到年輕和正在成長的學校常有的情形，那就是胃口過大而出現經費短缺情形。但楊振寧處變不驚，常常建設性地考慮他能為學校的改進，以及繼續保持出色的研究和教學水平做些什麼，他能冷靜而有效地解決困難。反過來，學校行政當局則明白，他是我們最寶貴的財富，力圖盡一切可能去保護他和他的工作。

作為一所年輕大學的校長，我準備要面臨許多困難，尤其是，在學生們關注越南戰爭和其他事務的期間，我明白我必須花費大量時間去處理學生秩序瓦解的問題。但是，當我知道學生們開始找楊教授的麻煩時，真是怒不可遏。他們可以浪費我的時間，但他們應該知道，找楊教授的麻煩是千不該萬不該的。我認為，他的時間太寶貴了，絕不能這樣來糟蹋。

學生們要求學校和系的行政領導，在校園大門的警衛室值班，這時，發生了一個特別的小插曲。在我來得及阻止這件事發生之前，楊振寧已經答應在警衛室值一夜的班！令人始料不及，楊振寧的這個許諾，反過來卻是件大幸事，因為這一晚他實際上等於是主持了一個通宵達旦的講習班。他談到了科學與社會，談到了國際關係，還談到了其他問題。校園小報和其他傳媒對此作了正面的報導，大大地緩和了這一衝突期間的緊張局勢。和平常一樣，楊振寧辦每一件事，總是會收到積極的效果。

當中華人民共和國的孤立狀態開始解凍時，楊振寧的雙親還在中國。楊振寧為促進國際合作與友誼事業的發展，竭盡了全力。一旦情況允許，他立即定期訪問中國。作為一個世界領先的科學家，他得到了中國領導人的接見。每次回去，不是毛主席就是周恩來總理宴請他。他利用這種機會，去促進中美兩國的相互了解。不止於此，每當中國科學界的代表團訪美時，第一站通常都是石溪，然後楊振寧再幫助安排他們訪問其他研究中心。反過來，他又幫助組織美國科學團體訪問中國。在他的提議下，我率領了一個美國高能物理學家代表團，應邀在 1974 年訪問中國。由於這種接觸，我們得以簽訂協議，長期間引來了許多中國學者到石溪同楊教授及其他學者進行合作。楊振寧誠心誠意地投入這種合作中，和中國學者合寫了不少論文。

1978 年，擔任石溪校長 13 年之後，我意識到，為了學校的利益，我最好引退，以便讓新的州當局能為學校的繼續發展，任命一位新校長。我有幸應邀返回以前曾服務過的馬里蘭大學，並出任這個有許多分校的大學系統之校長。離開石溪時，我問楊振寧，在他繼續推進國際了解的事業中，我能做些什麼。由於他的建議，馬里蘭州與中國的一個省，在中美兩國間，率先簽定了建立姊妹關係的協議。楊振寧會見了馬里蘭州的州長，安排馬里蘭州州長和中國安徽省省長之間的互訪，並建立姊妹關係。這種關係一直持續發展到如今。

　　州立大學石溪分校之幸是，楊振寧一直擔任愛因斯坦講座教授。作為一名偉大的上流人士和卓越的科學家，他的品格為人們樹立了榜樣。他用許多方式幫助別人，服務於一些關鍵的委員會，以招募學校領導和教授，或者改變學校的政策。他把時間安排得很好，學校領導小心地不去浪費他的時間，因為他的時間太寶貴了。但他從未拒絕過我的請求，我知道，他和我的繼任者 John H. Marburger 校長也一樣合作愉快。石溪現今已成為紐約州立大學系統中，一個最活躍的研究中心，這種學術領導地位表現在許多方面，例如，不論在榮膺聯邦政府頒發的全國獎項數目，還是在每年競爭得到的科研撥款總額，石溪在紐約州立大學系統中，都處處領先。許多人為這種成功貢獻過力量。但按我的意見，石溪辦成了學習、教學和研究工作都如此出色的一所大學，是楊振寧的榜樣和傑出領導，為它定下了基調。

**本文作者：約翰・S・托爾**

**註　　解：**

① 約翰・S・托爾是美國大學科學研究協會主席，馬里蘭大學物理教授及名譽校長。

# 第十一章　楊振寧對我的生活和研究工作的影響

G・E・布朗(Brown, G. E.)

當年研讀楊振寧和米爾斯的論文[C. N. Yang and R. L. Mills，"Conservation of Isotopic Spin and Isotopic Gauge Invariance" *Phys. Rev.* 96，191（1954）]時，壓根兒不可能想到，我的後半生會和楊振寧結下不解之緣。在英國的伯明翰時，我們大家立刻就明白，楊振寧和米爾斯的工作，是一個非常重大的貢獻（當然，誰也說不清它究竟重大到什麼程度）。在後來的歲月裡，我逐漸更爲欣賞該文的摘要[*Phys. Rev.* 95,631（1954）]，它只有一段話，簡明扼要地表述了原文的主旨。

1959 年，尼耳斯・玻耳（Niels Bohr，1885－1962，丹麥物理學家，1922 年諾貝爾物理學獎得主。譯注）邀請我到哥本哈根正在發展形成的 NORDITA（北歐理論原子物理研究所）工作。具有諷刺意味的是，我就在那個時候，由研究原子物理轉到研究核物理上來。由於玻耳研究所的歷史原因，「原子物理」一詞在哥本哈根是包羅萬象的。

1964 年，隨著麥卡錫[1]時代的結束，我與美國政府達成和解，回到普林斯頓任職。尼娜・拜爾斯在 1964 至 1965 年和楊振寧搭檔進行研究，而我則在伯明翰期間相識她。就這樣，我得以和楊振寧在學術上有所聯繫。我把從原子核朝後散射 $\alpha$ 粒子的有關情況告訴他們，從而使他們確信「強子同原子核非常相似，在分析當中必須以此爲出發點」（參見譯者的另一本譯作《三十五年心路》第 135

頁，廣西科學技術出版社（1989），南寧。該書譯自楊振寧的大作
《選集與後記》的「後記」部分，也可以認爲是楊先生的回憶錄）。
「這種觀點，直到今天還是（核子）幾何模型的基礎」。對我來說，
更重要的是，我因此結識了楊振寧和杜致禮；我和尼娜‧拜厄斯一
起在楊家的廚房裡，參加過他們的家庭晚餐。

　　得知楊振寧要離開普林斯頓高等學術研究所到石溪去，我們在
普林斯頓大學物理系的一次會議上，商討如何才能把他挽留下來。
有人建議：「讓我們僱用一個楊振寧喜歡的人，做他的研究搭檔」。
Murphy Goldberger 反駁道：「楊振寧並不需要同任何人合作」。
Goldberger 和 Sam Treiman 經常和楊振寧討論粒子物理學的問題。
那時候，許多粒子物理學家聲稱找到了一種對粒子進行分類的非相
對論性 SU（6）理論。通過洛崙茲變換，自旋可以改變，然而這些
理論家們並沒有處理好自旋問題。楊振寧告誡他們切不可對此大吹
大擂。

　　1966 年，楊振寧接受石溪愛因斯坦講座教授的職位。其時，石
溪分校的校園只不過是一個到處泥濘不堪的建築工地。石溪分校才
創立幾年，在大家看來，這裡充滿閒情逸致，做學問的人可以在此
過悠哉游哉的田園生活，教教書，閒來也可以搞些研究工作。那時
的物理系主任 Alex Pond 並不這樣想，他滿懷雄心壯志，要把物理
系辦好。今天回過頭來看，我想像不出，究竟是一種什麼鬼使神差，
Pond 竟能說服楊振寧調到石溪來。

　　1967 年，楊振寧回到普林斯頓做了一次簡短的訪問。一天，我
正坐在巴爾麥物理實驗室的辦公桌旁，他突然走進來邀我出去溜達
溜達。雖然 Linwood Lee 已在石溪造好一座串列式範德格拉夫加速
器，但那裡並沒有人做核物理研究。相反，在普林斯頓這裡，我作

為這個世界研究中心的教授，已經組織起一個領先的理論核物理學家社群。既然楊振寧看中我，也因為我對他心儀已久，所以我辭別普林斯頓，在 1968 年來到石溪，任職至今。這是我今生所做過的幾個最好的決策之一。我幫助楊振寧建立了石溪物理系，它排在美國 12 個最好的物理系之內（此為 *Changing Times* 1983 年 11 月版的排名。*Physics Today* 1988 年 1 月號第 15 頁上有一篇題為＜科技精英雲集從而發生親近繁殖＞的十分引人入勝的文章。文中說，相對於其他最好的大學物理系而言，石溪物理系鮮有精英近親繁殖的情形）。由於楊振寧給石溪物理系帶來了名氣和聲望，我們系沒有人為了雞毛蒜皮的事而鬧意氣，大家採取了一種互相幫助的態度，建立了一個很優越，同時又和諧的教學和做學問的環境。

　　50 年代，我在量子電動力學應用於原子物理方面，尤其是重原子蘭姆移位及原子物理多體問題，做了許多基礎性的工作。50 年代中期，我轉到了核物理領域，因為它更復雜，對它的基本原理了解得甚少，也就更具挑戰性。我決定把核物理的有關概念弄得更清晰，從而使大家能進行定量的計算。首先，我引用了經驗的手徵不變性，和法國薩克萊的 Mannque Rho 一起統一了核反應的描述方法。隨後，物理學家發現以楊振寧－米爾斯規範場論為基礎的量子色動力學是正確的。直到這時，我們才高興地知道，原來在那些行之有效的理論中，我們一而再、再而三地採用的手徵不變性源於量子色動力學。

　　眾所周知，楊振寧的指導原則是規範不變性。他正是把這種不變性從量子電動力學推廣到楊振寧－米爾斯場論的。很明顯，他對數學特別有興趣。他發現了纖維叢的基本觀念，尤其是發現規範場是纖維叢的「連絡」，並在文章中表達了他對這一發現的無比歡欣。

1979 年 9 月，在楊振寧的一次講習課之後，我提了個問題，他認為那是在批評他表述時，不顧物理圖象而一味追求數學效果。後來，我收到了他從記事本撕下的一紙短簡，寫的是一段溫和地責備我的話：

蓋利：希望你不要誤解，我要強調的是，物理學不是數學。這一點是清楚的。但是，數學在基礎物理中起著非常重要的作用，這一點也很清楚。

楊振寧

誠然，物理學不是數學。但是，楊振寧－米爾斯規範場論卻給了數學家一個妙不可言的模型，同時又給了物理學家一種美不勝收的理論。我同 Mannque Rho 早期的工作，要求每種行之有效的理論，都要遵守楊振寧－米爾斯的手徵不變性，這使我們成功地在原子核內建立了交換流，從而定量地確定了核中介子的存在。

最近，Mannque Rho 和我設想，如果在我們行之有效的理論中，在原子核的層次上模仿楊振寧－米爾斯的手徵不變性（處在手徵不變性破缺的範圍之內），為什麼不把這些方程的標度不變性竭力用到我們那些有效的拉格朗日之中呢？我們知道，這種標度不變性在量子的層次上，通過痕跡反常或發展膠子凝聚的這種非常特殊的方式而產生破缺。楊振寧和米爾斯在第一篇論文中，就預見到規範場的自束縛系統的可能性。

低能的有效拉格朗日一般不具有這種標度不變性，那怕人們聲稱，通過把夸克和膠子，由楊振寧－米爾斯理論中積分掉，以利於核子和介子變量，從而得到這些拉格朗日也罷。標度不變性的破缺是通過截斷積分而實現的，否則這種積分就是無窮積分。人們這樣做的時候，沒有察覺到，正是在這一步上他們使得標度不變性破缺了。Mannque Rho 和我認為，與其用這種隨意的方式，去使標度不變性破缺，毋寧使它盡量保持下去。這就保證我們的有效拉格朗日中，每一項都與楊振寧－米爾斯理論的相應項，具有相同的標度性質。然後，我們應用輔助的標量場（引進它是爲了保證正確的標度性質），以造成一種相互作用，來使得標度不變性破缺，方式上正像量子色動力學在量子層次上，使它發生破缺一樣。

我們在 *Phys. Rev. Lett.*66，2720（1991）上發表那題爲＜在稠密介質中的標度有效拉格朗日＞的論文作出了一系列預言，其中主要的有介子質量與密度相關，即

$$m^*_\rho \big/ m_\rho = m^*_\omega \big/ m_\omega = m^*_\sigma \big/ m_\sigma = m^*_n \big/ m_n$$

式中，星號表示有限密度下的質量，不加星號則爲自由質量值。$m^*_n$ 是核子的有效質量，膺粒子的速度由 $v= p \big/ m^*_n$ 定義。這個標度關係保持到樹一級層次，我們正在找出環狀修正。

我們的研究結果，意味著介子質量隨著密度增加而平滑，卻又比較迅速地減少。此外，對實驗工作來說，還意味著許許多多事情，我們倆和其他人，正在爲此而加緊工作。在德國達姆斯塔德的那個大型研究所 Gesellschaft fur Schwer Ion（重離子研究所），正在計劃測量大約兩倍核物質密度下 $\rho$ 介子的質量。這必須檢測處於重離子碰撞所形成的稠密系統中 $\rho$ 介子無電子衰變的不變質量。幾年來，柏克萊高能質子同步穩相加速器一直做著相同的實驗，至今還沒有得到令人滿意的統計結果。

楊振寧－米爾斯理論中的許多不變性，大大地豐富了核物理學的內容。它使核物理學更漂亮、更錯綜復雜，也更饒有興味。進展雖然緩慢，問題也很復雜，但藉助於這些不變性，我們正把核物理學建立在更牢靠的基礎之上。

　　對楊振寧在普林斯頓邀我「到樹林子去走一走」，從而使我下決心加盟石溪，我將永懷感激之情。和楊振寧一起，我們在石溪創建了那些可以讓我們感到驕傲的事物。基於楊振寧創立的楊振寧－米爾斯理論，我們對核物理可以有更好的理解，而核物理本身在概念上則是深奧和內容豐富的。當然，核物理只是受到楊振寧－米爾斯理論深深影響的領域之一。它是我進行研究的領域，同時，也是一個興味無窮的領域。

**本文作者：G・E・布朗是美國著名理論核物理學家，紐約州立大學石溪分校理論物理研究所教授。**

**註　　解：**

　① 麥卡錫（Joseph Raymond McCarthy，1908－1957），美國共和黨參議員。他於 50 年代初煽起全國性反共運動。譯注。

# 第十二章　楊振寧的金字塔

喬玲麗

這篇短文的寫作，發軔於 1992 年 8 月，台灣正慶祝楊振寧教授七十大壽。爲此，我重讀了楊教授的大作，特別是《選集與後記，1945－1980》以及 1980 年以後的新作，還有其他許多介紹楊教授工作和成就的文章。

作爲物理學家，楊振寧是二十世紀的一位巨人。楊振寧－米爾斯方程將和牛頓、麥克斯韋和狄拉克的方程一樣，作爲人類永恆的遺產，且進入下一個世紀，而楊振寧－巴克斯特方程的重要性，正開始被人們賞識。毫無疑問其持久的價值將不亞於代數裡的雅可俾恆等式，和幾何學中的畢安其恆等式。除了和李政道一起榮膺諾貝爾獎的宇稱不守恆這一名作之外，他還撰寫了一系列關於粒子物理中對稱性問題的論文。它們都很重要，而且非常有洞察力。由於他的工作，我們更深刻地理解對稱在粒子物理中的作用，也正確地理解相變和量子臨界現象在多體物理中的地位。我們還可以把這個清單繼續開列下去，況且在今天，他的許多工作的重要性，或許尚未爲人們所充分認知。

關於楊振寧及其工作，人們已經寫得很多，再要添加一些鮮爲人知的新東西，對我來說無疑是一種挑戰。我越是試著寫些東西，就越感到不知所措。要學習和理解的東西實在太多，而稿子又催得很緊，我必須寄去一些文字。

在研讀楊振寧的論文時，我感到他真的好像有點石成金的本領似的。不僅如此，當他那盡人皆知的成果，依然在光芒四射的時候，新的物理學領域又在他原來不甚為人所知的工作基礎上，聳立起來了。過去四十年間，這種情形已經重複多次，屢試不爽。

50 年代，楊振寧（和他的合作者們）關於宇稱不守恆、關於二分量中微子，以及其他工作，在基本粒子物理學領域裡，是高聳入雲的。他對相變問題的漂亮闡述，澄清了 30 年代以來一直在該領域裡徘徊不散的某些混亂。

60 年代，他那關於高能中微子實驗、關於磁通量子化、關於非對角長程序，和關於貝特假說的工作，全都對物理學的有關分支產生了深遠的衝擊。

70 年代，楊振寧－米爾斯理論的根本重要性，開始為人們所賞識，這一理論在我們對自然界所有基本相互作用的理解上，是革命性的。

及至 80 年代，奠基性的楊振寧－巴克斯特方程的極端重要性，開始顯現，並在楊振寧過去幾十年的所有成果之中，嶄露頭角。

回顧所有這些發展，我認為，要表述楊振寧對物理學的影響，最好的辦法是把它比做一座金字塔，在物理學這座金字塔的基礎上，挖得越深，它的基座就越寬廣。楊教授喜愛唐詩宋詞。他曾經把心愛的杜甫（712－770，唐代）的詩句「文章千古事，得失寸心知」翻譯成下面的英文：

A piece of literature is meant for the millennium，

But its ups and downs are known in the author's heart。

還把陸放翁（1125－1209，宋代）的詩句「形骸已與流年老，詩句猶爭造化工」翻譯為

My body creaks under the weight of passing years，

My poems aim still to rival the perfection of nature。

　　年屆從心所欲，楊教授依然精力旺盛。表徵他的科學研究的特點是高雅，這種高雅依然宛如印記一般，出現在他的新作之中。我企盼今後十年能不斷研讀他的新論文，並看到他的金字塔更深更廣的根基。

**本文作者：喬玲麗**

**註　　解：**

　① 美國加利福尼亞大學戴維斯分校物理系華裔教授。

# 第十三章　如何對楊振寧—米爾斯理論 進行量子化

鄭　洪

卅五年前的一個春晨，我一覺醒來，獲知楊振寧同李政道剛剛榮膺 1957 年諾貝爾物理學獎。那天早上，我遇到的所有中國朋友都感到意外、激動、欣喜若狂和驕傲，因為李政道和楊振寧是首次榮獲此項最高學術獎賞的中國人。我記得，和其他人一樣，我也激動、欣喜若狂，並沉浸在驕傲之中；但是，和大多數人相反的是，我並沒有感到始料未及，這是事出有因的。在這一歷史事件發生之前一年，我在台灣大學圖書館遇到一位學生。閒聊時，他認真地引述了據稱是奧本海默（J.R.Oppenheimer，1904－1967，美國著名物理學家，因主持曼哈頓計畫而被稱為美國原子彈之父。譯注）的一句話，不知何故，至今我還能一字不差地背得出來：50 年代的天下是楊振寧的。我始終未能從其他方面證實此話的出處，或許它只不過是在校園裡流傳的一種說法而已。但是對距離美國有半個地球之遙的一個大學本科生來說，這句話在他的腦子裡留下了深刻的印象。正因為如此，卅五年前那個記憶猶新的早晨，當我聽到頒佈諾貝爾獎的消息時，覺得把諾貝爾獎授予一位已經贏得整個世界的人，並不是什麼過分的事。我當時還立下宏願要去見見這位偉大的科學家，拜他為師。

1963 年冬，我實現了上面提到的那前半個願望。普林斯頓大學的中國學生開了個聖誕晚會，楊振寧教授伉儷在大家的期盼中出席了。就在這個晚會上，我第一次看見楊教授本人。我之所以說「看見楊教授」，是因爲我認爲他不一定看見我。對他來說，我只不過是圍繞在他周圍，一字一句注意地聆聽他說話，看上去毫無區別的許多笑臉中的一個而已。他談的是爲考察新近完工的 CEA 而到麻省劍橋之行。

我得承認，那一次他著實使我感到意外。他像一個實驗物理學家那樣，向我們複述了那座加速器的每個數據和許多細節，這與我所認識的其他理論物理學家，大相逕庭。不過，楊教授很快就又使我更感意外：他開始同楊太太跳舞。我擔保，他們跳的是一個最優雅的華爾茲。我從未見過其他理論物理學家跳得那麼好。

我在 1968 年實現了那後半個願望，當時我同吳大峻合作研究高能散射問題。在大約兩年的時間裡，我和吳大峻頻頻驅車訪問石溪（實際上，大都是吳大峻開車。現在想來還有點害怕，因爲我拿不準大峻是把一門心思用在掌握方向盤上呢，還是在開車的當兒，腦子裡正盤算著他的微積分）。我們向楊教授彙報高能散射方面的研究進展，並同他就此問題，進行非常富有啓發性的討論。他正直，學術上誠實，願意傾聽不同的意見，還無私地讓我們分享他的大睿大智和寶貴時間。所有這些，都使我非常的敬重他。我們在面對幾乎普遍反對的情況下，之所以能完成這項研究，並得出散射全截面隨能量無限增大的結論，楊教授的支持和鼓勵是主要精神支柱之一。

今天，我要討論的是另一課題─二十世紀理論物理學的一個重大勝利，其功勞和榮耀主要歸於楊教授。我要談的是楊振寧─米爾斯理論（非阿貝耳規範場論），我特別要討論如何去使楊振寧─米爾斯的理論量子化。

80 年代初期講授量子場論課程時，我遇到了這個問題。該課程的重要部分當然是楊振寧－米爾斯理論。講完經典楊振寧－米爾斯理論之後，我便迫不及待地要給學生介紹量子的楊振寧－米爾斯理論。像別人一樣，我過去幾年所讀到的都是使楊振寧－米爾斯理論量子化的標準方法，即路徑積分法。

　　我認爲這個辦法既強有力，又優雅。然而，準備上路徑積分課的前夕，我忽然感到它有點不對勁。直到臨上課之前，我仍然不得要領，於是感到有點恐慌，便去找一位專家幫忙。他說，我提出的問題，不值得大驚小怪，事實上 1967 年發表的一篇論文，早已把它解決了。我衝到圖書館趕緊找來那篇論文。原來該文作者只是清楚地指出問題的所在，並沒有把它解決。我又回去找那位專家，他耐心地聽我說完，又建議我去讀另一篇文章。這樣來回折騰好幾次，我掙扎著去讀完那些勞什子論文，結果依然一無所獲。我向我的研究生 E.C.Tsai 談及此事，於是我倆決定，與其沒完沒了地去讀別人的文章，倒不如我們自己去尋求答案。不過，這比我們原來想像的要困難得多。最初，我們仍然想在路徑積分的框架之內解決問題，畢竟，這是二十年來幾乎人人都接受的一種辦法，並且我們自己也從未懷疑過它的正確性。令人沮喪的是，隨著時間的流逝，我們發現越來越多的問題。緊張地工作幾個月之後，我們比開始時更感到茫然，不知所措。最後，我們不得不放棄路徑積分的辦法，而再次從頭開始幹。毋庸諱言，這時學期已經結束，我也就不能按計劃給學生講授有關的課程了。

　　我們的新思路是基於正則量子化，曾有人嘗試過走這條路線，但由於大家都喜歡路徑積分的方案，所以最後它總是被放棄。大多數人認爲，循這條路線去使楊振寧－米爾斯理論量子化很困難。我們發現，情況並不如此。使用費密早在 30 年代就指出的辦法，正則地使楊振寧－米爾斯理論量子化，問題就變得很簡單。此外，這種方案能提供路徑積分法所缺少的信息，這些信息對深入理解楊振寧－米爾斯理論是非常重要的。顯然，用路徑積分使楊振寧－米爾斯理論量子化的形式體系，尤其是法捷耶夫和波波夫的那一套，不僅缺乏啓發性，又含糊不清，並且在許多情況下，還會給出錯誤的結果。事實證明，路徑積分是被認爲不容置疑，並被普遍採用的處理辦法，原來是空中樓閣。說真的，我認爲目前這種對楊振寧－米爾斯理論進行量子化的路徑積分形式是錯誤的。

本文簡要地介紹我和 E.C.Tsai 的研究結果，只概括地談談中心思想，更專業性的論述將另文發表。

（以下一段爲學術論文，從略）

最近，我和 S.P.Li 合作把研究推廣到重力的範圍，已經建立了在短暫規範情形下的量子重力理論，對簡諧規範問題的研究，則仍在進行。我們的研究顯示，量子重力的每一事件在楊振寧－米爾斯理論中，都有其對應物。這使人聯想起，廣義相對論或許是楊振寧－米爾斯理論的特例。

楊振寧－米爾斯理論早在 1954 年就被提出，可是過了幾乎三十年人們才能夠完全理解其量子內涵，這正是楊教授研究成果的開創性和學術威力的最好見證。然而楊教授的睿智，並不只限於科學。無論何人，只要有幸同楊教授作過交談，都會被其興趣的廣泛和思想的深邃所震撼；分手時他會感到，作爲一個人，由於得到楊教授的指點而變得充實了。自從廿九年前第一次見到他以來，我從他身上不但學到了物理，還學到了人生的各種真諦：大至中國的國家大事，小到為何我的電視機分辨率高，甚或把自己的廚房粉刷得如何糟糕，等等，不一而足。我欽佩他，不但是因為他對物理學的貢獻，毫無疑問，這種貢獻是革命性的；更令我仰慕的，是他的同情心、他的寬厚、他的正直和真誠－－一句話，他的整個人品。我願把下面一首古詩奉獻給他，這首詩最能貼切地表達我對他的感情。

雲山蒼蒼，江水泱泱，先生之風，山高水長

楊教授，祝您七十壽辰生日快樂！

感謝 L.P.Li 博士在審閱本文手稿時，所給予的批評和指正。

**本文作者：鄭洪**

**註　　解：**

① 美國麻省理工學院（MIT）數學系華裔教授，中央研究院院士。

# 第十四章 楊振寧教授

鄔祖德

被邀著文慶祝楊教授七十壽辰，我感到極大的榮幸。

我記得，1956 年 11 月吳大猷教授首次訪問台灣，在一堂研究班課上介紹傑出留美中國物理學家們的不凡成就時，我第一次聽到楊振寧的名字。作爲一名剛從電機系轉讀物理系的研究新生，吳教授的評論給我留下了深刻的印象。不久之後，證實楊振寧、李政道兩教授關於宇稱不守恆預言的實驗發表了。1957 年，他倆榮獲諾貝爾物理學獎。這一獲獎消息立時使楊振寧成爲全世界華人社區家喻戶曉的人物。對千百萬心懷大志的中國青年學生來說，楊教授成了他們的偶像和楷模；而對市井小民而言，他則是民族榮耀的象徵。十二年後的 1969 年，我在英國利物浦一家小的中餐館用膳時，聽到沒有什麼文化的店主和廚師滿懷敬意和驕傲地在談論楊教授的成就，心中很驚愕並爲之動容。

雖然我對楊教授心儀已久，但直到 1964 年隨 Max Dresden 教授從愛奧華來到石溪後，才有機會同他不期而遇。我是 1966 年春認識他的。

楊教授從普林斯頓應聘到石溪擔任愛因斯坦講座教席不久，我便向他請教有關研究課題的問題。我是一個新近得到學位的博士，頗害怕接近他。我聽過不少關於著名科學家粗魯對待青年研究人員的故事，這種故事今天仍在流傳。K.C.Wali 在新近出版的那本 S・錢德拉謝卡（S.Chandrasekhar，1910－1995，美籍印度物理學家，1983 年諾貝爾獎得主）的傳記中就有這樣一則故事：在耶克斯天文台，有兩座樓梯，一座從錢德拉謝卡的辦公室旁經過，一座則在大樓的另一邊。「每當大家知道錢德拉謝卡在天文台工作時，學生們就都避而不用他那邊的樓梯」。不過，我第一次見楊教授時，他非常熱情友好，不擺架子，我大大舒了一口氣。

他給我的忠告是：不要野心勃勃地一心只想鑽那些大的或者時髦的課題，也不要盲目地跟隨在那些吹吹打打的彩車後面轉。相反的，要從簡單、做得出來，而且和物理現象密切關聯的問題做起。他敦促我在嘗試做任何課題之前，首先要使自己熟悉實驗事實。我發現，這個忠告對我後來的工作，極端有用。就具體的課題而言，他建議我考慮，如果電磁相互作用中電荷共軛不變性（C）受到破壞，對 $\eta$ 介子的衰變可能會有什麼後果。這是一個在當時人們議論很多的問題。

一星期之後，楊教授安排時間，聽我報告自己的研究結果。我講完之後，他拿出筆記本和我兩相對照。這時我才明白，原來他自己已把這個問題，從頭到尾詳細地考慮過了。但是，他勸我不要匆忙地把文章拿去發表，因為缺乏可靠的實驗證據，而他本人則不相信在電磁相互作用中，C 會受到破壞。後來，事實證明，他的判斷果然不錯。1966 年秋，歐洲原子核研究中心（CERN）的大量數據顯示，早先的那些實驗報告並不準確，從而肯定了電磁相互作用中，C 並未遭到破壞。

就在那一年稍後，我開始和楊教授合作，進行研究。對統計力學問題淺嘗輒止之後，我們把注意力轉向高能碰撞。隨後的合作使我得到一個罕見，而且獨一無二的機會，去欣賞楊教授的工作作風，去了解一個偉大人物是怎樣在做學問的；當然，我還可以就近在身邊觀察他的品格和品味。

　　我覺得，楊教授科學研究的特點是，探索新發現現象前端的那種無與倫比的能力，以及他對理論物理結構方面，深入和深刻的洞察。

　　在基本粒子物理學領域，他和李政道教授那個著名的關於宇稱守恆問題的分析是劃時代的貢獻。1952 至 1956 年間，$\theta - \gamma$ 之謎使物理學家們，個個墜入五里雲霧，而茫然不知出路。但是他們倆正是由此而勇敢地推論出：宇稱在弱作用下不守恆是出路之所在，這種結論對當時人們所信奉的神聖不可侵犯教條來說，是大逆不道的。他和吳大峻關於 K 衰變時，CP 不變性遭到破壞的透徹而又優雅的唯象分析，是他那種敢於探索物理學前端未知事物個性的又一個例子。這種分析，為解釋後續的所有實驗，提供了一個框架。

　　從我們合作研究高能碰撞問題的全部過程，可以看出，楊振寧的確具有一種罕見的能力，使他可以從大量令人眼花繚亂的新的實驗結果中，抽取意義重大的事實，並據此給出碰撞物理一種簡明扼要、邏輯上首尾一致，而且乾淨利落的描述。在品味方面，他比較保守，十分尊重物理學的傳統。但是，需要勇氣時，他也會顯示出大無畏的精神。

　　他對理論物理基本結構的貢獻，更令人贊佩。通過與米爾斯在 1954 年一起發現的非阿貝耳規範理論，他為後來建立的弱電統一理論，奠定了基礎。楊振寧－米爾斯方程真正是一件紀念碑式的成就，只有麥克斯韋、愛因斯坦、薛定諤和狄拉克的工作才能和它相提並論。

　　楊振寧教授的開創性和洞察力，也表現在他的統計力學和凝聚態物理研究中。關於二維易興鐵磁體自發磁化強度的準確計算，驚人地展示了他在經典數學方面的技巧，以及把錯綜復雜的計算進行到底的出類拔萃的毅力。他關於磁通量子化和非對角長程序的工作，都是對理解超導現象產生了巨大影響的、有強大生命力的傑作。他在 1967 年研究一維 $\delta$ 相互作用問題時，發現的楊振寧－巴克斯特方程則是又一個恆大的貢獻。十五年之後，人們才真正開始賞識它的重要性和效力。今天，大家普遍相信，楊振寧－巴克斯特方程代表了一種基本數學結構，今後在物理學和數學當中，將有廣泛的應用。

雖則物理學和數學是他的第一愛好，但他的知識和興趣決不止於此。舉凡藝術、中國古典詩詞、古典文學、歷史，乃至於中國的政治和事務，他都十分關心。在專業之外的這些領域，他也會像做學問那樣，打破沙鍋問到底。記得 1977 年秋的一天，他打電話告訴我，說他到了蘭州。這是中國西北部的一個城市，抗日戰爭時我在那裡待了四年。他對老城區的描述，大部分都和我童年的記憶相吻合。事實上，我們可以肯定，他下榻的賓館，就在我兒時的住所附近。但是，我們在兩點上意見相左，這使我們困惑。首先，看來他沒有見到那座狀為梯形、裝飾得很雅致的木橋，這座橋至少已有兩百年歷史。另外，他沒有見到蘭州市郊風景名勝地興隆山上，成吉思汗的金靈柩和其他文物古董。兩星期後，我收到他寄來的一幀照片，上面正是我記憶中的那座橋，是從本世紀初，瑞典探險家 Swen Hedin 的一本書中複印下來的。除照片外，還有一短簡：「你說的是不是這座橋？它已不復存在。成吉思汗的古董，已在 1954 年歸還蒙古了」。

楊教授的中國情結和對中國血統的自豪感，對中國的一往情深和對中國人民的關切，在他的諾貝爾演講和收集在《讀書教學四十年》（參見本書譯序。譯注）一書的文章中，都盡情地傾訴出來了。

1971 年夏，他是美國著名學者中，第一個訪問中國的科學家。70
年代，他為了增進長期疏遠的中美兩國人民的相互了解，所作的努
力，對發展兩國關係，起了催化的作用。他極力勸說中國政府注重
基礎科學研究，而且支持中美兩國的學術交流，對「文化大革命」
後中國科學技術的迅猛發展，產生了促進的作用。

　　楊教授是一位偉大的科學家，也是一個偉大的人。他品德高尚，
溫文爾雅，並且思想深刻；他完美無缺，並繼承了中華文化中，那
些最優秀的傳統，他正是這種傳統意義上的一個德高望重的正人君
子和學問家。雖然他是世界科學界的頂尖人物，但卻禮賢下士，極
其謙遜。他永遠是那麼忙碌，可是對那些向他求助和求教的人，特
別是那些在事業上，仍在掙扎前進的青年物理學家，他總是有求必
應。他會毫不吝嗇地向他們提出中肯的評論、誠懇的鼓勵和建議，
甚或把自己的想法講出來，讓人自由分享。他的慷慨是出了名的。
1989 年，米爾斯在回憶 1954 年時，寫道：

　　　　楊振寧在許多場合中，表現出他對剛剛開始物理學生涯的青年
　　　　人的慷慨。他告訴我關於推廣規範不變性的思想，而且我們還
　　　　作了更為詳細的討論。

　　過去廿六年，我有機會在楊振寧教授身邊工作，那真是一大幸
事。對他的耳提面命和經久不衰的鼓勵，我銘感至深，它們大大地
影響了我的生活，並使我們之間持久不斷的合作，成為碩果累累的
一件快事。

本文作者：鄒祖德

註　　解：

① 本文作者鄒祖德是美國喬治亞大學物理系華裔教授。

# 第十五章　發現具有更高臨界溫度的超導體的可能途徑（序言部分）

朱經武

　　事隔多年，我已記不起具體日期了。那是 1957 年 10 月一個陽光普照的刮風天，有消息傳來，兩位年輕的中國物理學家剛剛贏得諾貝爾獎。這是一個劃時代的事件，它使中國人恢復了自信心；由於中國一次又一次地慘敗於科技優越的西方，致使中國人開始懷疑自己的科技能力。對我這一代以及今後幾代人來說，這一事件，使許多中國人覺得，物理學有了那麼一種傳奇的色彩。在接踵而來的幾個月裡，我－台灣中部閉塞小鎮的一個高中生，貪婪地閱讀手頭上，一切有關楊振寧教授的書報。儘管那時我對楊振寧得以榮獲諾貝爾獎項的物理課題內容，知之甚少，但那段時間，不管在教室裡，還是在運動場上，同學們在交談中，頻繁的紛紛使用「宇稱不守恆」這樣的字眼，雖然說起這些事情來哲學意味重了一些，不太科學，又不甚正確。平時我就喜歡電啊、磁啊這類玩意，所以，這個消息，自然促使我毫不躊躇地選擇了物理學專業。

　　隨著物理知識的增長，我對楊教授的學識越發景仰，也更自慚形穢。在統計力學課程中，除了許多相關的課題之外，我還學到了他處理二維易興模型，和相變問題的優雅方法。當我成爲超導專業研究生之後，我鑽研了他關於非對角長程序，及磁通量子化的重要工作。過去幾年，我和他就高溫超導的問題，做過幾次長談，每次都受到很大的鼓舞。在一次談話中，他從理論的角度，作了些預言，隨後，爲了驗證他所說的，我甚至花了好幾天的時間，去做實驗，但沒有得出什麼結果。在這件事情上，自然界似乎還不想公開她的秘密。

1969 年我在石溪見到了楊教授，對我而言，他既是一位給人鼓舞的物理學家，也是一位世交（通過我和陳省身教授女兒陳璞的婚姻）。生活裡，有許多意想不到的事。在這之前，我一直認爲，世界上只有兩種類型的科學家：一種人專談自己在做什麼，另一種人則專問別人在做什麼。我發現楊振寧教授屬於爲數極少的第三類：他常常慷慨地把自己那些令人激動的研究成果，拿出來與人共享，同時，對不論那一行科學家的工作，都有一種令人驚異的好奇心。他靜心仔細的聆聽別人的述說，給別人提出有用的建議，從而使和他交談的人獲得鼓舞，並增強自信心。他是文藝復興時代的那種人：無論科學、文學、歷史和藝術知識，都非常淵博。

楊教授不但是一位物理學家，同時也是一位富有同情心的人。他所做的一切，已經對物理學（尤其對中國血統的物理學家）和中國科學的發展，產生了與日俱增的深遠影響。當初我向陳璞小姐求婚，楊教授就曾經把我已故導師 Bernd Mathias 教授對我的好評，轉達給陳省身教授（有時楊教授主動說，或者陳教授問到時講）。他的這些作爲，決定性地改變了我的生活。在這歡樂的時刻，我願意把關於高溫超導的一些想法，敬獻給楊教授。同時，我祝福楊教授身體健康，今後的許許多多年他在物理學領域仍能不斷有新的建樹。

（以下爲專業論文，茲從略）

本文作者：朱經武

註　　解：

① 朱經武先生是世界著名高溫超導物理學家，中央研究院院士，
　　任教美國休斯頓大學物理系及德克薩斯超導中心。朱經武祖籍
　　廣東，1941 年生於湖南。美國國家科學基金會於 1987 年 2 月
　　16 日宣布，朱經武及吳茂崑分別領導的兩個小組，發現轉變溫
　　度為絕對溫標 96 度的高溫超導物質，於是他在高溫超導物理
　　研究上，獲得重大突破。此後，他一直活躍在這一前端領域，
　　不斷有所建樹。譯注。

# 第十六章　超導體的量子化磁通：
## 我個人的一些看法

小巴斯科姆・S・第佛(Deaver, B.S. Jr.)

　　能爲慶祝楊振寧七十大秩文集撰寫文章，乃一大幸事。1961 年他訪問史丹佛大學時，我有幸見到他。當時我處在一個非常興奮的時刻：我和 William M. Fairbank 測量封閉在超導圓筒內的量子化磁通的實驗，正接近於得出結果的階段。楊振寧在該實驗的這個階段出現，並且在實驗結果剛出爐時，立即就對其重大意義，進行理論上的研究，所有這一切，都大大地增加了令人激動的氣氛。

　　1959 年 9 月，Bill Fairbank 從杜克大學轉到史丹佛來。我作爲他在史丹佛的第一個研究生，兩人曾就我的學位論文傾談良久。他向我解釋，他建議我要做的一些重要新實驗的有關情況。他當時已被公認爲知識最淵博、最有創造性的實驗物理學家之一，這些新實驗的價值，肯定同他的這種名聲相稱。最吸引我的一種想法是，用實驗驗證 Fritz London 的一個預言：他稱爲「通量」的物理量是量子化的。

（以下一段爲學術論文，茲從略）

　　在實驗過程中，楊振寧頻頻訪問我們的實驗室，這令我們很興奮。費利克斯・布洛赫（Felix Bloch，1905－，美籍瑞士物理學家，1952 年諾貝爾物理學獎得主。譯注）的辦公室剛好在樓上，他也不時來我們的實驗室，關注著實驗狀況的進展。Faibank 常常和他討論實驗中的問題。

我們第一個圓筒的實驗結果，如圖所示（圖略，下同。譯注）。不論楊振寧還是布洛赫，都對數據持有某種懷疑態度，而 Fairbank 和我則相信實驗結果完全正確。獲取數據時，看到磁場的微小變化，會引起通量的陡然改變，這恐怕是最引人注目的效應。在零以上很大的範圍內，圓筒排斥了所有的磁通。隨後，磁場的一小點增加，圓筒就把幾乎是全部的磁通吸了進去。我們第一次觀察到這個現象時，Fairbank 就看出了它的重要性。經過發狂般錄取數據的幾個不眠的日日夜夜，我也理解了為什麼它重要。後來楊振寧曾經向我解釋，做理論研究的人（或許，任何一個局外人）和真正獲取數據的實驗人員，在論釋和理解這些數據方面的差異。

從第二個圓筒得到的數據，使楊振寧和布洛赫完全信服了。於是，我們便把結果向《物理評論通訊》雜誌投稿，文章在 1961 年刊出。在同期雜誌上，Doll 和 Näbauer 也發表了他們的實驗結果。除了磁通量子化的存在令人注目之外，在 h/2e 這一單位中的因子「2」也讓人詫異。

一旦楊振寧確信了實驗結果，他就著手研究這一結果，究竟是否需要引進什麼新的基本物理原理。因為昂薩格（Lars Onsager，1903－1976，美籍挪威人，因提出不可逆過程熱力學理論而榮膺 1968 年諾貝爾化學獎。譯注）在 1953 年的一次會議上指出，超導體中的磁通量子化，可能對磁場意味著某種特殊的條件。後來，1959 年在英國劍橋的一次會議上，昂薩格又對 Fairbank 說，情況並不如此，還說量子化單位可能為 h/2e。

楊振寧和當時史丹佛的教師 Nina Byers 一起，很快地做了理論計算，解釋了實驗結果。在我們發表實驗數據的那一期《物理評論通訊》上，Byers 和楊振寧二人也發表了他們的結論。他們發現，須要新的物理原理；磁通量子化可以在通常的量子理論原理框架內，加以解釋，他們證明，「2」這個因子起因於電子配對，是 BCS 理論[1]所要求的。他們註明，Meissner 效應和磁通量子化的要求，緊密相關。他們還評論道，即使在沒有磁場的區域內，超導體中電子能級的變化（這就是磁通量子化的原因）與 Bohm-Aharonov 效應，依賴於相同的原理。

昂薩格也在同一期《物理評論通訊》雜誌上，發表了一篇論文，解釋因子「2」來源於電子配對，並指明，量子化的磁通，是超導體的一個性質，並不是磁場的一個特殊原理。

磁通量子化的存在，有力地支持了 London 所提出的一個概念，即超導電性是一種宏觀的量子態。這和 Ginsberg-蘭道 （1908－1968，蘇聯物理學家，由於對物質凝聚態理論的研究，尤其是對液氦的研究，因而獨自一人榮膺 1962 年諾貝爾物理學獎。譯注）理論中的「有序參數」聯繫起來，London 的這個想法就變得更清楚了。

1962 年，楊振寧發表了一篇漂亮的論文＜非對角長程序概念及液氦和超導體的量子相＞，在該篇論文中，他更深入地探索了準玻色子玻色凝聚、平均動量的「長程有序」，以及「宏觀量子態」的概念，同時，他也再次討論了磁通量子化的起源。

1965 年，我到維吉尼亞大學物理系任教。花了大約一年時間，建立了一個新的實驗室，我和一組研究生開始做磁通量子化、約瑟夫森效應及 SQUID 等實驗。1967 年 5 月，楊振寧訪問維大，做了一系列報告。楊振寧在他那繁忙的日程之外，還抽出幾個鐘頭參觀我們的實驗室，並同我們小組座談與實驗有關的問題。至今我還清晰地記得，我和我的學生們是如何地興奮。

當時，新的 SQUIE 磁通計，使我們能大大精確地測量超導圓筒中的磁通量子化。William Goodman 那時正在做一個實驗，所得數據示於圖 3，其中，平台的高度為 h/2e 的整數倍，精確到 0.5%。

（以下一段為學術性論文，茲從略）

為慶祝 Bill Fairbank 六十五歲壽辰，1982 年在史丹佛大學召開了一個名為「接近零度：物理學新邊疆」的學術會議。我還記得和楊振寧一起開會的愉快情形。我們大家回憶了早期進行磁通量子化實驗的日子，會上，他在報告中，討論了對量子力學中「相」這個概念的理解的演變過程。會後，他像以往那樣，寬厚又和藹可親地和我們一小群人，在當地一家餐館，度過了愉快的一晚。我的妻子和小女兒也在場。女兒是大提琴家，她和楊振寧談到了馬友友。當馬友友還是一個小孩時，楊振寧就認識他。

我以下面一段個人註記，來結束本文；我把上述回憶當作晚來的生日賀詞。楊教授，你的工作如此之高雅，範圍如此之深廣，它們大大地改變了整個物理學，這方面我不想作什麼評論。我只想在這裡，向您表示極大的敬意：您對我從事的物理領域，有這麼深入的了解，謝謝你的指導。衷心的祝福您萬事如意。

**本文作者：小巴斯科姆・S・第佛是美國維吉尼亞大學物理系教授。**

註　　解：

① 指巴丁（J. Bardeen，1908－）、庫柏（L. N. Cooper，1930－）
和施里費（J. R. Schrieffer，1931－）三位美國物理學家提出的
超導理論。由於這一物理理論的成功，他們榮膺 1972 年諾貝
爾物理學獎。在此之前，巴丁因半導體的研究和發明晶體管，
而與美國物理學家肖克萊（W. Shockley，1910－）和布拉頓（W.
H. Brattain，1902－）一起榮獲 1956 年諾貝爾物理學獎。巴丁
是迄今唯一榮獲諾貝爾物理學獎兩次的物理學家。

# 第十七章　回憶普林斯頓的歲月

黃克孫

　　1956 至 1957 年，我以博士後的身份，在普林斯頓高等學術研究所度過了兩年光陰。那是一段值得懷念的歲月，因為我有幸和楊振寧一起進行研究工作，朋友們都叫他 Frank。

　　他和妻子杜致禮、以及他們那時候唯一的兒子 Franklin（即光諾）住在卡特路。我還記得怎樣開著我的第一部車子，去他那裡吃晚飯，我開的是一部 1950 年份的淺藍色普利茅斯。那時，他們的起居室剛鋪好蓋滿了整個地板的厚厚的白地毯。為了使餐廳的房門不致於刮著地毯，所以要把門卸下刨短。在這件事上，楊振寧顯然遇到了些麻煩。我到他家時，他正在發愁，因為他刨過了頭，門下邊的縫太大了。

　　晚飯後，我們下中國象棋。我從沒見過有誰像楊振寧那樣的下法：每走一步棋，都要考慮得那麼苦、那麼久。凌晨兩點，第一盤棋仍激戰猶酣。楊振寧提議：「讓我們把這盤棋記下，明天再繼續廝殺吧。」可是，我們以後再也沒有機會下完這第一盤棋。

　　就這樣，開始了真正愉快的兩年，我常常滿懷深情地回顧這一段時光。下面是一些小花絮：

* 一天，楊振寧一回到家裡，發現一只黃鼠狼正在廚房地板上酣睡。他們驚恐萬狀，便打電話叫警察，兩個警察提著一個口袋趕來，袋裡裝了浸透乙醚的破布，他們躡手躡腳地把破布蓋到了那隻動物的身上。

* 楊振寧很少衣冠楚楚，我每次見他穿上成套行頭時，他總是穿那同一套西裝。我開玩笑地說，他只有一套西服應付各種婚喪喜事。致禮覺得很好笑，多年以後還重複這句笑話。

* 致禮娘家姓杜。她說，過去在中國上學時，大家叫她「肚子裡」。

* 楊振寧說，看電影時，只要一腳邁出電影院大門，片子裡的內容便一點也記不起來了。他可以一遍又一遍地看同一部片子，可是每次卻好像都是看新片一樣。

* 一次，楊振寧說了個笑話：一個中國人對外國朋友說，中國人吃飯時，大家都往同一個盤子裡夾菜，以示親近。這位朋友想像這種情形，問道：「如果是一張大餐桌，你們怎樣才能夾到對面碟子裡的菜？」中國人答曰：「用長筷子夾菜」。沉吟片刻，那朋友又問：「如果筷子那麼長，你如何把菜送到嘴裡呢？」中國人答道：「我們是用筷子餵對面的人吃呢？」。

* 由於預見到，總有一天，美國會用高速公路將東西海岸連接起來，楊振寧設想，你在公路這一頭取張票，到另一頭交買路錢，通行費用必定很可觀。但是，如果一個向西開行的司機半路遇到一個向東開行的司機，兩人互相交換票據，那麼，誰也不用付費了。

* 楊振寧和我討論物理學問題時，通常用中文。當遠處有個外國人出現，出於考慮，他開始用些英語詞語作點綴，等那人走近，楊振寧已經全部轉用英語了，做得天衣無縫。

和楊振寧一起工作，是很有意思的。他有著孩子般的天真和好奇，還伴隨著熱情。每當有什麼問題做不出來（這是常有的事），我們便會長時間對坐，沉默不語（好像下棋走子時的情形），直到其中一人提出一個想法，才打破寂靜。倘若找到了解決問題的辦法，他就聲稱我們已經反敗爲勝。

楊振寧常形容某些想法「很妙」；如果一個想法真的很妙，他就用「妙不可言」來形容。

楊振寧可以把一個想法長時間束諸高閣，用多年的時間，來等待解決問題所必需的那關鍵一著。楊振寧－米爾斯規範場論就是最明顯的例子。我們共同研究的硬球氣體問題，也屬於這種情形。我到普林斯頓去的前一年，他和盧丁格已經嘗試過，用費米的贋勢替換硬球相互作用，發現除了最低級微擾之外，基態能量發散。後來，盧丁格離開了普林斯頓，楊振寧便把這種想法打入冷宮。我對這個問題，同樣感興趣。V. E. Weisskopf 和 S. D. Drell 在麻省理工學院（MIT）指導我做博士論文時，我們克服過核子－核子勢中的硬核困難。楊振寧和我重新做這方面的研究，通過一種減去程序，能夠避免發散，這樣，就爲一系列其他應用，開闢了蹊徑。

楊振寧和李政道提出了有關相變問題的十個普遍理論，並舉易興模型爲例，加以說明，結果便是著名的「單位圓定理」。愛因斯坦對相變問題深感興趣，便請他倆向他解釋這個理論。楊振寧告訴我，當他埋頭於講述複逸度平面時，愛因斯坦問道：「但是，分子們如何知道呢？」（對這個問題，在威爾遜之後的今天，我們依然不得要領。）

一天，楊振寧從城裡回來，顯得很激動。他告訴我：「理髮的當兒，我有個想法。我認爲，所有的基本粒子就像固體中的那些激發。而基本粒子間的相互作用，正像聲子－聲子互相作用那樣，只不過表白它們不是那麼『基本』而已。我確信這是對的，但卻不知道怎樣去證明。」卅年過後，這個問題仍被束諸高閣。

傳統的中國文人把寫文章當作一種很高尚的藝術，楊振寧正是用這種精神，去對待他的著作。他喜歡杜甫（712－770）的著名詩句：語不驚人死不休。在《選集與後記》一書中，他又引用了杜甫的兩句：文章千古事，得失寸心知。

滿載收獲，我於 1957 年離開普林斯頓。那一段經歷是令人興奮的，生活也充滿了情趣。但是，最重要的是，我得到了與楊振寧相結識的殊榮和快樂。那一年稍後，楊振寧和李政道因爲正確地指出，左和右是天生地不一樣，從而榮獲諾貝爾物理學獎。他們是中國最早的諾貝爾獎得主。正像這件事在物理學界的巨大影響那樣，它也使那些知道這一事件象徵意義的人們，激動萬分；一個世紀以來，在西方的「堅船利砲」（製造這些船、砲的技術，起源於千百年前的中國）面前四分五裂的中國，要像火中鳳凰那樣再生了。整整一代的中國青年科學家，都受到了楊振寧和李政道所樹立榜樣的鼓舞。

在對待中國歷史文化，和對我們各自父母的感情維繫方面，楊振寧與我有一種默契。在歸化爲美國公民時，他動情地說：「近一百年來所蒙受的屈辱和剝削，在每一個中國人的心靈中，留下了極深的烙印。任何一個中國人都難以忘卻這一百多年的歷史。我父親在 1973 年故去之前，一直在北京和上海當數學教授。他曾在芝加哥大學獲博士學位。他遊歷甚廣。但我知道，直到臨終前，對於我的放棄故國，他在心底裡的一角，始終沒有寬恕過我。」

這種心緒很能引起我的共鳴，因爲吞噬我父親生命的那火一般的激情，就是要使中華復興。先父於 1956 年故去，當時我正在普林斯頓。楊振寧在他心底的一角應該知道，對於中華的復興，他所盡的責任，已經超過每人應盡的一份。

1964 年 12 月，楊振寧的父母和弟妹獲准出境，到香港和他見面。那時我恰好在香港探視母親和妹妹，於是我們兩家一起在九龍的一間餐館，共慶闔家團圓。

1971 年我到漢堡的 DESY 訪問，一天晚上，從餐館出來時，我看到街頭報攤的大字標題，宣布季辛吉已完成其具有歷史意義的秘密之旅，從北京返回美國。其後，我接到楊振寧寄來的一封中文信：「此刻我正登上一架飛機，準備飛向北京……」對我來說，這是令人刺激和顫慄的一刻。

楊振寧物理研究工作的根本宗旨是，探求對稱性，並用之闡明表面上看來不可解釋的複雜現象。這一主旨，貫穿在他早期關於兩光子衰變的研究，與李政道共獲諾貝爾獎的關於宇稱不守恆的研究，和楊振寧－米爾斯規範場的發現（最後這一項也許是楊振寧的所有成就中，最能歷久彌新的）等等成果當中，這可以解釋，爲何他會被強子碰撞那口沸騰大鍋爐中，出現的簡單花樣所迷住。他和鄒祖德在 1967 年合作研究這個課題，並不時回過頭來，再做這方面的工作。在 1986 年寄給我有關這個問題的論文預印本封底內頁，他寫下了陸游（1125－1210）的兩句詩作爲題詞：

　　　　形骸已與流年老，詩句猶爭造化工

七十歲時，孔夫子終於能「從心所欲」。我祝楊振寧同樣能從心所欲，在未來的許多歲月裡，更進一步去爭造化之工。

**本文作者：黃克孫**

註　解：

　　本文作者黃克孫祖籍廣西寧明。他在廣西梧州度過了童年時代，當時他的父親在廣西大學（梧州）任教。黃克孫是世界著名的理論物理學家，美國麻省理工學院物理系教授。60 年代初黃克孫的專著《統計力學》，是全世界各大學研究生院爭相採用的著名教材，直至今日仍不失其風采。他是中國大陸北京大學、復旦大學等許多著名學府的名譽教授。譯注。

# 第十八章　我所知道的楊振寧

高　鋙

　　「我們同意，爲了未來在香港建立新工業，生物技術是科學發展令人興奮，且日益重要的一個領域。」這是我和楊振寧教授—世界上第一個中國血統的諾貝爾獎得主，在一次見面時，彼此的共同結論。此事發生在幾年前，我剛出任香港中文大學副校長不久。禮聘楊教授擔任博文講座教授，每年來校工作三個月，是中文大學的一件幸事。能吸引這樣一位知識精英，和我們一起共事，這是值得中文大學引以爲驕傲的。就我個人來說，能同楊教授共事，確係三生有幸。

　　楊教授敏銳地察覺，科學和技術的進步，會給全世界，尤其是中國一個巨大的機遇。他以身處物理學頂峰的優越地位，對許多新科技領域，有廣闊而明晰的視野。他對中國科技進展的了解，也使他對發展中－港之間的合作有清楚的看法。

　　當時，我和他就發展香港高新技術工業之重要性，進行了交談。我們注意到了，世界上的工業，從勞動密集轉向低成本型的潮流，以及這種轉變對香港的影響。話題很快的轉到了生物科學上。楊教授說：他高興地獲悉，生物技術正被考慮。他曾和生物技術領域的許多科學家交換意見，對中國在這方面的進步，印象深刻。他認爲我們可以就這一個話題，進行深入的交談。他引述了中國在諸如免疫、單克隆抗體用於診斷，以及器官移植等方面的技術狀況，用以說明他的觀點。

　　幾個月後，楊教授提出了能幫助香港開始實施生物技術的具體人選。他參與起草所有給政府和可能的捐助機構的建議書。他參加了幾個關鍵的聽證會。他的威望，以及他對真實、準確的特別注意，使我們終於成功地引起了香港各界對發展高新技術工業的關注，並使我們香港中文大學和中國的聯繫，處於有利的地位。

和楊振寧教授的這次相遇，使我對這位傑出人物，有了更清楚的了解。作為一位物理學家，他獲得的巨大成就，並不僅僅是因為他是一個天才。他不但思想深刻，一絲不苟，而且還有永不滿足的求知欲。他的學習熱情，一直貫串著他那無與倫比的、碩果累累的七十年生涯。在步入八秩之際，他對知識的不斷追求，進入了一個更加廣闊的境界。

他的道德文章，堪作我們的楷模。人們說，由於他和李政道在50 年代榮膺諾貝爾物理學獎，因此學習理論物理的中國學生，數目大大增加。在某種意義上，這反映了一種民族驕傲。方今這個看問題，要從全球著眼的時代，他為人子、人夫、人父，以及作為一位教師，一個有使命感的完美的人，在在都為大家樹立了榜樣。

世界各地都歡慶他的七十壽辰，我有幸參加了在香港的慶祝會。宴會結束後，楊先生作了長達五十分鐘的演說。參加晚宴的有許許多多的人，包括他的老師，最著名的吳大猷教授。即使是長時間宴會之後，在他發表演說時，大家都沒有退席，被他談到的一生豐富的經歷吸引住了。五十分鐘很快就過去，聽眾都感到從中學到了許多有價值的東西。和這位傑出的做人楷模每次相見，我都留下珍貴的記憶。

**本文作者：高錕**

註　　解：

　　本文作者高錕，1933 年生於上海，倫敦大學工程博士，現任
香港中文大學校長。他是國際知名的光導方面的學術權威，曾獲
巴倫坦獎章等科學大獎。譯注。

# 第十九章　美麗與眞確

羅伯特・米爾斯(Mils, R. L.)

　　量子規範理論是否足夠美麗，它是真確的？

　　被邀請爲慶祝楊振寧七十壽辰而出版的專集著文，感到極爲榮幸。他是我多年的朋友，我的名字像標籤一樣，終生地和他這樣一位物理學家的大名，緊密地聯繫在一起，這不但是一件幸事，而且還是不可言喻的樂事。物理學家和學物理的學生遇到我時，總愛發出這樣的贊嘆：「我的天哪，您真的是楊振寧－米爾斯中的那個米爾斯？」，遇到這種情形，我總是不自然地解釋道，雖然相信自己對建立楊振寧－米爾斯理論，作出了有用的貢獻，但當時我初出茅廬，是運氣使我和聰明過人、對年輕物理學家又極慷慨大方的楊振寧走到一起。從在中國當學生時起，他就一直考慮物理學中的局域規範不變性，以及把規範不變性思想推廣出去等這一類問題。經過深思熟慮，把這種想法仔細地用一種形式體系表達出來的時機成熟了。和楊振寧的那次合作之後，我從事了我認爲有價值的其他研究，但是這些工作從來，沒有像我們 1954 年合作的論文那樣，對物理學產生這麼大的影響。

（以下的學術論文內容從略）

**本文作者：羅伯特・米爾斯**

註　　解：

　　本文作者羅伯特‧米爾斯是美國俄亥俄州立大學教授‧

# 第二十章　附錄：楊振寧和米爾斯①

羅伯特・米爾斯(Mils, R. L.)

　　本世紀 50 年代初，人們，（其中特別有楊振寧）開始思考，局域規範不變性在物理學中，可能有更普遍的意義。當時楊振寧正在新澤西州的普林斯頓高等學術研究所。在這以前，即早在中國崑明西南聯大做研究生時，他就對電荷守恆與規範不變性之間的關係，特別是電磁本身的結構，可由規範不變性這單一要求所唯一確定的這一事實，有了極深刻的印象。1945 年楊振寧到了美國，並在芝加哥大學做研究生之後，他就開始試圖把規範不變性，推廣到其他守恆定律，特別是同位旋守恆上去。雖然自那時起已經出現了各種類型的許多守恆定律，但是在當時看來與電荷守恆定律類似的，僅是同位旋守恆（那時在英語中，通常稱同位旋為「isotopic spin」，而現在則通用「isospin」）。這是一個不完全的守恆律，雖然它在電磁相互作用和弱相互作用下，會受到破壞，但是它在強相互作用下，顯然是嚴格成立的。很容易想像一個只有強相互作用的世界，在其中同位旋守恆及相關的對稱性是嚴格有效的。如果可以推廣規範不變性思想，那麼結果應是強相互作用的一個完整理論，並以同位旋作為造成這一強相互作用的「荷」，而新發明的規範場則為「粘膠」，起著電磁場在電動力學中所起的那種作用。

　　1953 至 1954 的那一學年中，楊振寧距離在紐約市東面約八十公里的長島上的布魯克海文國立實驗室，擔任訪問學者。在那裡，當時世界上最大的粒子加速器－2~3GeV 的考司莫加速器，正開始產生出大量人們所不熟悉的新粒子，它們在隨後的歲月中，改變了

95

物理學的面貌。我當時接受了一個博士後的工作，也在布魯克海文
與楊振寧使用同一個辦公室。〔其時我正在紐約哥倫比亞大學克羅
爾（N. Kroll）指導下，慢慢地對於四階蘭姆移位可能有的貢獻，進
行研究並撰寫畢業論文。〕楊振寧當時已在許多場合中，表現出了
他對剛開始物理學家生涯的青年人的慷慨，他告訴我關於推廣規範
不變性的思想，而且我們較爲詳細地做了討論。我那時已有了量子
電動力學的一些基礎，所以在討論中，能有所貢獻（特別是關於量
子化的過程），而且在計算它的表述形式方面，也有小小的貢獻，
但是一些關鍵性的思想，都是屬於楊振寧的。

**本文作者：羅伯特・米爾斯**

**註　　解：**

① 摘自羅伯特・米爾斯，＜規範場＞，《自然雜誌》10 卷，8 期。

# 第二十一章　二十六年—爲慶祝楊振寧教授六十壽辰而作

聶華桐

　　二十六年了。是的，那是二十六年前的 1966 年，楊振寧教授從普林斯頓來到石溪，就任理論物理研究所所長一職，他的到來，改變了石溪這所年輕大學的面貌，也改變了許多人的生活。我就是其中的一位。我追隨他和已故的李昭輝教授，比他們遲幾個月到石溪來，直到如今。我至今仍鮮活地記得李昭輝在物理系老樓，楊振寧那間布置得很雅致的辦公室裡，把我介紹給他時，我的那種興奮、敬畏和有點侷促不安的心情。對我來說，他雖然只有四十四歲，卻已經是一位傳奇式的人物。

　　三十五年前，諾貝爾物理學獎授予年輕的楊振寧和李政道，以表彰他們劃時代貢獻的這件事，給所有的中國人—不論他們生活在何處，都帶來了驕傲和希望。

　　1840 年鴉片戰爭之後一個多世紀以來，由於戰敗和羞辱，中國人懷疑自己不能在科學上做出成績。榮膺諾貝爾獎這件事，使這種情緒一掃而光。一個古老而驕傲文化的自我觀念，也被這一事件徹底改變，一去不復返。

　　楊教授出生在一個有強烈的中國傳統價值觀念，同時又能放眼世界的知識分子家庭。他在日本入侵中國，這一困難時期長大。在這種國難當頭的社會環境裡，中國民眾—尤其是知識分子，渴望著民族自尊心能夠恢復。因此毫不奇怪，楊教授一生對中國的一切事物，不管是古代的，還是現代的，都深感興趣，並熱切地期待中華文化的復興。

　　過去的年代裏，中華文化作為最古老的一種文明，在技術上曾有過光輝的發現和發明。但是，我們今天所理解的那種意義上的科學，卻從未在中國繁榮過。現代科學源於歐洲，花了幾百年才移植到亞洲。東京大學於 1886 年成立，可以作為現代科學在日本肇始的一個象徵。本世紀初年，中國開始派留學生到西方去學習科學與工程技術。楊教授的父親於 1928 年，在芝加哥大學取得數學博士學位，是最早回國的留學生中的一員。他們回到中國，便熱情地著手在中國建立現代科學。令人吃驚的是，只經過短短一代人的時間，就培養出了像陳省身、華羅庚、錢學森、吳健雄、林家翹、楊振寧和李政道（我們只列舉少數幾個）那樣璀璨的科學明星。

　　回顧這段歷史，人們不禁想到，湯川秀樹（日本人，1907－1981，1949 年諾貝爾物理學獎得主。譯注。）、楊振寧和李政道等人的名字，或許真的是在預報東亞的崛起？西方用了幾個世紀才完成的工業化進程，東亞只用較短的時間就完成了。是否根植於孔子學說的注重教育和學問的文化傳統，真的在為科學、技術的繁榮，提供肥沃的土壤？展望二十一世紀，人們能對遠東，尤其是中國抱有什麼期望？我知道楊教授是個樂觀主義者。無疑的，他是一個熱愛中國的人，他的樂觀主義有著堅實的基礎。

　　石溪理論物理研究所的大多數同事，都是因為楊振寧而前來的，他是磁石。相信石溪的所有同事們，都會同意我的意見：楊振寧不是那種典型的帝國建造者，他在自己的周圍，吸引了一圈人，各人按自己的興趣，做各自的事，他鼓勵我們從事自己感興趣的工作，並盡其可能的給予我們幫助。

　　回憶起來，剛開始時，楊振寧的物理學風格，確實是我始料不及的。令我詫異的是，他對大多數流行的理論推測，都持著一種保守的懷疑態度。這種保守性，竟然來自那個曾經系統地分析過宇稱不守恆這種激進想法，並且使我們對自然界基本相互作用基礎結構的思想發生革命性轉變的人，委實令人吃驚。在理論觀點上，他不趕時髦，而是腳踏實地，從實驗的或理論的基礎出發，深入事物內部，努力求得對所涉及物理問題的本質了解。有時，他會被某種漂亮數學結構的優雅所傾倒，這種數學結構，或許對物理學可能有潛在的意義。對他來說，隨意的猜測，是沒有特殊價值的，最主要的是，他相信這樣做，不會有什麼結果。他的風格是，既有尋根問底的想像力，同時又循規蹈矩。在談到物理學的進展時，他明確地對那些空泛或輕率的想法，表示強烈的憎厭，雖然不久前他承認，那些投機的冒險者，有時可能也有所斬獲。楊教授在眾多的場合，總是勸導心懷大志的年輕人，把注意力集中到「活生生」的物理學上。他所指的就是那種能夠導致碩果累累的新發展的物理學。他勸導年輕人要腳踏實地，努力探求本質上的了解，不要掉進無稽，以致於無結果猜測的泥淖中，而不能自拔。

楊教授的成就中，宇稱不守恆或許最引人注目；而楊振寧－米爾斯規範場理論則對基礎物理學的發展，意義最深遠。用他自己的話來說，易興模型自發磁化的計算最費功夫。像我一樣，許多人會被他在解決一維 $\delta$ 函數勢模型問題時，表現出的靈巧所折服。這項研究導致楊振寧－巴克斯特方程的提出。楊教授取得這麼多的成果，這對我和我所認識的許多人來說，真是一個奇蹟。這些成果，將作爲物理學流芳百世傳統中的真正遺產，且代代相傳下去。

認識楊教授的人，無不對他的物理學見解，留下深刻印象，這是很自然的。同時，大家還驚嘆他的知識面之寬廣，舉凡考古、藝

術、歷史、中國文學，甚至較爲「世俗」的方面，諸如中國的經濟
發展及香港的政治過渡等，他都知之甚詳。過去二十六年，尤其是
近十年來，我有幸從無數次平等的交談中，親身領略了他的睿智。
我們的交談，一般是在辦公室，有時也在本地的餐館中進行。我深
深地珍惜這種特殊的榮幸。有時我們一起吃午飯，進餐時，我們評
論物理學，表述對愛因斯坦、狄拉克等人的敬佩，追憶楊教授當年
在中國的歲月，回顧他的老師如吳大猷教授的合作，他如何做出那
些重要的研究，以及五、六十年代物理學的情形等等。我們還一起
思考過東西方文化和教育的差異，討論過中國科學的發展。所有這
些使我得以近在身邊，窺見這麼個不尋常人物的心靈，它代表了保
守主義與創造性之間、物理的直覺與數學的抽象之間，以及傑出的
分析能力與概念上的想像力之間的一種平衡。正是個性和智力品質
的這種結合及平衡，使楊振寧教授得以成爲本世紀最偉大的物理學
家之一，也造就了他的這麼一種獨一無二，令人神往的人格。我常
常想，在許多方面，楊教授的身上，集中體現了東西方傳統之間最
微妙、最恰當的平衡。

　　二十六年來，楊教授對我生活的各個方面，產生了巨大的影響。
我期待另一個使人得到快樂和鼓舞的二十六年的到來。

**本文作者：聶華桐**

**註　　解：**

　　聶華桐是美國紐約州立大學石溪分校物理系及理論物理研究
所教授。

# 第二十二章　附錄：我所知道的楊振寧
## －1982年9月訪問中國科學技術大學時的演講[1]

聶華桐

今天很榮幸能夠到這兒來跟大家見面，介紹一下楊振寧先生的治學和成就，以及他的為人。大家都知道楊先生是安徽省合肥市人，我來到這兒感到特別親切和高興。我跟楊先生相識十六年了，對他的做人以及做學問的態度，對他的成就有一點了解，今天就藉這個機會向大家作個介紹。

## 一、根

楊先生於 1922 年 9 月 22 日出生在合肥，六歲以前是在合肥度過的，後來隨父母到廈門、北京。抗日戰爭開始後，他全家又從北京回到合肥，然後經武漢、香港、越南的海防抵達崑明。他十六歲時以同等學歷考進了那時在崑明的西南聯大，開始念化學，因為那時他還沒學過物理，直到進了西南聯大以後才對物理發生興趣。他是 1938 年進西南聯大，1945 年畢業的、年紀稍大一些的人也許經歷過抗戰時期，那時的確是非常艱苦的，而且輾轉各地，生活很不安定。西南聯大的校舍非常簡陋，可是教員和學生的教學和學習熱情卻非常高。楊先生一再跟我談起，而且還給我看了一些照片，可以看出，那時的物質條件實在非常艱苦，比起現在的中國科學技術大學，可以說是差得很多很多，可是師生們卻以那樣高漲的熱情來教書和讀書。按我的想法，他們那樣努力，絕不是僅僅為了個人，而是為了整個國家，有使命感。不然的話，很難想像在那麼艱苦的

101

條件下，教員那麼用心教，而學生又那麼用心讀。

　　1942 年，楊先生從物理系畢業，他的畢業論文是跟聯大的教授
吳大猷先生做的。也許在座的有些人還記得吳先生，他那時剛從美
國回來不久，做的是關於分子光譜方面的工作。他就讓楊先生用群
論的方法，把分子光譜的一些問題搞清楚。所以楊先生當時對群論、
對對稱性等問題，有了一些基本的了解。楊先生以後一再講，他自
己所做的工作，比如關於宇稱不守恆以及後面要講到的規範場，都
與那時候的學士論文有一定的關係。楊先生在西南聯大畢業後，繼
續留在那裡做碩士研究生，那時他的導師，就是現在北京大學的王
竹溪先生。當時王先生剛從英國回來，他的專業方面的工作是統計
物理，所以楊先生的碩士論文是統計物理方面的工作。楊先生後來
在統計物理方面，也有很大的貢獻，他到了美國以後，做了很多工
作。他自己常常講，他在統計物理方面的工作，根源可以追溯到在
西南聯大跟王先生做論文的那一段時間。他一再講，他自己這一生
在物理上的見識、視野、鑑賞能力，以及對物理的基本態度，可以
說是年輕時，在中國奠定的基礎。我強調這些，是要使大家感覺到，
只要有條件，自己肯努力，又能夠有合適的發展機會的話，中國是
能夠出很多人才的。楊先生在西南聯大的時候，條件那麼艱苦，但
是他掌握住了物理的基本精神，由於在西南聯大受到的教育，到美
國以後結出了碩果，而它的根是在中國，楊先生一再提到這一點，
從中國去石溪訪問的好幾位朋友，也常常聽到楊先生這樣講。楊先
生對自己的「根」從來沒有忘記過，他身在美國，心裡對中國的情形是
非常記掛的，一直關心中國各方面的發展。

## 二、芝加哥大學和普林斯頓

　　楊先生是 1945 年去美國的，可能大家知道那時有一個清華基金，是美國用庚子賠款設立的一個基金會，接受中國學生到美國去留學。當時楊先生考取了物理系的一個名額，去美國念研究院。他於 1945 年離開中國，經過印度，然後坐船到美國。到美國時已經是 1945 年的冬天了，所以他於 1946 年的春天，開始在芝加哥大學做研究生，學物理。那時的芝加哥大學是第二次世界大戰後美國一個有名的物理研究中心，原子彈就是費密在芝加哥大學研究發展出來的。楊先生到了芝加哥大學以後，感到自己比較缺少訓練的是在實驗方面，因為在西南聯大那種物質條件下，做實驗非常困難，因此他就決定在實驗物理方面做他的論文。從 1946 年到 1948 年，他在實驗室裡工作近兩年，一方面做實驗，一方面也繼續在理論上做一些工作。可是楊先生在實驗工作方面的進展，並不很順利，近兩年的時間，沒有做出十分理想的工作。當時芝加哥大學還有一位教授，叫做泰勒，也是一位很有名的物理學家，在美國號稱氫彈之父，氫彈就是在他主持下研製出來的。泰勒對楊先生非常賞識，他對楊先生說，你既然已做了近兩年的實驗，現在看來還不是很有頭緒，那你還是轉回來做理論工作好了。的確，當時在芝加哥大學，楊先生在理論方面是高人一等的，他對新發展出來的許多理論工作，都有相當多的了解。當時芝加哥大學最有名望的是費密教授，據傳說，當費密不在的時候，同學有了問題，就去找楊先生。由於自己在西南聯大的根基，以及他後來的不斷努力，他在芝加哥當學生的時候，已遠遠超出同輩同學的水平了。

　　楊先生在 1948 年接受了泰勒的勸告，轉做理論工作後，很快就做了一些很有價值的工作，在半年之內，泰勒就建議他拿博士學位。所以在 1948 年夏天，楊先生就得到了物理學博士學位。由於楊先生學業上出眾，芝加哥大學就把他留下來做講師。大家也許不了解，1949 年那個時候，美國的種族歧視還是比較嚴重的。楊先生是一個中國人，能夠留在那樣的學校做講師，是一件很不容易的事情。他在芝加哥大學做了一年講師以後，又轉到了普林斯頓高等學術研究所工作。當時的普林斯頓高等學術研究所是愛因斯坦所在的地方，那裡還有其他幾位世界著名的物理學家。他到普林斯頓以後做了一連串重要工作，粒子物理、統計物理方面的工作，都是非常重要的。因此他在普林斯頓高等學術研究所，就從短期轉成了比較長期的工作，最後留下來做教授了。

## 三、獲諾貝爾獎的宇稱研究

楊先生和李政道先生合作開始於 1949 年。李政道先生是 1946 年到芝加哥大學的，比楊先生年輕幾歲，班次也晚幾年。楊先生先去了普林斯頓高等學術研究所，李先生後來也到了那裡。從那個時候開始，他們就有了非常密切的合作，在基本粒子物理、統計物理方面，他們都有很重要的貢獻。在他們開始合作以後不久，美國一些新的高能加速器造出來了，發現了一些新粒子，有一些非常令人迷惑的現象，原有的物理理論不能解釋這些現象。所以在 1953 至 1955 年間，這種種現象和問題，就成為當時基本粒子物理中，最使人關心的問題，有各種各樣的講法，各種各樣的猜測，各種各樣的理論，都想要解釋這些令人迷惑的現象。楊先生和李先生他們共同從各種不同角度去推敲，想辦法來解決這問題。搞物理的人原來最相信的原理之一，就是所謂宇稱守恆定律。所謂宇稱守恆，是說物理規律在最深的層次上，是不分左右的，左邊和右邊沒有區別。大家一致相信，這是物理學中一個最基本的原則。當時他們就很大膽地設想，如果不接受宇稱守恆這個假設，那麼很多令人迷惑的現象，就不會使人感到迷惑，問題就可以解決了。但是提出這個猜想還不夠，還必須能夠證實這個猜想。他們對當時已有的物理工作，做了很仔細的分析，提出了幾個根據當時的情形，可能做得出的實驗，來驗證他們這個猜想。吳健雄先生和她的幾個合作者立即著手去做，而且很快把實驗就做出來了，證實了他們的猜想是對的。這是 1956 年的事情，這件事對整個物理學界轟動很大。當他們最初提出宇稱可能不守恆的時候，世界上一些最有權威的理論物理學家都是不信的，實驗的結果出來以後，不信變成了驚訝和贊美。實驗證明了楊、李的猜想是對的，同時也說明了科學的進展，有時候要靠年輕人不顧權威的反對，大膽提出新的見解。當然，新見解不能是個空的見解，而要經得起檢驗。楊、李的見解轟動了物理學界，成了以後物理學中弱作用理論的基石。由於這一工作，楊振寧和李政道共同獲得了 1957 年諾貝爾物理學獎金。

## 四、統計物理和高能物理

　　大家也許有個印象，以為楊先生在物理學上的貢獻就是這個宇稱不守恆。的確，這是楊先生在物理學中一個很突出的貢獻。可是楊先生對物理學的貢獻，不只是這一個方面，他在其他方面還有很重要的貢獻。我在這裡簡單介紹一下。

　　首先是統計物理方面。他從在西南聯大跟王竹溪先生做論文的時候起，就對統計物理感興趣，到普林斯頓高等學術研究所以後，又有了一些新的發展。這個新發展是基於 1944 年化學家昂薩格所做的有關統計物理的一個很重要的工作。昂薩格的結果是非常不容易懂的，而且他怎樣得到那個結果，也是非常不清楚的。大家都覺得他的結果是對的，而其中的一些道理卻又弄不太清楚，於是楊先生就著手對這個工作進行研究。他對我說過，他在這個工作中所花的工作量，遠遠超過他的其他工作，楊先生花了一年的時間，推出了昂薩格的結果，物理意義弄得很清楚，數學上處理得也很乾淨。他這篇文章是 1952 年發表的，現在變成了一篇經典性的文章。楊先生在統計物理方面，除了剛才提到的那件工作以外，在以後十幾年裡，他和李政道先生、黃克孫先生、吳大峻先生，還有楊振平先生（楊先生的弟弟）分別合作，做出了相當重要的工作，所以他在統計物理中，有很高的地位。再一方面，他在高能物理領域的貢獻也很重要，其中之一是他和他的合作者對高能粒子碰撞現象的研究。60 年代以來，在美國以及在西歐，有了能量較高的加速器，記錄了許多新的數據。楊先生和他的幾位合作者（如吳大峻、鄒祖德）用比較簡單的幾何圖象，分析了這些高能物理的散射數據，得到了很好的結果。

## 五、最高成就─規範場

我最後要介紹的就是所謂規範場。大家都知道電磁學的基礎就是那組麥克斯韋方程式。那組方程式有一個性質，叫做規範不變性，所以最早關於規範場的理論，就是電磁學。電磁學加上量子力學，就成為量子電動力學，這個理論無論在實驗上，還是理論上，都越來越證明是正確的，現在被公認為最成功的一個物理理論之一。到了 50 年代，實驗上又發現了其他的一些現象，這些現象相當於某些相互作用具有同位旋不變的性質。同位旋是一個守恆量子數，性質和電磁場中，電荷守恆有些類似。楊先生由此就問，為什麼不可以把同位旋守恆的性質也變成一個規範場的理論呢？他告訴我，他在做學生的時候就在考慮這個問題。1954 年把這個問題解決了，提出了現在所謂的非阿貝耳的規範場理論。他和米爾斯兩人最初寫出這篇文章時，並不受到重視，因爲其中還有很多問題沒有解決，物理的發展也還沒有達到需要它的成熟階段，許多現象還沒有在實驗中發現。但這一情形慢慢在轉變。到了 60 年代，由於實驗的進展，對弱相互作用現象的知識越來越多，於是大家想要找到一個弱作用的理論。弱作用是人們研究已久的一種相互作用，比如 $\beta$ 衰變，$\mu$ 子的衰變等，都屬於弱作用的範圍。十幾二十年來，理論物理中一個很重要的嘗試，就是尋找這樣一個完整的弱作用理論，可是一直沒有成功。到了 60 年代，最初是一個叫格拉肖的物理學家，繼而一個叫溫伯格，一個叫薩拉姆的物理學家，首先引用了楊先生 1954 年寫的這篇文章中的數學結構，即非阿貝耳的規範場理論的數學結構，來構造一個關於弱相互作用的理論。這些文章在當時也沒有受到重視，一直到 1970 年和 1971 年，在溫伯格、薩拉姆提出的模型上，又有人做了很重要的理論工作，弄清了這個模型的細節，從而使大家認識到了這個理論，的確是站得住腳的。不久，在美國以及在西歐的原子核研究中心，做的一些實驗也證實了這個理論所作的一些預測。於是，在 1970 年和 1972 年的時候，大家認爲這個弱相互作用的理論已經找到了，而這種弱相互作用的基礎，就是楊振寧和米爾斯所提出的楊振寧－米爾斯規範場。1954 年，楊先生和米爾斯寫出文章時，楊振寧－米爾斯規範場還不被承認是物理，而是一個數學結構，是一個可能對物理有用的數學結構，但到 1972 年，這個非常簡單而又非常漂亮的數學結構，被正式承認是物理的一個基本結構，並且最後奠定了弱相互作用的基礎。

　　從物理基本規律看，相互作用可以分爲四類。一類是電磁作用，根基是麥克斯韋方程組；另一種是萬有引力，比如太陽和地球之間的吸引力，萬有引力理論，現在當然公認愛因斯坦的理論最成功。而弱作用理論的基本數學結構，是由楊先生和米爾斯所提出來的，所以從長期的物理發展的觀點來看，是非常重要的一個貢獻。還有一種相互作用是強作用。這種強作用是指什麼呢？我們都知道原子核是由質子和中子組成的，現在有很多實驗的結果，支持我們相信這些中子、質子裡面，還有更小的東西，在中國叫做層子，大家給它一個名字，叫「夸克」。在夸克和夸克之間的作用，決定物質基本結構的形成，這種作用是一種很強的作用，把「夸克」合起來，形成質子和中子，這種作用，就是我們所說的強作用。好多年來，許多人一直在摸索，企圖找到一個合理的強作用理論，但沒有成功，直到大約十年前，由於弱作用理論獲得成功的刺激，有人提出了強作用也是一種楊振寧－米爾斯規範場作用。雖然這還是一個沒有最後證實的理論，但在現存的理論中，是成功可能性最大的一個理論。我想在我們這一行當中，大多數人都是接受這個說法的。這就是說，楊振寧－米爾斯非阿貝耳規範場的數學結構也是強作用理論的基本結構，這樣看來，電磁作用、萬有引力作用、弱作用和強作用，這四種基本的相互作用中，就有兩種是基於楊振寧－米爾斯非阿貝耳規範場的數學結構。從這一點，大家就可以了解到楊先生的這一個貢獻，是何等了不起。由於這一個貢獻，再加上其他種種成就，楊先生現在在世界物理學界的地位是非常崇高的。我們常常可以聽到一些物理學家的名字，像麥克斯韋、愛因斯坦，量子力學初建時的海森堡、薛定諤以及狄拉克。現在再要往下排的話，我想楊先生的名字就要算在裡面了。大家知道，格拉肖、溫伯格、薩拉姆以楊振寧－米爾斯數學結構為基礎所提出的弱作用理論，為越來越多的實

驗所證實，三年前他們得到了諾貝爾獎金，現在強作用理論也用楊
振寧－米爾斯場作基礎，因此有些美國朋友在議論楊先生是不是應
該得第二次諾貝爾獎金。這並不是一句開玩笑的話，假如他沒有得
第一次諾貝爾獎金的話，我想他與米爾斯的這個工作是足可以獲得
諾貝爾獎金的，因爲這個工作的重要性不是局限在一個小範圍內，
而是整個物理學的長期發展中的一個環節。60 年代，當楊振寧－米
爾斯非阿貝耳規範場理論還沒有被接受爲真正的物理的時候，楊先
生在物理學裡的貢獻就已經了不起，在楊振寧－米爾斯結構逐步被
證實爲弱作用和強作用基本結構的今天，楊先生的聲望一天比一天
高，現在世界上，和他的貢獻相當的理論物理學家，並不是很多。
加州大學有一個相當有名的物理學家，叫 Segre，前年他寫了一本
比較通俗的科技書，介紹從 X 射線起，一直到最近的一些物理學上
的發展，是一本寫得很生動的書。在談到物理學家時，他認爲，在
這幾十年中，可以算作全才的理論物理學家有三個，一是費因曼，
現在六十五歲，在加州理工學院，是個聲望很高的物理學家，在很
多方面都有很重要的貢獻。第二個是俄國人，叫蘭道，這個人也是
個全才，在多方面有很重要的貢獻，對各方面的見解也很深刻。第
三個就是楊先生，楊先生在理論物理的許多方面，都有很重要的貢
獻，而現在看來，最重要的貢獻就是楊振寧－米爾斯非阿貝耳規範
場理論。我自己想了想，覺得這三個人當中，蘭道雖然是很聰明的
一個人，而且對物理學有很深刻的了解，但從基本貢獻來講，他不
能比得上楊振寧和費因曼。我以爲在目前還健在的物理學家當中，
貢獻最大、最了不起的是狄拉克，再往下數，就應該是楊振寧，還
有費因曼這些人了。所以楊先生在國外華裔的心目中是一個驕傲，
他在物理學上的成就，是十年、二十年或是三十年中都不容易出現

的。他能夠取得這麼多成就，與他自己的才華、努力，以及他的境遇，都是有關係的。在國外，我們講到楊振寧及其成就時，心裡都是很驕傲的。同時由於他的成就太大，對我們這一輩人，也產生了很大的壓力，壓力在於我們要接近他的水平，甚至就只是作出像他所做的一小部分，都是做不到的，我想來自國內的人，都會同意我這個講法。

## 六、血濃於水

我前面講過，楊先生是牢記根本的一個人，對中國有非常深厚的感情。他常常談起在中國生活學習的那些日子，對於抗日戰爭期間流離失所的情景，記得非常清楚，多年來和他相處，我深深感到他對中國的關心，關心中國人的生活是不是在改善，關心中國的科學技術是不是在朝著正確的方向發展，關心培養中國的人才，關心中國的前途。對於在美國的中國人，他也在可能的範圍內，盡力扶助，不僅我們這批知識分子，就是在華僑社會的人，也都得到了他的幫助。這種血濃於水的感情，對於中國的那種骨肉之情，在我和他相處的十六年裡，是深深地感受到了的。我常常想，楊先生從來沒有忘記過自己是個中國人，他留在美國，心裡一定有很多矛盾的。他在 1945 年到美國，一直到 1964 年才歸入美國籍，拖了近二十年，可見他並不是很安然加入美國籍的。1971 年，中美關係稍有鬆動，他馬上就決定回中國去看一看。回到美國以後，他對中國的情形作了很多報告。由於他的名望和地位，他的作風和為人，因此他的演講和報導，在美國社會起了很大的作用。在當時中美關係還沒有解凍的情況下，他這樣做，是擔了相當大的風險的，但他認為正面報導中國在各方面的許多發展，是他的義務。由於他在學術上的地位，他經常到歐洲、南美洲、東南亞、日本等地去講學或訪問，大家往往都要求他做關於中國情況的報告，他的報告在這些地方，尤其是對當地的華僑，產生了很大的影響。許多美國人，尤其是科學家，對中國持友好態度，願意和中國親近，楊先生的功勞是非常之大的。楊先生還花了不少時間，盡力為美國的華人做些事情。譬如，在美國有一些華裔認為美國的華人不夠團結，於是組織了一個全美華人協會，發起人中，有何炳棣教授（他是芝加哥大學歷史系的，在美國史學界聲望很高）和任之恭教授等等。他們認為在美國的中國人應該聯合起來，對中美關係的改善，作出貢獻，對於在美國的華裔社團能有所幫助。在華盛頓舉行籌備會議時，他們邀請楊先生參加，並推選楊先生做主席。楊先生開始時，考慮到學術工作忙，很難抽出很多時間去做這方面的工作，再三推辭，可是協會的人認為，楊先生在美國華人裡聲望最高，楊振寧這名字也是在美國社會裡，為很多人所熟悉的，一再堅持要楊先生做主席。就是在這種情況下，楊先生做了這個協會的主席。對他個人做學問來說，這是一個犧牲。這個協會建立以後，做了大量的工作，在宣傳中美人民之間的友誼，促進中美建立邦交等方面，發揮了作用。譬如，在中美建交之前，全美華人協會在報紙上發表聲明，極力主張中美正式建立邦交。此外，以楊先生為主席的全美華人協會，還盡力去促進美國華人的團結。在美國幾個華人集中的地方有所謂「中國城」，像紐約、舊金山、洛杉磯、夏威夷就有「中國城」。在「中國城」的人，很多是以前到美國去做苦工的那一批人的後裔。「中國城」裡，有不團結的現象，楊先生花了不少時間，費了不少力氣，設法來把華僑社會團結起來，一方面能為華僑自己爭取福利，另一方面也能為中美之間的交流，作出更多的貢獻。

## 七、治學：才智和個性的融合

下面就楊先生的治學態度和精神，談談我的感想。大家都知道，楊先生的成就是很大的，不誇張地說，近幾十年來，科學裡有這麼大成就的人，為數不是很多的，但如果說這是由於他是一位天才，我看就浮於表面了。我認為他今天能有這麼大的成就，是他的個性和才智融為一體的結果。當然，楊先生的才智很高。但是為什麼世界上許多聰明的人，沒有作出貢獻，而他作出了貢獻呢？我個人認為，這是因為他性格中的很多成分，不是許多其他人所具有的。我常常和一些朋友談起這些事情，我所能得出的結論就是，楊先生具備一些一般人不能同時具有的性格。

楊先生是非常實在的一個人，他做的工作都是紮紮實實的，他自己從來不做虛功，不做表面文章。他的工作都是有內容的，而且這些有內容的工作，都是他反覆慎重考慮過後做出來的。講求實際效果，實實在在，這是他的一種性格。但通常一個非常實在的人，往往容易缺乏想像力；同樣地，一個想像力豐富的人，又不容易很實在，往往容易變得想入非非，想些不切實際的事情。可是楊先生一方面很實在，另一方面又有十分豐富的想像力，這是他很重要的一個特點。

楊先生的興趣非常廣泛。他對中國的古典文學、中國的歷史，對傳記和考古－中國、埃及和其他許多地方的考古等，都了解得很多，而且他也愛好音樂、藝術和攝影。前面講到，楊先生在物理方面的興趣也是廣泛的，在統計物理領域，在萬有引力理論方面，在強作用與弱作用的理論方面，他都有興趣，他對純理論的東西有興趣，對實驗的東西同樣也感興趣。這是他的一個特徵。多方面的興趣，使他隨時都在吸收新的東西，而在這同時，他又能夠坐下來做工作，做很深入的工作。一般說來，興趣太廣了，往往難以收下心來，對一件工作鑽得很深。楊先生令人驚訝的一點就是：他對多方面的事情深感興趣，而同時又能坐下來，就很多問題進行深入研究，並且作出重要的貢獻。楊先生對我說過，他感到國內經常使用的一些字眼，並不是很恰當的，比如「十年寒窗」的提法，要學生苦讀。他認為假如一個人讀書覺得很苦的話，要把學問做得好，要出成果，恐怕是很困難的。你對一件事情有興趣，才有可能在這件事情上，取得很大成就。一個人要能出成果，一個因素就是要順乎自己的興趣，然後再結合社會上的需要，來發展自己的特長。如果你做一件工作感到非常苦，那是不容易出成果的。對楊先生來講，做學問是一種樂趣，我從未見到他做學問的時候感到苦惱，「十年寒窗，埋首苦讀」，不是他的形象，他是順其自然，發展自己的興趣。他很自然地對很多東西發生興趣，隨時都在觀察，隨時都在提問題，隨時都在思索答案，這就是他能夠對很多問題，都有深刻了解的原因所在。他對隨時隨地提出的問題，都有一個見解，一個答案，成年累月積累下來，知道的東西越來越多，了解得也越來越深刻，難怪每個人一跟他接觸，都會感到楊振寧懂得那麼多，了解得那麼透徹，好像什麼事情都比你的本行懂得還多！這一點對發展國內的教育，是一個很重要的啟發。我們這些人，包括楊先生在內，有這麼個感覺，就是國內教育比較窄一些，主要注意的是灌輸知識，而比較不注重發展學生的興趣。多學習些，當然很好，可是假如能改變一點，除了灌輸知識以外，同時又能提高學生的興趣，我想收到的效果，從長遠的觀點來看，是不可估量的。我對中國科學技術大學（以下簡稱科大）的一些朋友講，科大招收了優秀的學生，不須要擔心學生學得不夠，我提倡科大最好把課程都放鬆一點，不要使學生一天到晚就是爲了分數去忙，讓學生能夠自由發展，能夠多想些問題、多問些問題，多做些有創造性的事情，培養了興趣，養成了思考的習慣，這對以後的發展，對一個人的成長，關係重大。每當楊先生對我講起這類問題的時候，我很快就體會到他的心情是什麼。一個人要用功讀書，這是對的，可是除了用功之外，還要提倡能夠想辦法，發展每個人的興趣，有了興趣，「苦」不是苦了，而是樂。假如到了這個境地，我想很多工作就比較容易出成果了，很多事情就不單單是靠盡責任、盡義務去做了。今天在座的有許多是大專院校的老師，我特別在這裡向大家呼籲，在教學方面，最好是能夠提高學生的興趣，去啓發他們，讓他們自己去發展自己的知識而成才。

　　我再談談楊先生另外一個很突出的品質，我想這種品質，對於發展科學技術、發展學術，以至做任何工作，都是很重要的。這個品質就是誠實。一般來講，誠實往往是指人與人之間相處的那種誠實，在這個意義上講，楊先生當然是誠實的，他對人坦誠，不會虛假的那一套。可是我覺得更重要的是，他對自己誠實。我爲什麼講這一點對一個人做學問很重要呢？做研究工作的人都會了解，當一件事情是未知的時候，常常是非常混亂的一個局面。要從一個非常混亂的局面中，把一個正確而且真實的東西找出來，假如你不是一個對自己很誠實的人，那是不容易做到的。比如你用槍打鳥，你拿著槍拼命亂開是打不到的，只有槍對準了，才可能打到鳥，做學問也是如此。誠實是做學問的基本要求，有些人容易自我欣賞，自鳴得意，甚至於自欺欺人，這就很難抓到真實的東西。一個人只有對自己非常誠實，總是對自己懷有疑問，常常更正自己的見解和觀點，常常老老實實去思考，自己在這件事情上做的，是對還是錯，力求抓住事情的本質，才能真的抓到事情的本質，而不僅僅是抓住一些表面的虛像。我認爲楊先生具備了這種品質，許多有成就的科學家，也都具有這種誠實的品質。

楊先生還有一個特點，是大多數人不常有的。一方面，他非常實在，不做表面文章，而另一方面，他的思想又非常容易受到激發，在新的物理現象面前，充滿激情。比如像宇稱不守恆的種種現象，有些人很實在，對那些事實拼命去分析，卻不能產生一種「靈感」去考慮一些「打破框框」的解決辦法，可是楊先生和李先生就不同，他們想到的是原來認爲不可思議的一些可能性，並且有膽量去抓住那些問題。一些人沒有這個膽量，太保守了，產生不出新的思想。一方面很實在，另一方面又能夠對新現象，有激情和靈感，這也是楊先生又一個難得的特徵。

我在這裡還要再講一點。做研究工作的人，一般來說是很願意獨立思考的，可是有些人會走極端，「獨立」到一個程度，不太願意去了解別人在想什麼，不太願意去讀別人寫的東西，對別人的工作漠不關心，而只顧自己去獨立思考。當然，一個人如果要做重要的工作，獨立思考、獨立工作能力是必須具備的，但如果不理會別人的工作，常常就會變成井底之蛙，很多東西看不見了。所以，一個做學術研究的人，還須要能夠不斷地學習，不斷地吸收。另外一種做學術研究的人，他們很願意看別人的文章，而且把所有能夠看到的文章，都找遍了來看，學識淵博，很多東西都懂。但如果僅僅去讀書，不進行獨立的思考，他就沒有辦法去創造新東西，沒辦法在科學研究中，產出新成果。一個健康的結合是什麼呢？那就是既能吸收別人的東西，而自己又具有獨立思考的能力和習慣，這一點在楊先生身上，得到充分的體現。到過我們那兒訪問的人都知道，在討論會上，楊先生是經常提問題的，而且帶了筆記本，經常把他

115

認為重要的東西都記下來。他今年六十歲了，而且取得了這麼大的成就，普通人也許不會去聽年輕人的意見，但他卻不然。我們每個星期有兩三次討論會，對於有興趣的討論發言，他都把它記下來，而且不懂就問。他不了解的，討論會完了之後，他也會找著去問，一直到今天，他還保持著謙虛好學的態度。但在另一方面，他對每件事情，又都有自己的判斷和自己的見解，這種結合，也是使他具備了取得成果的又一要素。

## 八、自勉與希望

我上面提到了楊先生的品質，和性格的一些特徵，以及這些性格特徵的融合，希望大家，也包括我自己在內，能夠從楊先生那裡領悟到一些東西。你如果真正要在科學研究方面有點貢獻，有一些品質是必須具備的。比較狹窄、比較偏頗的性格，往往不容易有大成就。我為什麼強調這一點呢？我感到國內在教育方面，往往過早地把學生引導到一個方面上去，定在那一點上就不變了。例如，學數學就一天到晚埋在數學裡，其他什麼事情都不管；學文學的，自然科學就可以不管了；學自然科學的，語文可以不去管了，音樂也不管了。我覺得這不是一條很健康的教育路子，以楊先生為例，他為什麼有這麼多成就？這不是某一個單一性格造成的，也不是因為他有超人的能力。楊先生的成就，反映才智和個性的結合。個性的形成是一個長期、全面的過程，和小時候受的教育，家庭教育、社會教育、文學的修養、藝術的修養，以及和你以前多方面的發展，都是聯繫起來的，所有這些東西加起來，形成了一個人。所以我在這裡藉著介紹楊先生的成就和他的治學精神的機會，向大家呼籲，最好的教育方法，是培養年輕人的興趣，多方面培養他們，讓他們得到發展的機會。安徽是個出人才的地方。我今天介紹的楊振寧，也是安徽出的人才。希望我們大家在教育方面，多多努力，讓中國，讓安徽，讓合肥出更多的人才，出更多像楊振寧這樣的科技人才。

**本文作者：聶華桐**

**註　　解：**

① 摘自《物理》雜誌，13 卷，6 期。

# 第二十三章　回憶我當楊教授研究生的歲月（1960－1969）

比爾・薩瑟蘭(William Sutherland)

通常，都是學生到大學去拜一位著名的教授爲師，我的情況則有所不同。我是 1962 年到石溪的，比楊教授早了三年。我向 T. A. Pond 教授求助，結果得到了國家科學基金會的獎學金。Pond 教授是系主任，他正致力於在一所嶄新大學裡，建立一個新的物理系；而我能得到這筆獎學金，完全是托斯普特尼克的福[1]。石溪分校剛剛建立，我來的前一年，研究生宿舍和物理系辦公室，就在同一座樓房裡。我在華盛頓大學讀本科時，就認識 Pond 教授，他給我們上的物理課，是我所聽過的最好的課。此外，同樣重要的是，他給了我一份工作（我協助照管他的研究生，其中一人現在就是我的妹夫）。我相信他的政治手腕，對他要建立一個出色的物理系這點，完全有信心。事實上石溪物理系研究生入學率，每年都翻一番，因此，1976 年的照片上楊振寧的研究生人數，已達 $2^6$ 人（即 64 人。譯注）。（參見楊振寧《選集與後記》）

1965 年春，我隱約地感覺到，系裡盪漾著一片興奮的氣氛。有小道消息說，楊振寧可能離開普林斯頓高等學術研究所，接受石溪新近設立的愛因斯坦講座教授職位，並在石溪創立一個自己的研究所。說實話，我對這些事情，並不太在意，一方面因爲高等學術研究所及其學者，對我來說，宛如神話裡的事物一樣，不可企及，另一方面，我當時完全耽於自己的事情，而無暇他顧，因爲當年夏天我就要結婚。可以肯定，在我照管 Pond 兒子 Ward 的時候，談判正在取得進展。楊振寧真的來到石溪時，他看上去，並不像是不食人間煙火，三頭六臂。他比我想像的要年輕，並且非常討人喜歡，一點也不裝腔作勢嚇唬人（我要補充一句，今天他看上去還是這個樣子）。然而，他受到系裡其他人如此之尊敬，當我問及楊振寧的計畫（對我來說，最要緊的是他招不招收研究生）時，竟無人知曉。楊振寧在《選集與後記》一書裡談到我時，用了「缺乏自信」（diffidence）的字眼。我查了查字典，發現這個詞含有「靦覥」的意思。這是真的；今天還是依然故我，有點害羞。但是，我居然能鼓足勇氣，到楊振寧的辦公室去，要求他考慮接受我為研究生！

我在 1966 年開始跟楊振寧寫學位論文。像當時的大多數研究生一樣，我對高能物理感興趣，如飢似渴地拼命直接向紐約市本傑明出版社，購買諸如「李奇極點」那種論題怪裡怪氣的簡裝書刊。但是，楊振寧建議我不如做統計力學，因為這方面的貢獻，價值會比較持久，也不那麼趕時髦，我想他或許認為我的進取心不夠強，因而學不好高能物理！不管情況是否如此，反正我覺得研究統計物理也挺好。1966 年秋，他對我的研究工作，給了一些建議，包括：研讀他和他弟弟楊振平合寫的有關海森堡－易興模型的論文（W. K. Heisenberg，1901－1976，德國物理學家，量子力學的創立者之一，1932 年獨自獲得諾貝爾物理學獎。譯注）；找出任意維海森堡鐵磁體的低溫及高溫表達式；研讀《物理評論通訊》上，Elliot Lieb 關於冰問題的論文。可能不止這些建議，不過我記得就這麼多。

我非常喜歡其中的第一、第三兩個課題，不過覺得 Lieb 的論文極為難懂。我費盡了力氣，卻並沒有真正搞通其中的計算過程。後來，我和妻子 Veronica 在 1967 年復活節，去 Hatteras 角海灘渡假。這是萊特兄弟試飛他們第一架飛機，也就是美國刮風最厲害的地方。我們躲在沙堆後面。風把沙子刮到我們身上。我忽然一下子，弄懂了爲何 Lieb 的方法能奏效，進而明白，用楊振寧和楊振平關於海森堡－易興模型的漂亮辦法，就能解決任何六頂角模型的問題。我真高興，因爲很清楚的是，返回石溪之前，我甚至不須要寫下什麼。

不過，當時我還是一個毫無經驗的研究生。例如，回來後我告訴楊振寧，可以求出變換矩陣的所有本徵值，但我認爲對這些本徵值求和，從而算出矩陣的跡（即配分函數）很難。只消五分鐘，楊振寧就教會了我，要算跡，並不須求出所有本徵值，只要把其中最大的那個算出來就行了。楊振寧很興奮，不過我覺得，最初他並不相信我能說到做到。但是我們並排坐在一起，各自按自己的辦法，求出了答案，結果證明我說得對。就在我把這些結果寫成論文的當兒，楊振寧收到了 Lieb 的一篇論文預印本，它給出了 F-模型（六頂角模型之一）的解。這是除我那篇還未發表的論文之外，第一次有人求得了任意溫度下的解。冰塊問題是所有六頂角模型，在溫度爲無限大時的極限情形。於是，我趕緊把論文寫完，並把它寄到《物理評論通訊》雜誌，這個成果，後來成了我學位論文的主要部分。Lieb 幾乎在同時也向《物理評論通訊》雜誌投交了一篇關於求解 KDP 模型的論文，這是第二個六頂角模型。

那年夏天，楊振寧的弟弟楊振平訪問石溪，發現我們的這個解，可以推廣到具有豎直場，或水平場完全一般的六頂角模型。我們三人一起研究了相關的細節，該文刊出時，伴有楊振平的一封信。

1967 年秋，楊振寧通過給自旋空間中，貝特（H. A. Bethe， 1906－，美籍德國物理學家，1967 年獨自一人榮獲諾貝爾物理學獎。譯注）假設係數的準確波函數（即貝特－楊振寧假設），而求出了自旋 1/2 相斥 $\delta$ 函數型互作用一維費密子問題的完全解。對我來說，這個波函數，本質上看起來，好像貝特假設那樣，只不過自旋朝下，相當於一個空格點，自旋朝上則為粒子。因此，把這個過程無限重複，就可以解決任意多組元系統的問題，這是合乎邏輯的。這樣做可避免用到楊圖，而我那時對這玩意一竅不通。

讓我再談談和楊振寧一起工作的感受。我是他在石溪的第一個研究生，或許也是他開始招收的第一個研究生。在我跟他工作的三年裡，他好像有無限的時間，可以花在我身上。記得許多時候，早上一到學校，我就去見楊教授，想知道他是否有時間花幾分鐘，和我討論個把問題。他會把我請進辦公室的裡間，那是一處令人愉快而又吸引人的工作場所。於是，我們開始討論。很快地，我們便並排坐在一起，互不相干地靜靜工作起來。通常，楊振寧用白色的拍紙簿，我則用黃色的。我們不時互相核對結果。楊振寧的秘書偶而會進來一下，看看我們是否須要些什麼，問楊振寧要不要和什麼人談話。有時，楊振寧要停幾分鐘去接電話。楊振寧和訪客長談時，就讓我去測鑑那一大疊論文預印本、書架上的書、文件夾裡的老預印本、十年前的諾貝爾演講，甚至更老的資料。這樣不知不覺就到了午餐時分，他會叫外送午飯，通常是附近快餐店味道好極了的三明治。我們一邊吃，一邊討論，飯後，又繼續討論，繼續工作，繼續核對結果，為了跟上他，到下班的時候，我已精疲力盡。我記得這樣的每一個日子，我從來沒有像這樣努力地工作，也從來沒有這樣地快樂過。楊先生辦公室的氣氛，是溫暖而又使人感到受保護似的，雖然空氣裡充滿的是尋求知識的興奮。許許多多的科研成果，就是在那種氣氛下做出來的，事實上，這種成果，今天仍在源源不斷地從那裡湧出。

　　我要感謝楊振寧離開高等學術研究院那座象牙之塔，而進入一個大世界裡去的明智決策。我認為，在他來說，那是非常無畏的一步。我個人則要對他表示感謝，這不僅僅是為了他對我的教導，或給予我的友誼。今天，在他的生日，我祝他萬事如意，祝他長壽並希望他喜歡下面我要宣讀的這篇論文。

（以下為專業論文，茲從略）

**本文作者**：William Sutherland 為美國猶他大學物理系教授。

**註　　解**：

① 斯普特尼克，為俄文之音譯，意為人造地球衛星。1957 年 11 月，蘇聯領先於美國，發射了世界上第一顆人造地球衛星。這件事對美國有極大的衝擊。朝野各界經過深刻的檢討，美國人認為他們在教育和科學研究方面，比蘇聯落後了。為了與蘇聯一決雌雄，美國各級政府加大了對教育和科學（特別是基礎科學）研究的投入，為研讀基礎科學的大學生和研究生，提供更多的機會。所以薩瑟蘭說，他得到這筆獎學金，完全是託斯普特尼克之福。

# 第二十四章　楊振寧教授和我

吳大峻

　　我讀哈佛大學的第一學期，期中考試門門課都考得很糟。由於先我一年入學的楊振平，慷慨相助，我才得以勉強通過。正因爲有這種機緣，第二學期，當振平的哥哥楊振寧教授，從普林斯頓高等學術研究所到哈佛來參加物理學術討論會一事，使我特別興奮。雖然我對量子場論一竅不通，因而聽不懂報告，但仍清楚地記得，楊振寧介紹他的研究課題楊振寧－米爾斯非阿貝爾規範場時，所引起的轟動。多年以後，大家才逐漸明白，這個楊振寧－米爾斯非阿貝爾規範場是一切基本相互作用的基礎。楊振寧和米爾斯在 1954 年的那篇論文，無疑的是二十世紀影響最爲深遠的兩三篇論文之一。

　　我於 1956 年獲博士學位之後，立即就到布魯克海文國家實驗室去，整個夏天都在那裡。我的學位論文由 Ronald W. P. King 教授指導，論文的主要部分是討論短波長極限下，圓柱和圓球的散射總截面。我在布魯克海文國家實驗室又見到楊教授時，他問起我的學位論文。我把情況告訴了他，不到一分鐘，他就告知我解決這個問題的另一個更好辦法！也就是那一個夏天，我認識了楊教授那綽約端麗的太太致禮及他們的兒子光諾。她要教會我跳舞，但很遺憾，沒有成功。他們還花大力氣，教我打橋牌，我相信這個對我還湊合，雖然往往把每個特殊情況下的慣例給理解錯了。那年夏天，振平訪問布魯克海文國家實驗室時，楊教授夫婦、振平和我一起打了好多回橋牌。多年以後，光諾成爲美國最好的橋牌手之一，比他的父母打得要好得多。

1956 年夏，楊教授極端忙碌。多數時間他都是和李政道教授埋頭在宇稱不守恆的問題裡。他們那篇著名的論文＜弱作用中的宇稱不守恆問題＞就在那年夏天完成。就是這篇論文，使他們翌年榮膺了諾貝爾獎。這年夏天，除上述有關粒子物理的工作之外，他們還研究了多體問題，特別是硬球玻色氣體問題。即使今天我還納悶，他們怎麼能同時做這兩方面的研究。

雖然楊教授日程繁忙，但他總是能擠出時間教我物理。那年夏天，我跟他學到的最重要一點是，想要成為一名理論物理學家，必須對許多方面的前端部分，有足夠的認識，單單知道一個方面是不夠的。他為我勾畫了一個八年計劃：兩年打好更紮實的基礎，兩年學統計力學，再用兩年學量子場論，最後兩年是基本粒子理論。

從布魯克海文國家實驗室返回哈佛後，我幸運地被任命為研究員協會初級研究員。這使我可以不受任何義務的約束，而能按照楊教授為我制定的計畫，開始潛心鑽研。楊教授安排我在初級研究員任期的最後一年（即 1958 至 1959 年），到高等學術研究所和他一塊工作。

按楊教授為我安排的日程表，我從學習統計力學開始。這一年裡，我們對上面提到的硬球玻色氣體，極感興趣。為了研究一個具體的問題，我決定著手探求這種系統的基態能量。大約每兩個星期，我要到楊教授的辦公室去一次，把我所做的工作向他匯報。通常，他總是花幾分鐘時間告訴我問題的難點，這就夠我花上一周時間，才能領會他所說的，剩下的另一周則要想辦法取得一些進展。接著，又開始新一輪的循環。回想起來，我印象最深的，還不是楊教授這麼快就能指出困難之所在，而是他在這樣做的時候，總是那麼恰到好處，使我一點也不感到灰心喪氣。最後，我求得了他和李政道教授 1956 年夏天，在布魯克海文國家實驗室所算出的基態能量之外的一個修正項。這個結果在 1959 年的 *Physical Review*《物理評論》雜誌上發表。不久，這個結果又被 Hugenholtz 和 Pines，以及澤田分別證實。雖然楊教授在這項工作中做的比我多，但他拒絕在論文上署名，以對我的事業表示支持。這種事發生過好幾回。五年之後，1964 年我們才開始聯合署名發表第一篇論文＜ $K^0$ 和 $\bar{K}^0$ 衰變中 CP 不守恆的唯象分析＞，見 *Physical Review Letter*《物理評論通訊 13 期》，頁 380（1964）。

在高等學術研究所度過 1958 至 1959 年之後，我被任命為哈佛大學的助理教授。由於我得到斯隆基金會資助，楊教授又再安排我回高等學術研究所工作一年（1960 至 1961 年）。這一次，我又按他的日程表，開始學習量子場論。當研究生時，我曾從哈佛大學的朱里安‧興格教授和麻省理工學院的 Felix Villars 教授那裡，學習過這門課程。然而，不從原始資料著手，要理解一門課程，實際上是不可能的。第二次訪問高等學術研究所期間，理論物理學界掀起了一股研究費因曼圖解析性質的熱潮，我加入了這一行列。除此之外，我也想學習重正化理論。我再次像兩年前那樣，定期地去楊教授的辦公室。他試圖教會我的東西，我要花上好幾個星期，才能領會得了。例如，要弄明白，為了達到重正化，為什麼對質量求微分什麼用處也沒有這一點，我就花了好長時間。這次在研究所，他們要我就自己所做的工作，開一個研討會。結果，這對我來說，是一次最有意義的經歷，我的研討會歷時六個半鐘頭，中間休息一夜；不知道時間之長，是否創下了紀錄，如果不是，至少也接近創紀錄。

1962 至 1963 年，我對高等學術研究所進行了第三、第四次長時間訪問。我按日程表，學習基本粒子物理，楊教授要我把精力集中到與傳遞弱力的中間玻色子有關的問題上。那個時候，中間玻色子純粹是一種理論上的推測，直至十年以後，它才被實驗發現。但是，我當時因爲要找工作，而被搞得心煩意亂，因爲哈佛助理教授的任期行將屆滿。幸而得到羅伯特‧奧本海默教授的推薦，哈佛又給了我一個新的任期。

1964 年夏訪問威斯康辛大學時，聽到克羅寧、克裡斯登遜和圖雷關於 CP 不守恆實驗的消息後，我立即返回布魯克海文國家實驗室，其時楊振寧教授正在那裡訪問，我們最先作出了 K 系統中 CP 不守恆的唯象分析。因爲那時我已經獲得了終身職位，楊教授才終於同意在論文上署名。正如前面已提到過的，這是我們聯合發表的第一篇論文。直到現在，這篇論文還在被頻頻引用。

這時已完成了楊教授爲我設定的八年理論物理學家教育。打從那時之後，楊教授和我合寫的論文，總數在十篇以上。例如，1964 年我們考慮了高能大動量傳輸情況下，強子的彈性散射，觀點是把強子當做一個廣延的客體。這種觀點，後來發展成楊教授的液滴模型，開始時是跟鄒祖德一起做出的。幾年以後，出於想要更好地掌握這一想法的願望，麻省理工學院的鄭洪和我，開始研究用量子場論的觀點，來理解彈性散射高能行爲的可能性。這導致我們進行了我有生以來最長的一次計算。1970 年，計算結果迫使我們得到一個令人吃驚的結論，強子的全截面必須隨能量的增長，而無限增大。那時，沒有一個實驗證據顯示全截面會是這個樣子的。令人高興的是，這一純的理論預言，後來被實驗完全證實。尤其是在我們作出此預言之後將近十年，積分彈性截面與全截面比值的增加，終於在 CERN 的質子－反質子對撞機，被實驗證實。

　　1956 年在布魯克海文國家實驗室，楊教授告訴我，他獨自一人完成的最冗長計算，是二維易興模型自發磁化強度的計算。我在幾年時間裡，斷斷續續研讀了這篇論文。我雖然能跟隨楊教授得到這一著名結果的步子，卻不明白爲什麼要這樣做。十年之後，我決定試試看，是否能用不同的方法，求得同樣的表達式。這樣做的一個動機是，楊教授和李政道教授研究處於純粹假想磁場中的二維易興模型問題時，得出了一個有關結果，但它是通過對級數展開的某種猜測而得到的，不同於自發磁化的情形，它是通過推導而求出。幸而，我完全熟悉 Wiener-Hopf 的技巧，那是我當研究生的第一年，從 Harold Levine 教授那裡學來的。剛好，Wiener-Hopf 技巧適用於二維易興模型。我和我的研究生 Barry McCoy 一起，得到二維易興模型的一些新結果，包括推導出上面提到的楊教授和李政道關於虛擬磁場的各種公式。由於楊教授的耳提面命和不斷鼓勵，我才可能完成這項爲時八年的研究工作。在和楊教授合寫的論文中，＜論不可積相因子的概念及規範場的全局表述＞一文，載於 *Physical Review*，D12，3845（1975），最使我感到驕傲。我想楊教授也一樣感到驕傲。雖然他以前對我說過好幾次，只是寫這篇論文以後，我才終於欣賞到了數學與物理之間，謎一般深刻與美麗的關係。在時下的情形，那就是纖維叢與規範場的關係。我們從 Steenrod 的書中學到了纖維叢，無巧不成書，1955 年，楊教授和楊太太正是從 Steenrod 手中，買下他在 Carter 路的那所房子。一旦我們弄明白規範場就是纖維叢的連絡，楊教授就開車到加州大學柏克萊分校陳省身教授那裡去，我也同車前往。這是陳教授從芝加哥搬到加州以後，我第一次拜訪他。我們和他談到正在做的一切。陳教授說，數學裡的重要概念，不是人工製造出來，而是自然的，就像物理學的情形那樣，這句話給我留下極為深刻的印象。

　　從比較個人的層次來說，1967 年我和 Sau Lan 結婚時，她的父母不能到美國來，楊教授慈愛地來到麻省劍橋，代表新娘的父母親，將新娘嫁給我。直到現在，我倆還學不好楊太太所教的舞步，但願有那麼一天，我們能補足這個缺陷吧。

**本文作者：吳大峻**

**註　　解：**

　　本文作者是哈佛大學戈登‧麥凱實驗室教授。

# 第二十五章 楊振寧教授對物理學的影響

## 顏東茂

開始進入正題之前，請允許我轉達海外中國物理學家協會（Overseas Chinese Physicist Association）正、副主席 N. P. Chang 教授和 B. L. Yong 教授，對楊振寧教授的生日祝賀。他們兩人因預先有其他事務纏身，不能參加這個慶典，心中都感到非常遺憾。

組織委員會邀請我就楊教授對物理學的影響這個問題，做一報告，我感到極為榮幸。這一任務，本來是無法完成的，因為楊振寧對物理學的貢獻，浩瀚如海，要在三十分鐘內述說清楚，不可能做到客觀公正。幸而，會議組織者邀請了一群傑出的報告人，我很確定，他們將會就楊教授對物理和數學各個領域的貢獻，告訴我們更多的情況。我們只有在聽完所有這些報告之後，才會對楊振寧教授為物理學做了多少工作，有一個全面的了解。

在報告中，我首先給大家看一張單子，上面列舉了楊振寧教授在他感興趣的領域中，某些具有代表性的工作。然後，我將把我的評論，集中在楊教授的兩個最著名的貢獻，即弱作用中宇稱不守恆及楊振寧－米爾斯非阿貝爾規範場論上。

1956 年我還是台灣大學大一新生時，聽到了吳大猷院長在一次公開演講中，提到李政道和楊振寧關於宇稱不守恆的理論工作，和吳健雄教授為此而做的實驗，從那時之後，楊振寧教授便是我心目中的偉大英雄。

楊教授對理論物理有很廣泛的興趣。他主要在三個領域裡進行研究：統計力學、理論物理和高能散射唯象理論。我將每一領域中，某些代表性工作，表列如下。

**楊振寧教授對物理學的貢獻－一些例子：**

1. 統計力學
   －二維易興模型：這是自發磁化的第一次準確計算；
   －單位圓定理（與李政道教授合作）：格氣配分函數奇點的一個系統研究；
   －楊振寧－巴克斯特方程：它一直是統計力學中，可積系統及場論的非常重要的工作；
   －許多其他相關工作。

2. 理論粒子物理
   －宇稱不守恆（與李政道教授合作）：吳健雄教授做出了第一個肯定性的實驗，使得楊李的觀點，得以確立；
   －楊振寧－米爾斯非阿貝爾規範理論（與米爾斯教授合作）：它為標準模型提供了一個框架，即強相互作用及弱電的量子色動力學（QCD），它建立了引進相互作用的規範原則；
   －不可積相因子和規範場論的全局表述（與吳大峻教授合作）：在這個工作中，研究並澄清了規範場和纖維叢之間的內部聯繫；
   －狄拉克磁單極的重新表述（與吳大峻教授及其他人合作）：在這項表述中，消除了狄拉克的「弦」，代之而引進了拓撲學中「截口」的概念；
   －楊振寧－巴克斯特方程；
   －許多其他相關工作。

3. 高能散射的唯象理論
   楊教授多年來一直對這個課題感興趣，他有許多合作者，諸如鄒祖德、吳大峻、閻愛德和趙午等幾位教授，以及其他一些人。在一系列論文中，楊教授在沒有基本理論的情況下，以其對強子幾何圖象的洞察力和直覺，推導出許多結論。對任何一位理論物理學家來說，這些貢獻中，哪怕只有一個，都會給他帶來極大的滿足。但是楊教授把它們全都做出來了。有時候我們聽人們說，因為運氣和時機好，某人做出了一件好工作。我卻要問，為什麼這些年來，楊教授總是交了好運氣和遇到好時機，其中有什麼奧秘？

現在讓我就宇稱不守恆問題，做幾點評論。宇稱不守恆的發現是一個引人入勝的故事，雖然人人都耳熟能詳，但每當想起它來，我總是感慨不已。首先，宇稱守恆的概念是如此之自然，它根深蒂固地一直根植於幾代物理學家的腦海裡，以致當李政道教授和楊振寧教授懷疑它的正確性時，不但要有洞察力，還要有勇氣。

這是一場翻天覆地的革命。它再一次的顯示，任何物理定律，都必須通過實驗來加以驗證。一個漂亮或優雅的概念，不一定就是正確的。歸根結底，物理學是一門實驗科學。為了充分認識這一發現所引起的衝擊，讓我們摘引包利（W. Pauli, 1900－1958, 奧地利物理學家，1945 年諾貝爾物理學獎得主。譯注）給 Weisskopf 的兩封信，一封在吳健雄教授宣布她對宇稱不守恆的實驗驗證之前，一封在後。包利不但被認為是二十世紀最偉大的物理學家之一，而且他還提出了中微子的想法。他對於宇稱不守恆問題的觀點在十天之內發生了戲劇性的變化。我還是用包利自己的說法比較好。在 1957 年 1 月 17 日致 Weisskopf 的信中，包利說：

「我不相信上帝是一個無能的左撇子，我敢出大賭注同人打賭，相信實驗必將給出電子按角動量對稱分布的結果。」

這封信是包利剛好在聽到吳健雄教授宣布其實驗結果之前寫就

的。得知吳教授所宣布的結果之後，他迅即於 1957 年 1 月 27 日給
Weisskopf 再寫了一封信。他說：

「現在，最初的衝擊已經過去，我開始鎮靜下來（在慕尼黑，
人們如是說）。……

此刻，我不知該從那裡說起？幸虧我沒有打賭，否則，我可要
輸大錢了（我付不起這筆錢啦！）。可是，我畢竟鬧了個笑話（我
想，這個我還擔當得起）……」

滿懷失望的物理學家們，試圖用新的措施，挽救左－右對稱性，
於是就祭出了 CP 對稱的法寶（CP 是電荷共軛和空間反演的聯合操
作），只要 CP 是對稱的，左和右就沒有絕對的區別。1964 年人們
發現，中性 K 介子衰變時，CP 對稱會遭受破壞。自此以後，物理
學家極不情願地接受了這樣的事實：自然界中，左和右真的是不對
稱的。這種對稱不只是遭到了破壞，而且還是最大限度的破壞。所
謂的 V-A 理論是標準模型的重要組成部分。

下面，我們轉而談到楊教授對粒子物理貢獻的第二個例子：楊
振寧－米爾斯非阿貝爾規範場理論。在粒子物理學中，這項工作的
重要性，到處都可以感覺到。楊振寧－米爾斯非阿貝爾規範理論為
標準模型提供了框架：對強作用的 QCD，以及對弱電相互作用統一
理論的溫伯格－薩拉姆－格拉肖模型[1]。自然界的四種基本力中，
只剩下重力不能用通常的楊振寧－米爾斯規範場論來描述。在物理
學史上，楊振寧－米爾斯規範場論的重要性，無疑地只有牛頓的重
力理論、麥克斯韋的電磁理論、和愛因斯坦的廣義相對論，可以與
之相提並論。量子力學是同等重要的另一項發展，但它是一個完全
不同的範疇。

楊振寧－米爾斯規範理論的重要性，是如此之意義深遠，讓我

們簡要地看看它究竟是怎麼一回事。它是把對稱性和相對性結合起來，所得到的一個強有力的結果。在最初的那篇論文中，論述是簡單和優雅的，可以簡述如下。核物理中，有一種近似的對稱性，叫做同位旋對稱。原子核的組成部分是質子和中子，它們有許多相同的性質。它們的質量差不多相等，兩個核子（即質子及中子。譯注）之間的核力，看來也差不多相同，不管這兩個核子是中子或質子，情況都一樣。只要物理學在下述變換中，保持不變，就可以使這種對稱性，變爲連續的。

$$N'=UN \tag{1}$$

$$N= C_n^p \tag{2}$$

$$UU^+ =U^+ U=1 \tag{3}$$

上述這個變換，把原來的質子變換成中子，同時，把原來的中子變換成質子，即所謂重新標記。楊振寧和米爾斯說，不可能對宇宙中，所有的質子和中子一下子都同時重新標記。原因是，信號（即命令。譯注）不可能走得比光速還快。因此，他們得出結論，這種重新標記，只能局部地進行。通過對稱性是局部的這個要求，楊振寧和米爾斯推斷，存在重新標記下唯一地進行變換的矢量規範場。矢量場 $A_\mu(x)$ 和核子場變換如下：

$$A'_\mu (x)= U(x)A_\mu(x)U^+ (x) \frac{i}{g} U(x) \partial_\mu U^+ (x) \tag{4}$$

$$N'(x)=U(x) N(x) \tag{5}$$

方程(4)和(5)兩者，構成了鼎鼎大名的非阿貝爾規範變換。此外，這種理論是唯一確定的。這就是「對稱性支配相互作用」原則，或者，有時也把它叫做規範原則。

隨後的幾乎二十年，許多理論物理學家一直在研究楊振寧－米爾斯規範理論。要使這個理論能夠應用於強相互作用，必須首先克服兩個嚴重困難。其中一個是技術性的，即如何前後一致地對這個理論進行量子化；甚至這個理論的費因曼規則，也還未搞清楚。另一個則和物理學有關。爲了保持規範不變性，矢量規範粒子必須無質量。但是，實驗上還未發現這樣的粒子。技術性的問題在 60 年代末解決了，但是，與物理學有關的問題，多拖了幾年才被理解。

60 年代末在史丹佛直線加速器中心（SLAC）和其他地方所做的一系列實驗（深度非彈性輕子散射）證明，在短的距離內，強相互作用是弱的。尋找一種適用於強相互作用的理論，在繼續進行著，這種理論要具備奇特的性質，即在短距離內它是弱的。

最後，人們在 1973 年發現，只有楊振寧－米爾斯規範理論，才具有這樣一種性質。現在，這一特性稱爲漸近自由。於是，量子色動力學（QCD）誕生了。理論和實驗都指出，對非阿貝爾規範群來說，須要一個新的量子數：顏色。規範對稱必須是準確的，這樣，漸近自由才可以保持。此外，還假設「顏色」這個量子數，在自然界必須是隱蔽的。這叫做色幽禁。用術語來說，所有的物理態必須是顏色單態。結果是，不可能存在孤立的夸克和孤立的膠子（即矢量規範玻色子）。從晶格規範理論得到的啓示，支持這一假設。但是，還未找到嚴格的證明。如果真的是這樣，那麼，這就是一個意義深遠的發展，說明物質的基本組成部分，不可能從它們構成的束縛態中，解放出來。

通過所謂瞬子解，楊振寧－米爾斯規範理論和拓撲學之間，有一種令人矚目的聯繫。這類解給真空以豐富的結構，有趣的是，它們還導致強相互作用中，CP 破壞的問題。

　　讓我們轉到標準模型的另一半：溫伯格－薩拉姆－格拉肖的弱電相互作用理論。除楊振寧－米爾斯規範理論之外，這個模型中還有一個新的成分，那就是自發對稱破缺。為了使規範玻色子（$W^{\pm}$和 Z）、夸克、以及輕子具有質量，這是必須的（Higgs 機制）。溫伯格在 1967 年推測，這種 Higgs 機制，將會使楊振寧－米爾斯規範場理論的可重正化，得以保存。這個理論的可重正化問題，要更加錯綜複雜。直到 1971 年，t'Hooft 才首先證明了溫伯格的猜測是正確的。可重正化的要求，在建立弱電理論中，起著根本的作用，後果深遠。兩個最重要的後果是：(a)溫伯格採用 Higgs 機制的最低方案，意味著存在一種 Higgs 粒子，但目前尚未被探測到。超導超高能對撞機 (SSC)[2]上，一個規模宏大計畫的主要目的，就是要找到這種粒子。(b)可重正化要求輕子和夸克之間有一種對稱性。每一代必須有一個輕子量子對偶，及一個夸克量子對偶。因此，底夸克和 τ 輕子的存在，告訴我們，必然要有一種頂夸克。在標準模型中，頂夸克是另一種等著被發現的粒子（1995 年春，美國費密國家實驗室正式向全世界宣布，頂夸克已被他們找到。譯注）。

　　物理學家一直被所謂「輩份」問題所困惑：為什麼費密子有多於一代的輩份？一共有多少？有沒有終了的時候？電子－正電子對撞機（LEP）的最新結果證明，它一共只有三代。但為什麼是三代，現在則仍然是個謎。

　　就「老師」這個詞字面上最好的意義來說，楊教授是我們所有人的老師。我們從他的榜樣，學到了許多東西。他的每一件工作，都表明了他對某一個物理現象深刻而清晰的了解。然後，他能夠抽象出一個原理，它的應用範圍，比起他所出發的那個現象，要寬廣得多。從宇稱不守恆、楊振寧－米爾斯規範理論、楊振寧－巴克斯特方程以及其他工作中，我們都可以看出這一點。而且，楊教授還願意做那些腳踏實地的唯象理論性的工作。

在和鄒祖德教授，還有其他人一起發表的一系列論文中，楊教授做了高能散射的唯象理論研究。通過對這些過程，幾何圖象的洞察力和直覺，他和他的合作者們，推出了許多定性和定量的結果，以便和實驗數據兩相對照。對今天的年輕物理學家來說，這應該是一種鼓舞。他們當中有許多人認為，這世上存在著兩類理論家：一類是唯象理論家，另一類才是正式的理論家。

最後，我要對楊教授給予我們這麼多漂亮的物理成果，表示深切的謝忱。我們大家都期待他在未來許多年的歲月中，作出更多、更大的貢獻。

銘謝：對於組織委員會的邀請和款待，我要向丘成桐教授和 H. C. Ku 教授表示感謝。本項研究工作，得到美國國家科學基金的部分資助。

**本文作者：美國康乃爾大學 Floyd R. Newman 原子核研究實驗室教授。**

註　解：

① 溫伯格（S. Weinberg，1933－，美國物理學家）、薩拉姆（A. L. Salam，1920－，巴基斯坦物理學家）、格拉肖（S. L. Glashow，1932－，美國物理學家）三人因為建立弱電統一理論的貢獻，而榮膺 1979 年諾貝爾物理學獎。譯注。

② SSC 是美國原擬在德克薩斯州建造的超大型加速器的名字。後因這個龐然大物所須的投資過巨，聯邦政府決定終止執行該項目。譯注。

# 第二十六章　加速器物理中的非線性動力學

趙　午

　　今天我在這裡，有雙重的特殊榮幸。首先，我是清華大學的校友；其次，我是楊教授的學生。1972 年，我在石溪當楊教授的研究生時，學的是高能物理。他敦促我去學一門叫做「加速器物理」的課程。按照他的指示，我選了 Ernest Courant 教授的加速器理論課，學得很開心。

　　後來，1974 年我畢業之前，楊教授進一步建議我，選擇加速器物理作為自己的專業。這一次，事情要嚴肅得多了。開始時，我很躊躇。我再次和他談話，甚至爭論起來。最後，我遵從了他的意見。今天，回首當年，我知道這對我來說，是一種正確的選擇。非常幸運，在我事業的關鍵時刻，我能夠得到了他的耳提面命。

　　加速器物理是物理學的一個分支，它和帶電粒子束打交道。它的內容所涉及的範圍很廣。但是，今天我只講一個方面，那就是非線性動力學。我知道，楊教授一直對這個問題感興趣。

（以下為專業論文，茲從略）

**本文作者：趙午**

註　　解：

　　趙午（Alexander　W.　Chao）寫作本文時是美國超導超高能
對撞機（SSC）實驗室的專家。

# 第二十七章　楊振寧

李炳安　鄧越凡

　　楊振寧的非正式名字爲 Franklin 或 Frank。1922 年 10 月 1 日[①]生於安徽合肥。他的專業領域是：理論粒子物理學、統計力學和凝聚態物理學。

　　楊家原籍安徽省風陽府，楊振寧的曾祖父楊家駒（字越千），曾任安徽省太湖縣的都司。1877 年任滿回原籍，途經合肥，因爲朋友挽留而定居於合肥。楊振寧的父親楊克純（字武之），是他祖父楊邦盛（字慕唐）的長子。楊武之是美國芝加哥大學的數學博士，回國後，曾任清華大學與西南聯合大學數學系主任多年。

　　楊振寧出生在合肥縣（今合肥市）縣城西大街四古巷。1933 至 1937 年在北京崇德中學上學，1937 年秋進入合肥省立第六中學。1938 年初他們一家到了崑明，楊振寧進入崑華中學高中二年級學習。1938 至 1942 年就學於西南聯合大學。

　　西南聯合大學教授陣容十分強大。教楊振寧大一國文的有朱自清、聞一多、羅常培和王力等人。楊振寧跟趙忠堯學習大一物理，跟吳有訓學習大二電磁學，跟周培源學習大二力學。他的學士論文導師是吳大猷。吳大猷先生給了他一篇 T. E. Rosenthal 和 G. M. Murphy 於 1936 年寫的，關於群論和分子光譜的總結性文章。楊振寧的父親楊武之在芝加哥大學的博士論文導師，是代數專家狄克遜（L. E. Dickson），楊武之讓楊振寧從狄克遜寫的《現代代數理論》（*Modern Algebraic Theories*，1926）中，學習群表示理論。楊振寧發現書中僅用二十幾頁，就將群表示理論講得清清楚楚，極合他的口味。實際上,當他還是一個高中學生的時候,就從父親那裡,學到一些群論的基本原理,也曾被放在父親書架上由 A. Speiser 所著的《有限群論》 (*Die Theorie der Gruppen von Endlicher Ordnung*,1923)中的美麗圖片,強烈地吸引住。他的家庭使他很早就受群論的薰陶。他寫學士論文的經歷,又使他對群論與對稱性在物理中的應用,有了深刻的印象。

楊振寧於 1942 年畢業於西南聯合大學後,進入清華大學研究院學習兩年,他的碩士論文導師是王竹溪。在楊振寧進入清華大學研究院之前,曾聽了王竹溪一系列關於相變的演講,使他了解到相變是很重要的問題。在王竹溪指導下,他完成了題爲＜超晶格統計理論中準化學方法的推廣＞的統計力學文章,這篇文章與一些其他工作合起來,成爲他的碩士論文。在研究院這兩年間,他也從馬仕俊那裡,學習到很多場論知識。

吳大猷和王竹溪引導楊振寧走的兩個方向,是對稱原理和統計力學。楊振寧始終強調,這是他一生中主要的研究方向。

1944 年夏,楊振寧考取了留美公費生,按照考試委員會所選定的專業,他報考了高電壓專業。按照考試委員會「凡錄取各生應在原機關服務,留待後信」的規定,楊振寧從 1944 年秋到 1945 年夏,在西南聯合大學附屬中學,教了一年高中數學。他一面教書,一面學習和研究場論,徹底地鑽研了包利所寫的關於場論的總結文章。

楊振寧在崑明的七年,打下了堅實的基礎,也基本上決定了他今後研究的主體方向。愛因斯坦、狄拉克和費密是他最崇敬的三位物理學家。1945 年 11 月下旬他到達美國,原希望師從費密,但費密已經離開了哥倫比亞大學,去處不明,使他甚爲失望。幾經周折,最後才在張文裕教授那裡,打聽到費密即將去芝加哥大學的消息。

1946 年初，楊振寧到芝加哥大學註冊，成為研究生。開學不久，他向費密提出，希望在他的指導下，寫一篇實驗論文。但費密的實驗室當時在阿爾貢，楊振寧是外國人，不能進入阿爾貢實驗室。後來，費密介紹楊振寧到 S. K. Allison 的實驗室去工作。當時這個實驗室正在造一台四十萬電子伏的加速器。楊振寧和另外五六個同學，花了大約二十個月的時間，幫助 Allison 造成了加速器。可是，他用此加速器所做的實驗卻不成功。楊振寧接受了 E. 泰勒的建議，放棄實驗，而把當時已差不多寫好的一篇理論文章，作為博士論文。

泰勒對群論在物理中的應用，有很直觀的見解，楊振寧從他那裡學到不少東西。楊振寧的題目為「核反應與關聯測量中的角分布」的博士論文，就是結合了物理見解與群論方法的一項工作。

在芝加哥期間，楊振寧一方面從事粒子物理的研究，一方面繼續發展他對統計力學的興趣。他花了很大力氣，去研讀昂薩格在 1944 年所寫的關於二維易興模型的文章，為了理解順磁化的機制，他還研究了 F. Block 關於自旋波的文章，及 H. A. 貝特 1931 年和 L. Hulthen 1938 年的文章。這一段努力，雖然沒有立刻顯現出成果，卻為他後來的工作打下基礎。

楊振寧認為費密和泰勒二人，特別是費密研究風格的特點，是從物理現象出發，而不是自原理出發；楊振寧稱這種方法為歸納法，對他有很大的影響。他說他在中國學到了推演法，在芝加哥大學學習了歸納法，先後得到了中西教育精神的好處。

楊振寧在芝加哥大學活躍的學術氣氛中，接觸到最有發展前途的一些研究方向。那時正值粒子物理開始新的蓬勃發展，他與同輩的工作者，和這門學科一同成長。在他 60 歲生日的一篇演講＜讀書教學四十年＞中，他說：「（我們）很幸運。」

　　1949 年春，楊振寧申請到普林斯頓高等學術研究所，去做博士後，因包利和朝永振一郎要到那裡，該所還有一批在重正化領域中很活躍的年輕理論工作者。當這個所的所長 J. R. 奧本海默接受了楊振寧的申請之後，費密勸告他在那裡不要超過一年，因爲那裡的物理太抽象了。實際上，費密、Allison 和泰勒已得到芝加哥大學的同意，打算在 1950 年再將楊振寧返聘回來。

　　1950 年春，奧本海默給楊振寧在高等學術研究所繼續工作五年的機會，當時楊振寧有幾種選擇，但最重要的是回不回芝加哥大學。他完全記得費密的告誡：不要在這個研究所呆太久。可是他的女朋友杜致禮，那時正在紐約讀書，離普林斯頓只有一小時的火車路程。所以，他最後決定留在普林斯頓。杜致禮是杜幸明將軍的女公子，楊振寧在崑明西南聯合大學附屬中學教書時的學生。他們於 1950 年 8 月 26 日結婚，生有兩個兒子和一個女兒。長子楊光諾生於 1951 年，次子楊光宇生於 1958 年，女兒楊又禮生於 1961 年。

　　1952 年 12 月中旬，楊振寧收到布魯克海文國家實驗室 Cosmotron 加速器的部主任 G. B. Collins 的信，邀請他訪問布魯克海文一年。Cosmotron 是當時世界上最大的（3 吉電子伏）質子加速器，可以產生 $\pi$ 介子和奇異粒子，不少實驗組在那裡工作，做出了許多有趣的結果。爲此，楊振寧決定接受這一邀請，於 1953 至 1954 年在布魯克海文實驗室工作了一年，1954 年他回到普林斯頓，1955 年晉升爲教授。

　　楊振寧在普林斯頓，自 1949 到 1966 年。前後十七年，他自己說這是他一生中，研究工作做得最好的時期。1965 年春，奧本海默告訴楊振寧，他準備從普林斯頓高等學術研究所所長的職位上退休，他想向董事會推薦楊振寧做他的繼任人。楊振寧告訴奧本海默，自己不想成爲這個研究所的所長。奧本海默讓楊振寧想一想再作決定。經過考慮，楊振寧在一封給奧本海默的信中說：「我不能肯定我會成爲一個好所長，但我肯定不欣賞一個所長的生活。」儘管如此，命運給楊振寧作了一個新的安排。在 1964 至 1965 年間，紐約州政府在紐約州內的大學中，設置了五個愛因斯坦講座教授的職位。紐約州立大學石溪分校校長 J. S. 托爾（Toll）和物理系主任 T. A. Pond，去與楊振寧接觸，希望他接受該校愛因斯坦講座教授的職位。托爾和 Pond 並且希望在石溪分校，建立一個理論物理研究所，由楊振寧當所長。這是一個很小的研究所，管理起來很容易，考慮以後，楊振寧接受了石溪的邀請，於 1966 年到職。

1991 年，本文作者寫信給托爾，托爾在 1991 年 2 月 22 日的回信中說：「楊振寧到石溪分校，是該校發展史上最大的一件事。」「自楊振寧到校後，該校一躍而成爲美國注重研究的大學之前茅。他對全校的研究氣氛，對物理系數學系的教師陣容，對理論物理研究所的研究方向，對學校與社會的關係，都發生了巨大的影響。」石溪分校現任校長 J. H. Marburger，在 1991 年 4 月 1 日給本文作者的回信中說：「楊教授來到石溪，是石溪在發展成爲一個優秀的研究、學術機構過程中的突破，使石溪成爲美國一個優秀的科學中心。」

1971 年夏天楊振寧訪問了中國，這是知名華人學者訪問中國之第一人，爲中美文化交流，爲中美人民之相互了解，起了極大作用，深得毛澤東主席和周恩來總理的贊譽。

楊振寧於 1983 年回憶 1971 年的感受與感想時，說：「（那時）我想我對於中國和美國都有一些認識，而且都有濃厚的感情，在這兩個大國初步接近的形勢下，我認識到我有一個做橋樑的責任，我應該幫助建立兩國之間的了解和友誼。」

確實，楊振寧從 1971 年以來，在這些方面做了大量工作，他於 1977 年出任全美華人協會首任會長，為促進中美建交（1979）做了許多工作。1981 年他在石溪分校設立了 CEEC 獎金，自美國和香港捐資，支持中國各大學和研究所人員，到石溪做訪問學者，迄今已有八十餘人得到此項支持，其中絕大部分已回國到原單位服務。

1983 年楊振寧在香港創立中山大學高等學術研究中心基金會，自任基金會主席。八年以來基金會捐助中山大學一千多萬港幣，支持了中山大學近百項研究項目，並為中山大學建立一座研究大樓。

自 1986 年起，楊振寧接受陳省身教授邀請，在南開大學數學研究所內，組織了理論物理研究室。數年來該室在國際數學物理學界已頗有聲譽。

楊振寧於 1957 年獲得諾貝爾獎，1980 年獲得拉姆福德（Rumford）獎，1980 年獲得美國國家科學獎章。他有多項榮譽學位，也是中國許多大學的名譽教授。

### 三個最重要的研究工作

楊振寧對理論物理學的貢獻範圍很廣，包括粒子物理學、統計力學和凝聚態物理學等領域。他在理論結構和唯象分析等方面他都取得了重大成就。其中楊振寧－米爾斯場論、弱作用中宇稱不守恆的發現及楊振寧－巴克斯特方程，是他對物理學和數學的不朽貢獻。

### 一、楊振寧－米爾斯場論

1952 年楊振寧在訪問布魯克海文期間，和 R. L. 米爾斯一起提出了非阿貝爾規範場的理論，即著名的楊振寧－米爾斯場論。這種場與稱爲阿貝爾規範場的電磁場不同，是一種有非線性相互作用的場，場強爲

$$F_{\mu\nu}^{\alpha} = \partial B_{\mu}^{\alpha}\Big/\partial x_{\nu} - \partial B_{\nu}^{\alpha}\Big/\partial x_{\mu} + gC_{abc}B_{\mu}^{b}B_{\nu}^{c} \tag{1}$$

拉格朗日爲

$$\pounds = -1/4 F_{\mu\nu}^{\alpha}F_{\mu\nu}^{\alpha} \tag{2}$$

　　這種場與其他粒子的相互作用，也由規範不變性原理確定了。當楊振寧還在芝加哥讀研究生時，就已經對電荷守恆理論，與在相因子變換下拉氏量不變性的關係感到興趣。當時，實驗上已發現許多粒子，這些粒子之間的相互作用，十分複雜。他認爲須要有一個原理，將它們之間的相互作用確立下來。那時，他就想把相因子變換下的不變性，推廣到同位旋守恆的情形中去。他嘗試過許多次，都在建立方程(1)時遇到困難。1953 至 1954 年，楊振寧訪問布魯克海文時，他又再一次回到這個問題上。當時米爾斯與楊振寧共用一個辦公室。那時米爾斯是哥倫亞大學 N. 克羅爾(Kroll)教授的博士研究生，即將完成他的博士論文。楊振寧邀他一同研究這個問題。他們於 1954 年 2 月，初步完成對此問題的研究。文章於 6 月底寫好，10 月初在《物理評論》（*Physical Review*）上發表。

　　這篇文章引進了非阿貝爾規範不變性及與其相關的規範場論，這是劃時代的工作，爲整個粒子物理學，奠定了以後發展的最基本的原理與方程。自然界中存在四種基本相互作用：強作用、電磁作用、弱作用和相引力。現在知道，傳遞這些作用的，都是楊振寧－米爾斯場。

　　縱觀三百年來物理學的整體發展，我們才可以了解楊振寧－米

爾斯場論在歷史上的地位。自伽利略與牛頓以來，物理學發展的精神，是將物理世界的萬千現象，歸納爲一些定律，最後濃縮這些定律爲準確的基本方程。所以這些方程是物理學中精華的精華。本文作者之一曾指出，三百年來共有九組這種基本方程：(1)牛頓的運動與引力方程；(2)熱力學第一與第二定律；(3)麥克斯韋方程組；(4)統計力學的基本方程；(5)狹義相對論方程；(6)廣義相對論方程；(7)量子力學方程；(8)狄拉克方程；(9)楊振寧－米爾斯方程。

楊振寧－米爾斯場論在數學上，也造成很大衝擊。數學家用楊振寧－米爾斯場作爲工具，去揭示微分流形的性質。對四維微分流形，楊振寧－米爾斯場方程有一類特解，稱爲瞬子解，瞬子解形成了一個參數空間。近年來 S. Donaldson 在 M. F. Atlyah、C. H. Taubes 和 K.烏崙貝克（K. Uhlenbeck）工作的基礎上，通過這個參數空間，去研究四維微分流形的拓撲結構，得到了 Donaldson 定理。這個定理與原有的費雷德曼定理相結合，導致了四維歐氏空間上存在奇異微分結構的重大發現。爲此，Donaldson 獲得了 1986 年的菲爾茲獎。

## 二、弱作用中宇稱不守恆的發現

在 50 年代中期，粒子物理研究十分活躍。主要研究方向是了解許多新發現的粒子的性質：它們的電荷、自旋、質量、衰變等。在這些研究中，出現了所謂 $\theta$-$\pi$ 之謎。$\theta \to \pi\pi$ 與 $\tau \to \pi\pi\pi$ 最初以爲是兩種粒子。因爲最簡單的想法是給予它們不同的宇稱。後來發現，這種簡單想法，確實與許多實驗數據相符合，所以 $\theta$ 與 $\pi$ 應該是不同的粒子。可是同時，又有許多不同的實驗數據指出，二者應當是同一種粒子，這就產生了 $\theta$-$\pi$ 之謎。1953 至 1956 年間，這個問題漸漸地被認爲是粒子理論中的關鍵問題。

　　楊振寧和李政道當時對這個問題十分注意，1955 年底到 1956 年初，他們探索了許多解 $\theta$-$\pi$ 之謎的道路，都沒有成功。其中一條道路是提議宇稱不守恆。1956 年 4 月 3 日到 6 日的羅契斯特會議上，楊振寧在回答 R. P. 費因曼的問題時說，他和李政道曾研究過此道路，但未得具體結果。

　　未得具體結果的原因，現在看來是當時他們以及所有的物理學家都沒想到關鍵：宇稱不守恆只在弱相互作用中發生。不但沒有想到這一點，而且還有誤解，以為過去的 $\beta$ 衰變實驗中的宇稱選擇定則，已證明了宇稱守恆，所以 $\theta$-$\pi$ 之謎沒有解答。

　　1956 年 4 月底 5 月初的一天，楊振寧和李政道在紐約一家中國餐館吃午飯時，忽然想到了這一關鍵。之後的兩三個星期裡，他們通過許多計算，證明過去的 $\beta$ 衰變實驗中的宇稱選擇定則，原來都不夠複雜，都不能證明在 $\beta$ 衰變中宇稱守恆。為檢驗這種想法，他們提出了幾類新實驗。

　　他們的分析於 1956 年 6 月寫成預印本，後發表於《物理評論》。這篇文章，未被當時的物理學界所贊同。包利在寫給 V. Weisskopf 的一封著名的信中說：「我不相信上帝是一個無能的左撇子……」對於實驗物理學家來說，由於他們所建議的實驗，都不簡單，而大家又不相信他們解決 $\theta$-$\pi$ 之謎的方向是對的，所以很少人動手去做他們提出的那些實驗。

　　哥倫比亞大學的吳健雄是 $\beta$ 衰變實驗研究的名家，她獨具慧眼，決定與國家標準局的一位低溫物理學家合作，去做楊振寧、李政道建議的一個實驗。半年之後，於 1957 年初，吳健雄公布了他們的實驗結果：在 $\beta$ 衰變中，宇稱確實不守恆。這項結果引起了全物理學界的震驚。因為它關係到一個普遍的結論：弱相互作用有許多種，$\beta$ 衰變只是其中一種，既然在 $\beta$ 衰變中宇稱不守恆，那麼宇稱在其他弱作用過程中，也不守恆。各個實驗室都競相做其他的弱相互作用實驗。兩三年以後證實，基本上，在所有的弱相互作用中，宇稱都不守恆。

這一項成就爲楊振寧、李政道二人贏得了 1957 年諾貝爾物理獎，也直接或間接促進了以後十年間基本粒子物理學界對對稱性的多方注意。

## 三、楊振寧－巴克斯特方程

1967 年 11 月與 12 月，楊振寧寫了兩篇文章，討論下面一個極簡單的一維空間量子多體問題。

$$H = \sum_i P_i^2 + 2c \sum_{i>j} \partial(x_i - x_j) \qquad (3)$$

他發現，這個問題可以完全解決，其中一個極重要的方程是

$$A(u)B(u+v)A(v)=B(v)A(u+v)B(u) \qquad (4)$$

在這個方程中，$A(u)$ 與 $B(v)$ 是兩個矩陣，$u$ 與 $v$ 是兩個變數。自方程(3)，他很自然地得到了 $A(u)$ 與 $B(v)$，證明它們符合方程(4)。反過來，用方程(4)證明原來的多體問題，可以完全解決。1972 年 R. J. 巴克斯特(Baxter)在一個二維空間經典統計力學問題中，也發現了方程(4)的重要性。1981 年，此方程被命名爲楊振寧－巴克斯特方程。近五、六年來，人們發現楊振寧－巴克斯特方程，在物理和數學中有極廣泛的意義，它是置換群結構的一類推廣。

就目前所知，楊振寧－巴克斯特方程與下列物理數學領域有密切關係。

物理：一維量子力學問題；

　　　　二維經典統計力學問題；

　　　　共形場論。

　　數學：結理論和辮子理論；

　　　　算子理論；

　　　　霍普夫（Hopf）代數；

　　　　量子群；

　　　　三維流形的拓撲。

　　1990 年 8 月在日本京都的國際數學大會上，四位菲爾茲獎獲獎者中，有三位的工作都與楊振寧－巴克斯特方程有關。一般相信，此方程是一個基本數學結構，將會在物理與數學方面有，更廣泛的應用。

## 四、其他研究工作

　　楊振寧幾十年來的研究工作，既深且廣，發表了二百多篇論文。除上述三個極重要的工作以外，他還做了多項重要工作，下面簡單介紹其中幾項。選擇這些項目基於如下的考慮：(1)長久的重要性，(2)當時的重要性，(3)美妙的觀念或方法，與楊振寧自己對它們的偏愛，(4)特別能顯示出他的風格的。

### 1.粒子物理學

　　(1) 弱作用的強度

　　　　1949 年楊振寧、李政道和 M. Rosenbluth 寫了一篇關於各種弱相互作用強度的文章，此文和其他人一些差不多同時發表的文章，共同奠定了四種相互作用的分類，沿用至今。

　　(2) 費密－楊振寧模型

1947 年，$\pi$ 介子、$\mu$ 介子相繼發現，當時大家普遍相信它們都是基本粒子，費密和楊振寧寫了＜介子是基本粒子嗎？＞的文章。文中，他們提出 $\pi$ 介子可能是核子和反核子的束縛態。這個工作後來被稱為費密－楊振寧模型。這篇文章是研究強子結構的先驅。

(3) G 宇稱

1955 年秋，柏克萊實驗室發現了反質子。根據這一發現，楊振寧和李政道將電荷共軛對稱，和同位旋對稱合起來，提出了 G 宇稱的概念，並確立 $\pi$ 介子的 G 宇稱是-1，從而簡明地證明了，強作用中的一些選擇定則。G 宇稱是粒子物理基本量子數之一。

(4) 電荷共軛與時間反演不守恆

1956 年 8 月楊振寧收到了芝加哥大學 R. Oehme 的信，此信是 Oehme 看了楊振寧和李政道關於宇稱不守恆的預印本後寫的。此信導致了他們三人於 1956 年底所寫的一篇文章，文中將宇稱不守恆的考慮，推廣到電荷共軛不守恆，與時間反演不守恆。這篇文章奠定了以後討論 $\beta$ 衰變中三種不守恆現象的基礎。這與後來 1964 年 CP 不守恆的分析，有密切關係[見下面（8）]。

(5) 二分量中微子理論

宇稱不守恆的發現，導致楊振寧和李政道建議用 H.魏耳（Weyl）的二分量理論，描述中微子。差不多同時，A.薩拉姆和蘭道也分別寫了文章，提出類似的建議。本文在後面還將比較這三篇文章，以顯示出楊振寧、李政道工作與薩拉姆、蘭道工作的不同風格。

(6) 高能中微子實驗分析

　　1959 年秋，李政道和楊振寧對如何能得到更多的關於弱作用的數據，發生興趣。受了李政道的影響，哥倫比亞大學的 M. 施瓦茲（M. Schwartz，美國物理學家，1988 年諾貝爾物理學獎得主。譯注）提出了做中微子束流實驗的想法。這是一個重要的提議，引導出後來的許多中微子實驗。關於中微子實驗的第一篇理論分析文章，就是李政道與楊振寧在 1960 年寫出來的。

(7) 中間玻色子的研究

　　早在 30 年代，湯川秀樹就曾經討論過中間玻色子傳遞 $\beta$ 衰變的可能性，上面所提到的 1949 年楊振寧與李政道和 Rosenbluth 的文章，也討論了這一可能性（今天我們知道，傳遞弱相互作用的，確實是中間玻色子，即 $W^{\pm}$ 與 $Z$；而它們都是規範場）。1957 年夏天，繼宇稱不守恆的發現，$\beta$ 衰變成了熱門題目。1957 年 4 月 15 日到 19 日的羅契斯特會議上，在 J. Tiomno 演講後，楊振寧說：「如果 $\beta$ 衰變是矢量相互作用，而不是標量相互作用，人們應問一個問題，這是否與一些矢量場有關。而這些矢量場產生於定域守恆定律的概念。」他在這裡所說的定域守恆定律概念，就是 1954 年他和米爾斯所引進的概念。在粒子物理領域中，這是第一次把規範場和弱作用玻色子聯繫在一起。

　　上面(6)所提到的關於高能中微子實驗的理論文章裡，楊振寧、李政道也討論了中間玻色子，他們把它取名為 W。之後的兩年裡，他們對中間玻色子的性質，做了許多唯象的與結構性的工作。

(8) CP 不守恆的唯象分析

1964 年 CP 不守恆現象在實驗中發現以後，從理論角度探討這一現象的文章，多得不得了，眾說紛紜，見仁見智，說得神乎其神。楊振寧和吳大峻不理會那些玄而又玄的幻想，做了腳踏實地的唯象分析。他們自上面（4）中所說的文章開始，利用 CP 不守恆是極弱的現象，把 $K\text{-}\bar{K}$ 衰變中不同數量級的、可以測量的參數，和它們之間的關係，整理清楚。這篇文章引進的概念與參數（如 $K_L$，$K_S$，$\eta_\pm$，$\eta_{00}$，$A_2/A_0$ 等），都是後來關於這一問題的實驗與理論研究的基礎。

(9) 規範場的積分形式與纖維叢

1974 年楊振寧寫的一篇文章與 1975 年楊振寧和吳大峻寫的另一篇文章，澄清了量子力學中，電磁場的基本意義，澄清了 Aharonov-Bohm 實驗的拓撲意義，從而澄清了規範場與微分幾何中，纖維叢的關係。1975 年的文章中，有一個「字典」，列出規範場語言和纖維叢語言的關係。這個「字典」引導出數學家對規範場的興趣。上面所提到的瞬子解，及後來 Donaldson 的工作，都與此發展有直接關係。

纖維叢的概念與拓撲學有密切關係，所以近年來場論的發展中，拓撲概念佔了很重要的位置。

(10) 幾何模型

自 1967 年以來，楊振寧和鄒祖德、閻愛德發展了高能碰撞中的幾何模型。這是一個唯象的理論，與角動量守

恆有密切關係。二十多年來，這是一個很成功的模型，引
導出許多現在普遍採用的概念，如裂片，極限裂片，對 KNO
Scalling 的解釋，對彈性散射的分析等。

**2.統計力學**

(1) 自發磁化強度和臨界指數

　　1949 年 11 月初，在一次討論中，楊振寧得知 B. Kaufman
已將昂薩格的二維易興模型的嚴格解簡化了。楊振寧對
Kaufman 使用的數學很熟悉，所以終於徹底理解了昂薩格
的解法。1951 年 1 月，楊振寧認識到，Kaufman 的方法可
以用來計算自發磁化強度，但計算步驟很複雜。他做了一
生中最長的計算，經過六個月的努力，最後得到很簡單的
自發磁化的表達式，發表了一篇很有名的文章。1952 年楊
振寧在訪問西雅圖時，建議張承修推廣此文，計算一個長
方模型中的自發磁化。張承修完成了此一工作，發現長方
模型與正方模型的臨界指數，都是 1/8，所以張承修猜測，
臨界指數有普遍性，可謂開了此重要想法的先河。

　　那時二維易興模型的理論結果，不能由實驗證實。80
年代以來，由於技術的進步，情況有了改變。1984 年陳鴻
謂做了很漂亮的實驗，證明臨界指數確是 1/8，與理論結果
符合。

(2) 液態相變的研究與單位圓定理

　　易興模型工作之後，楊振寧利用他得到的結果討論了
「晶格氣體」的相變。1951 至 1952 年間，他和李政道寫
了兩篇關於相變的文章。這兩篇文章澄清了液－氣相變的
基本原因，迫使先前認為這種相變，是維裡級數的性質的

物理學家，放棄他們原先的想法。

　　這兩篇文章引進了複逸度概念，證明了一個很漂亮的「單位圓定理」，此一貢獻後來在統計力學和場論裡，都有很大影響。

(3) 貝特假設的發展

　　爲了研究非對角長程序與「晶格氣體」中的量子影響，楊振寧於 60 年代初，回到他曾經研究過的 1931 年貝特的工作，這一次，他和楊振平重新研究貝特的方法。貝特的方程和後來別人的文章裡面的方程，十分複雜，不容易看出這些方程解的性質。楊氏兄弟發現，如果把貝特的 arcctg $\alpha$ 函數用 arcctg $\alpha = \dfrac{\pi}{2}$ - arctg $\alpha$ 換成 arctg $\alpha$ ）則可以用連續性的性質控制方程的解。這個很簡單的辦法，導致了貝特方法的重要突破。

　　1966 年到 70 年代初，楊振寧、楊振平和前者的博士生 B.薩瑟蘭，用貝特方法，研究了許多統計力學模型，寫了十幾篇文章。其中最有名的一篇，是上面所提到的楊振寧－巴克斯特方程的那一篇。其他的好幾篇文章，也都很有新意，影響甚大，是這一門學科研究方向中的經典著作。

**3.凝聚態物理學**

(1) 磁通量量子化的解釋

　　1961 年春，楊振寧在史丹佛大學訪問了幾個月，那時 W. M. Fairbank 和 B. S. Deaver 正在做超導體的磁通量量子化的實驗。這是 F. London 和昂薩格分別於 1948 年和 1955 年討論過的問題。可是楊振寧和 N. Byers 研究此問題後，發現 London 與昂薩格的直覺想法雖妙，可是物理論據不正確。楊振寧和 Byers 指出，正確的解釋，要用波函數的單值性，和 BCS 的超導理論。關於楊振寧和 Byers 文章的重要性，請參看布洛赫的有關論述。

(2) 非對角長程序（ODLRO）的概念

　　50 年代對量子力學中多體問題和超流氦的興趣，使楊振寧領會到，玻色－愛因斯坦凝聚的重要性，1961 年對超導磁通量量子化的研究，也使他認識到超導中 BCS 理論的重要性。可是楊振寧覺得，費密子的玻色－愛因斯坦凝聚這一概念過去沒有清楚的分析。1961 至 1962 年他對此作了深入的研究，寫了一篇關於非對角長程序概念的文章。這是一篇既有數學深度，又有物理深度的文章，也是楊振寧自覺得意的文章。

(3) 關於 Aharonov-Bohm 實驗的建議

　　楊振寧對 Aharonov-Bohm 實驗的興趣，和他對磁通量在超導圈中量子化現象的研究，使他在 1983 年的國際量子力學研討會(ISQM)上，建議外林用超導圈做 Aharonov-Bohm 實驗。此建議導致了外林 1986 年極漂亮的實驗。到 1991 年為止，這是最準確的 Aharonov-Bohm 實驗。

**4.物理學史**

　　楊振寧寫了不少關於近代物理學的發展，與關於愛因斯坦、薛定諤、魏耳等人工作的科學史文章。他認為對於中國近代物理學先驅們的工作，以往的介紹不夠準確，既失之籠統，又顯得幼稚。為此，近年來楊振寧有意識地在這方面做了一些努力，他與本文作者之一合作寫了一篇關於趙忠堯先生的文章，和一篇關於王淦昌先生的文章。他認爲這一類工作，還應該多做。

## 楊振寧的特性、個性、爲人

　　楊振寧的工作最引人注目的特徵是眼光深遠，善於做一、二十年以後才爲別人注意的題目。1954 年關於規範場的工作，二十多年以後，大家才認識到它的奠基性的價值。1967 年的楊振寧－巴克斯特方程，也幾乎在二十年以後，才被大家認識。並且這兩項工作，都會在今後幾十年內，繼續發生重大影響。選擇做這種工作的秘訣在那裡？本文作者曾以此，就教於楊振寧。他說，第一，不要整天跟著時髦的題目轉，要有自己的想法。第二，要小題目、大題目都做。專做大題目的人不容易成功，鑽入牛角尖還會有得精神病的危險。規範場雖然是大題目，可是 1967 年做的楊振寧－巴克斯特方程，卻是小題目。那麼小題目怎麼變大了呢？這就是第三，要找與現象有直接簡單關係的題目，或與物理基本結構有直接簡單關係的題目。楊振寧－巴克斯特方程之發現，起源於公式(3)的問題，那是最簡單、最基本的量子多體問題。研究這種問題，容易得出有基本價值的成果，研究這種問題的方法，容易變成有基本價值的方法。

　　本文作者問楊振寧，在他的研究經歷中，有沒有失敗的地方？他說當然有，最重要的是他在 60 年代，沒有掌握對稱性之自發破缺的重要性。「我那時不喜歡自發破缺，有一套原因，現在看起來是錯的，在我《選集》一書第 67 頁上，有關於此點的討論。」

　　楊振寧喜歡做開創性的工作，喜歡走進新領域。這種取捨是否有缺點？楊振寧說：「當然有，不過天性如此，不能勉強。」

　　1986 年 6 月 4 日楊振寧在北京和許多研究生談話，講到他認為做物理研究之三要素是三個 P：Perception，Persistence，Power，即眼光、堅持與力量。他解釋，三者缺一不可，但以眼光與力量為重要，有了此二者，堅持是自然的事。依據這個看法，我們衡量楊振寧的工作，發現確實是三者具備：他的眼光深遠是驚人的，他的堅持能力，可以從規範場的工作，和 1952 年自發磁化強度的計算看出，他的力量，則在許多工作中顯示出來。1956 年的宇稱不守恆工作，充分顯示出他分析物理問題的力量；1962 年關於非對角長程序的文章，則同時顯示了他研究物理和研究數學的力量。

　　揚振寧常常向他的學生們講直覺的重要，而且強調，直覺是可以經過訓練而加深的。他說一個人，無論是大學生、研究生，還是教授，都應當培養自己的直覺，相信自己的直覺。如果發現直覺與現象、原理或新知識衝突，那是最好的深化自己直覺的時候，這時如果能把衝突原因弄清楚，會有更上一層樓的效果。這是不容苟且的事情，馬馬虎虎、隨隨便便就相信書上的，或別人的話，是要不得的。

　　古人說「文如其人」，用在楊振寧身上很恰當：認識楊振寧的人都知道，他待人以誠，從不投機取巧、仗勢欺人或譁眾取寵。看他的文章，也有同樣的感受。他的文章裡，沒有花言巧語，沒有故弄玄虛，沒有無的放矢，處處都是真槍實彈地在打硬仗。他的文章，有的寫得很容易讀，例如關於宇稱不守恆的那一篇。可是在數學用得多的文章中，他通常寫得太濃縮，使讀者望而生畏，例如非對角長程序一文，則很不容易了解。顯然他在寫後一類文章時，把數學推理放在第一位，而把讀者的感受放到末位。

　　楊振寧喜歡陳師道《後山詩話》中講的「寧拙毋巧，寧樸毋華」，他說這也是他做學問的態度。

楊振寧的科學論文雖然有時嫌過於濃縮，但從不給讀者倉促成稿的印象。關於這一點，最好的例子是前面提到過的二分量中微子理論。那時先後發表的三篇文章：薩拉姆的、蘭道的、楊振寧與李政道的，三者的主體結果一樣。可是楊振寧、李政道的文章，旁及其他問題，考慮周詳，尤其重要的是，他們討論了細緻平衡，從而指出當時的中微子截面實驗結果是錯誤的。而其他兩篇文章，則沒有考慮到這一點。楊振寧寫論文是很謹慎的，這也許是他在 1983 年出版的《選集》序言中引用杜甫詩句「文章千古事，得失寸心知」的原因吧。

楊振寧喜歡幫助別人，在芝加哥大學做研究生時（1946－1948），就已經是有名的學生／老師，1985 年，他的同班同學斯坦伯格（J. Steinberger，美國物理學家，1988 年諾貝爾物理學獎得主。譯注）回憶那時的情形時，這樣說：「在我們中間，最令人印象深的學生／老師是楊振寧，他來自戰時的中國，雖然只有二十四歲，可是已經熟悉了全部的近代物理。」米爾斯在一篇關於他和楊振寧1954 年怎樣合作的文章中，寫道：「（我）與楊振寧在同一辦公室工作。楊振寧當時已在許多場合中表現出了他對剛開始物理學家生活的年輕人的慷慨，他告訴我，關於推廣規範不變性的思想……」

楊振寧的研究生數目不多。他在普林斯頓高等學術研究所時，沒有研究生。後來到了石溪，許多人以為他會收很多研究生，可是他沒有這樣做。他說他不是「帝國的建造者」（Empire Builder），而且他「沒有很多好題目給研究生做」。迄今跟他做博士論文的不到十人，其中最有名的是趙午。楊振寧說他很得意的一件事是 1974 年趙午得到博士學位前後，他硬迫，或幾乎硬迫趙午改行去研究加速器理論。楊振寧回憶道：「趙午能力很強，可是我說粒子理論一行裡，粥少僧多，每年每人做出有意義的結果很少。相反地，加速器原理裡面，有很多問題，可是年輕人都不曉得這一行，不知道其中粥多僧少。」趙午改行後極為成功，很快即聞名於世界。

**本文作者：李炳安和鄧越凡為美國紐約州立大學石溪分校應用數學系教授。**

**註　　解：**

① 楊振寧的出生日期，在 1945 年的出國護照上，誤寫為 1922 年9 月 22 日。

# 第二十八章　附錄：基本物理學的精髓 －九組方程式[①]

李炳安

　　物理學是自然科學的重要部分，內容極其廣泛，小至基本粒子，大到宇宙，都受物理學基本規律的支配。今日物理學的基本規律，由九組方程式表示，它們是物理學的精髓，是物理學家傳世的衣缽，是宇宙結構的詩篇。本文簡略介紹此九組方程式。

## 一、力學和引力

　　牛頓力學的運動方程式

$$m \frac{d^2 x}{dt^2} = F$$

　　牛頓萬有引力方程式

$$F = -G \frac{m_1 m_2}{r^2}$$

　　這兩個方程式奠定了力學、引力學和天文學的基礎，是牛頓（Issac Newton，1642－1727，生於英國）於 1687 年發表的。

## 二、電磁場

　　電磁場方程包括下面四個方程，

$$\nabla \cdot E = 4\pi \rho$$

$$\nabla \cdot B = 0$$

$$\nabla \times E = -\frac{1}{c} \frac{\partial B}{\partial t}$$

$$\nabla \times B = \frac{1}{c}\frac{\partial E}{\partial t} + \frac{4\pi}{c}j$$

這四個方程式是電磁學的基礎，是麥克斯韋（James Clerk Maxwell，1831－1879，生於英國）於 1864 年發表的。

## 三、熱力學

熱力學的第一定律為

$$\Delta U = Q - W$$

是焦耳（Jemes Prescott Joule，1818－1889，生於英國）於 1850 年確立的。

熱力學的第二定律為

$$Q \leq T \, \Delta S$$

是克勞修斯（Rudolf Clausius，1822－1888，生於德國）和開耳芬（Lord Kelvin，1824－1907，生於英國）分別於 1850 年和 1851 年提出的。

## 四、統計力學

統計力學的基本方程

$$S = k\ln W$$

是玻耳茲曼（Ludwig Boltzman，1844－1906，生於奧地利）於 1872 年提出的。

## 五、狹義相對論

狹義相對論原理是關於空間和時間的理論，它的基本方程

$$ds^2 = dx^2 + dy^2 + dz^2 - c^2 dt^2$$
$$= ds'^2 = dx'^2 + dy'^2 + dz'^2 - c^2 dt'^2$$

是愛因斯坦（Albert Einstein，1879－1955，生於德國）於 1905 年提出的。這組方程奠定了了解電磁場方程（見上文）的基本觀念。

## 六、廣義理對論

$$R_{\mu v} - \frac{1}{2} g_{\mu v} R = -8\pi \, GT_{\mu v}$$

是愛因斯坦於 1916 年提出的，這組方程修改了牛頓的時空觀念，也修改了牛頓的引力方程（見上文）。

## 七、量子力學

$$pq - qp = -i\hbar$$

$$i\hbar \frac{\partial \psi}{\partial t} = H\phi$$

　　量子力學是海森堡（Werner Heisenberg，1901－1976，生於德國）和薛丁格（Erwir Schrödinger，1887－1961，生於奧地利）於 1926 年創立的。量子力學描述微觀世界物質運動的規律。

## 八、電子方程

$$\{Cp \cdot \alpha + mc^2 \beta\} \phi = E\phi$$

　　是狄拉克（Paul Adrien Maurice Dirac，1902－1984，生於英國）於 1928 年提出的相對論電子的量子力學理論，奠定了今日對電子了解的基礎。

## 九、規範場論

　　規範場方程

$$F_{\mu v} = \frac{\partial B_v}{\partial X\mu} - \frac{\partial B_\mu}{\partial X_v} + g\,[B_\mu , B_v]$$

$$L = -\frac{1}{4}\,\mathrm{Trace}\ F_{\mu v}\,F^{\mu v}$$

是楊振寧（1922－，生於中國）和米爾斯（Robert Laurence Mills，1927－，生於美國）於 1954 年提出的，這組方程奠定了今日對宇宙一切力的結構的了解。

要認識以上九組方程式在物理學中的重要性，我們可以從橫的角度、也可以從縱的角度來討論。從橫的角度來看，它們是今日物理學極廣泛的各領域的基礎。從縱的角度來看，它們是物理學發展史中的里程碑。

**本文作者：李炳安**

**註　解**

① 摘自張曼美編《楊振寧談科學發展》，美國八方文化企業公司出版，1992。

# 第二十九章 論物理學中的風格和品味

馬克斯・德累斯頓(Dresden, M.)

　　大約五十多年前，阿姆斯特丹大學一位數學教授無意間做的一番評論，至少在一個學生的心中，留下了永久的印象。這是一堂關於複變函數論的普通課程。臨近下課時，那位教授談論複變函數方法的巨大威力，說輪廓積分非常重要。為了說明如何應用這一技巧，他舉了 $\sum \frac{1}{n^2}$ 這個級數求和為例子。經過一陣演算，他得到了 $\frac{\pi^2}{6}$ 的結果。停頓了一會兒，最後他問大家，是否對這個結果有深刻的印象？

　　像當時歐洲所有的大學生那樣，大家不情願回答任何問題。沒有人出聲。教授又問：這個結果是誰求得的？同樣無人回答。又過了好一會兒，教授解釋說，伯努利家三兄弟[1]，尼古拉斯、丹尼耳和約翰花了大約十年時間鑽研這個問題，沒有成功。

　　哥哥尼古拉斯死於 1740 年，歐拉在幾年之後，成功地求得了這個結果；弟弟丹尼耳是歐拉的好朋友。當他知道他們兄弟花了這麼多時間去鑽研的問題，實際上是可解的，而且得到的竟然是這樣一個簡單又出人意料的結果，不禁感嘆道：「要是尼古拉斯能活著看到這一切該多好啊！」又停了一會，教授補充說道：「請大家把這作為數學裡巴洛克風格的一個極端例子，記在腦子裡。數學的發展早已越過這種裝門面的時期了。在現代，再沒有一位數學家會花這麼多精力去求解一個使用一些技巧，就能解決的問題。」（這位教授是個拓撲學家）他的這番議論，是出人意料的，隨後公認數學和科學中，存在風格和時尚，這也是出人意料的。許多科學家有十分明顯的好惡感，他們的好惡反過來對他們的科學判斷和科學研究方式，會產生顯著的影響，這又是一個出人意外的事實。

事情終於開始明白，個人對什麼是科學或科學應該是什麼的觀點，和他的實際科研成果之間，存在相當錯綜複雜的關係。為了深入分析這些關係的性質，已發表（以及未發表）許多詳細調查的材料。

我們對各個物理學家的風格、品味和他實際從事的研究類型之間的準確關係，做了相當廣泛的研究，本文是這項研究的初步報告。這種準確關係並不容易分析，因為它涉及科學家之間的關係，以及科學家為自己所設定的目標等等，資料常常不夠完整，又不得不作主觀的價值判斷，所有這些，都導致一幅游離不定的圖象。

這項研究的一個明顯困難，就是物理學家們只有在極少數場合，才會表露他們潛在的哲學或意識形態的籠統觀念。這往往是諸如葬禮、就職演說和各類紀念活動等禮節性場合。不難理解，這樣所得到的，只是一些零散的評論，而不是系統而有組織的論述。再者，這種評論只提供科學家思維過程有意義的一瞥，從這一點上說，是有價值的，但不能構成分析的全部基礎。

然而，有數量相當驚人的科學家，不僅僅研究這類偶然的評論，他們對物理學家進行了精心的分類。在這樣做的時候，他們不僅闡述不同物理學家鮮明的最終目標，而且對他們的方法、途徑和動機，進行歸類和評估。

應該看到，存在著有許多明顯差別，並且互不相容的分類方法，各自使用不同的分類標準。結果，就某一特定的分類方法而言，並沒有物理學家獨一無二的特性。這種特性也並非特別令人嚮往。這一暗示的主要目的是為了強調，未直接表達出來的內心想法，往往

對看起來很有意義的問題，有著多麼強有力的影響，它們往往決定
個別科學家潛意識的辦事日程，因此並沒有令人偏愛的分類辦法，
可以包含什麼結果是重要的、什麼結果是相關的等，這樣高度個人
化的態度，這是毫不奇怪的。關於什麼結果構成重大進展，或是無
足輕重的偏離，還是裝模作樣的胡說八道，也沒有一致意見。

本文的第一節包括許多零碎的講話和互不關聯的評論，全都企
圖說明，研究個別物理學家的風格是可能的，並且往往可以由此得
出有意義的結論。儘管不可能期望這類研究會產生出新的物理學，
它們卻常常出人意料地，讓我們可以窺見物理學家發展成長的內部
情形，給人以啓迪。

第二節列舉了一些不同的風格。顯然物理學家存在無數個別的
差異，例如，對一般原理，從完全冷漠，到奉爲教條，所在都有。
當然還存在許許多多別的差異，但幾乎所有的物理學家都有著某種
未加分析的偏見，引導和決定著他們研究計畫的性質。

第三節是這篇論文內容最廣泛的部分，提出並討論了幾種嚴肅
和近乎嚴肅的分類辦法。物理學家在界定不同類型的研究人員的時
候，他們之間的各種差別，變得十分簡單明瞭。

第四節對費米和海森堡，楊振寧和烏崙貝克（Uhlenbeck）這兩
對重要的物理學家，進行了實際比較。儘管討論非常倉促，但是，
即使處理同樣的問題，他們各自的風格，引導他們採取不同的物理
方法和截然不同的數學手段，這一點已經十分清楚。

此處應該強調，這篇論文是對正在進行的研究，所作的初步的、
幾乎是臨時性的報告。但是它所包羅的信息，應足以顯示，在物理
學界對個人的品味、風格與所完成研究類型之間公認的模糊關係，
進行認真的研究，是重要和值得的，而且對於物理學的完整評價是

極端必要的。

## 一、爲什麼風格是一個正當的論題

　　風格、品味、個性等問題，似乎是不可能與物理學有任何關係的。物理學畢竟是試圖以已經確定的、可證實的原理爲基礎，對宇宙進行實驗性客觀描述的科學。個性成分不被認爲會與它有牽連，而且完全可以肯定，它不會起著有意義的作用。

　　目前各種研究期刊爲公眾所接受的風格，似乎證實了這一點。大多數論文寫作，極有規範，純粹是描述性的。章節的劃分符合傳統，依序是引言，被研究的問題，建議採用的新方法，所使用的儀器，推算過程，最後是結果、分析和結論。每句話都經刪節、濃縮，合乎慣例，一絲不苟。任何輕浮、幽默、笑話、個人反應等，統統被高度警覺、鐵面無私的編輯，無情地刪掉，因此不可能有人懷疑一份嚴肅刊物的莊重地位。

　　所有這一切束縛，都使論文沒有輕鬆的個人情調，往往枯燥無味。因此，還有什麼口味和個人風格可言呢？在這種受到嚴厲僵硬限制的制度中，研究人員的個性，怎麼能夠有所表現呢？

　　任何科學研究總是肇始於對許多問題的思考，認識這一點是重要的。研究人員一開始便被迫作出一連串選擇。什麼問題重要？哪一些是細節？物理學中還有其他附加的考慮。對現存理論來說，討論什麼問題可能會有收益？用現存實驗工具，可以研究什麼問題？因此，問題的選取，預想的框架類型，可接受的解答的必要條件等等，全都帶著明白無誤的個人烙印。越是普遍和深刻的問題，這些個人預測越明顯。楊振寧（1982）對有關個人品味，作了非常透徹而簡潔的論述：

「物質世界具有結構，而一個人對這些結構的洞察力，對這些
結構的某些特性的偏愛，對另一些特性的憎厭，正是他形成個
人風格的要素。因此，好惡和風格之於科學研究，就像它們對
文學、藝術和音樂一樣，至關重要，這其實並不是稀奇的事情。」

十九世紀偉大而且敏銳的物理學家玻耳茲曼，對科學家在研究
中的個性表現說得甚為明白：

「一位音樂家聽了頭幾個音符，即可以認出他心目中的莫扎
特、貝多芬、舒伯特，同樣，一位數學家或物理學家，讀過文
章的頭幾頁，就可認出他的 Cauchy、高斯、雅可俾、Helmholtz、
Kirchhoff。法國的文章作者們通過極其正板的優雅筆觸，洩露
自己，而英國人，尤其是麥克斯韋，則以戲劇感揭示自身。」

研究人員選取這一途徑而摒除另一途徑，繼續研究一個問題，
或是轉移到另一個問題，在作這種選擇的時候，個人喜愛便進入到
研究中來了。

有的時候，這些相當具體的選擇，在大型設計上，是被接合在
一起的，但是總通過明智的選擇，加進了個人口味。玻耳茲曼關於
科學風格與音樂風格一樣明顯的話，也許說得太重了一點。可以想
像，只要所說的物理學家和音樂上的貝多芬、莫扎特、舒伯特，或
者和美術上的倫勃朗、梵谷、畢卡索一樣有名氣，那麼，這個說法
也許是真實的。

但是研究的範圍越確切具體和平凡，個人的影響便傾向於愈
小、愈隱蔽，這似乎是清楚、合理的。從某位作曲家如何處理諸如

轉調、林間風聲的運用等次要的技術細節，人們往往就可認出一種音樂風格。畫家常常通過顏色組合的使用、透視，甚至（而且經常！）通過畫手指的方法，展示他們的個性。科學上何嘗不是如此。

儘管科學對科學研究有嚴格的要求，科學傳播規則有嚴厲的限制，但是仍然可以找到個人風格的蛛絲馬跡。和在藝術中一樣，這類幾乎是個人癖性的個人特性，是會在對次要細節的技術處理上顯露出來的。例如，LaPorte、包利和 Kramers 都特別偏愛複變函數技術，只要可能，都不會錯過使用它的機會。包利經常自翊是物理學家中，最優秀的複變函數分析專家（雖然他很吝嗇地承認 Kramers 也同樣優秀）。海森堡對複變函數技術沒有那麼大的興趣，不常使用，包利便屢屢取笑他。

費米則幾乎從不使用這些技術。當然，毫無疑問，海森堡或費米如果希望運用複變函數方法，他們也不是不能這樣做。但是複變函數技術並沒有給予他們兩人和給予包利、Kramers、LaPorte 等人一樣的歡樂。他們寧願使用他們發現更加合意的別的方法。他們基於自己的口味，作出了選擇，這是個人口味怎樣決定所選擇程序的一個小例子。

從論文的標題，通常便可以看到作者的個性（編輯們的巨掌，雖然同樣也傾向於要讓標題裡的個性言辭銷聲匿跡）。Ehrenfest 的論文用了一條近乎哀傷的標題＜對量子力學的一些質詢＞。在這篇文章中他提了幾個一直在煩擾他的有關量子力學的問題。包利對之作了回答。

愛因斯坦、Podolsky 和 Rosen 論述量子力學含義的著名論文的標題，是帶有煽動性的，＜量子力學對現實世界的描述能夠是完備的嗎？＞一般說來，愛因斯坦喜歡簡潔明快的標題，他想讓這篇論文成爲對量子理論有意的挑戰。其他論文的標題，如＜場論中某些人的引理＞或＜量子場論中幾個令人迷惑不解的結果＞，都表達了對某一結果或某一問題的個人反應，這種反應遠遠超出了技術評價。

對問題、效應或佯謬的命名，是反映物理學家個人捲入的另一個途徑。Ehrenfest 根據維恩（W. Wien，1864－1928，德國物理學家，1911 年諾貝爾獎得主。譯注）定律對黑體輻射中的能量發散造了一個「紫外線災難」這樣的名字。這個名字傳遞一種驚恐的急迫感，它十分典型地反映了 Ehrenfest 對當時物理學的感情。他的論文＜以太理論的危機＞表達同樣的關切感。其他例子有＜$\theta$-$\tau$ 之謎＞、＜吉卜斯佯謬＞、＜紅外奴役＞、＜黑洞＞、＜奇異吸引子＞等。這些名稱超出了對科學情景的適度評價。相反的，它們表達了驚奇、混亂、不信任等個人感情的殘餘。誠然，這是個人態度開始滲入科學活動的又一個例子。

## 二、風格多樣性之爭議

### 1.不同風格的基礎

第一節已經議論過，物理學家的個性在對各種備選可能性作選擇的時候，便表露出來了。這一節將要分析，它們實際上是些什麼選擇，存在什麼備選方案。有了這些資料作基礎，便有可能得到區分不同風格的初步意向。

第一類物理學家（A 類）儘可能直接地與數據和現象打交道，而且實際上他們只處理數據和現象。他們引入概念和程序，以便對數據進行組織，理清它們的關係，並使之系統化。在做這些工作的時候，他們能夠觀察到，以實驗爲依據的規律性，可以用這些規律性作出預言。但是這些規律性，不具備任何基礎意義。

方案的實用性和重要性，由方案帶給數據的條理和組織所決定，除此別無其他功能。與之相比較，第二類物理學家（B類）在充分認識實驗結果支配地位的同時，傾向於在經過充分定義的形式框架和概念框架之內運作。對現象的描述和解釋，都在界定範圍內進行。經典力學、量子力學、熱力學、廣義相對論這些結構，都是預先假定列入討論的例子。它們提供進行分析的專門術語、物理意念和所運用的法則。

新的實驗資料，有時要求對結構作改善或修改。在少數情況下，新的結果還要求作重大修改，或深刻的改變。大多數 B 類物理學家都極不願意作這樣的大改動。他們常常徹底拋棄一個領域，而不情願去面對一個新的、不熟悉的，讓人感到不舒適的局面，這種情形並不鮮見。對於這些物理學家，概念結構是他們所「理解的宇宙」，他們的活動和認知，均被他們自己的宇宙框死了。

第三類物理學家（C 類）並不太熱衷於論釋數據或預言新現象，而是分析物理的邏輯和概念結構。他們試圖將自己的思考，建立在總體的、先驗的原理之上。正是由於從先驗的原理出發，所以可以預期，這種總體的想法，包含著濃重的個人成分。因此，在這類物理學家的研究方向中，存在許許多多不同的方法，這是不奇怪的。

很顯然，實際上並沒有哪一位物理學家在整個學術生涯中，僅僅將自己侷限於單獨某一類。這一粗略的分類，提供的是一個連貫的級別－從把科學視為僅僅是有意義的數據集合體這樣一類科學家，到另一類不同的科學家，他們相信純粹靠思想，靠抽象思考而不必求助於實踐，便可從質和量上，把握物理（也許還包括這個世界）。就個性而言，包括從 Mach 到 Eddington 之間，連續過渡的各種不同類型。大多數物理學家都處於這兩種極端之間。而且，他們通常不會因為改變他們所屬的類型，而有半點懊悔。

很有必要回顧這樣的事實，物理學（科學）總是不完備的，總有許多懸而未決的問題，有許多被誤解的特點。科學研究必須處理這些未解決的問題，並且不可避免地會涉及大量模糊不清的東西，在這一方面，物理學與數學很不一樣。在任何數學論述中，那怕存在一個矛盾也是致命的。在物理學中，矛盾、繆論和尚未得到解釋的現象，則十分普遍。它們屢屢激發新的方法，改變研究的方向。

研究人員不得不作的一個重要決定是，這些矛盾和未得到解釋的效應，實際上究竟有多重要。它們可能是結構的致命弱點的跡象，或者也許是只須作輕微調整，即可解釋。既然無人真正知曉，遵循某一方向而非另一方向的決定，便帶有強烈的個性。這個例子再一次說明，所作的選擇，顯示了風格。

有的物理學家堅持追求具有非凡數學形式美的理論，儘管這些理論也許沒有多少預言力量；而別的物理學家會爭辯說，雖然人工創造的模型，有時與已確立的原理相違，只要具備組織和預言力量，它們便是有較大希望的追求方向。更有另一些物理學家採取這樣的立場，他們認為，只有對具體問題進行仔細、詳盡和周密的檢驗，才可以取得進展；而他們的同事也許相信，唯有對基礎作激烈深刻的修改，才可以改善局面。

比較下面這兩類物理學家，還可以得到另一組對分，一類人把他們自己的研究努力，視爲甚至是由麥克斯韋、愛因斯坦和狄拉克等人所開創的、已經達到的頂峰的研究方向的延續；另一類人則認爲，這些理念已經走完它們的歷程，應該拋棄，並由全新的概念替代了。

一位活躍的研究人員在所有這些事情上，所作的決定的集合，構成了其獨有的科學風格。既然所有這些決定，實際上都帶個性，因此可能存在非常大量的不同的科學風格。下一節我將用例子說明，這些個人差異對所開展的科學活動，有著直接和顯著的影響。

## 2.一些個人的觀點及期望

物理學家極少花時間或有興趣去系統地表達他們對物理學的希望和期待。除了前面所說的正式禮節性場合，個人態度還表現在對問題的回答（有時候是輕率的）、即興的評論，以及對別人研究活動的反應，比如經常會聽到類似「哥本哈根的愚蠢」、「被圖表淹沒」等說法。文章和講演中，不時會聽到或看到「文體格言」或「科學規勸」等話語。

儘管這類評論看似信口開河，或者趣聞軼事，其實他們往往表述著深藏的信念。另一方面，我們應該回顧愛因斯坦說過的話，他說，對於一位科學家（物理學家），重要的不是他對自己的工作說了些什麼，也不是他怎樣看待生活，而是他作爲科學家完成了些什麼，做出了些什麼。因此，必須將這些評論和規勸，放在所做出的全部科學成果中，加以衡量，也許可以從中得到啓發；但它們畢竟只是入門材料，往裡作更深入、更技術性的探查，才可看清個人偏愛與實際進行的科研之間的關係。

　　有許多這樣的例子，所獲得的科學成果，似乎與科學家深信不疑的先驗信念相共鳴。這些先驗的、往往是未加分析的信念，和被用以確立與預想十分和諧的成果的論點是交織在一起的，要理清兩者的關係並不很容易。但毫無疑義，一旦理清了，影響是巨大的。無可爭辯的科學成果，導致對內在理念和原則的不可動搖的信任，這些科研成果與先驗信念，是相互強化的。

　　這種信任，往往發展成為對這些原理僵硬、甚至是教條式的依附，造成個人預想控制後來的科學判斷的局面。整個物理學史上的許多例子，說明了這種發展。下面是一些有代表性的例子：

(1) 刻卜勒發現行星軌道是橢圓的，這大大加強了他對「上帝秩序」（Divine Order）的那種美麗的，幾乎是神秘的信仰。刻卜勒實際上認為，完美的上帝會創造出完美的軌道，因此這些軌道應該是圓的。他後來觀察到軌道是橢圓形的，於是便將現在應稱作不完整對稱的東西，解釋為不完美的人類的表現；人類不配住在一個「完美的處所」。刻卜勒的科學成果和他的先驗宗教信仰，和諧地統合在一起了。

(2) 有相當的證據顯示，Maupertuis 不僅是一位極度儉省的人，而且他深信自然的「真正法則」，幾乎由上帝的詔書規定，應該表達成為某些最小原理。這一態度是否導致「最小作用量原理」的提出，目前尚不清楚，但是，Maupertuis 的科學發現，正是他的信仰所要求的法則的完美例證，他對此必定非常興奮，這是不會有什麼疑問的。

(3) 薛丁格肯定畢生都樂意，並且可能十分焦慮地思考著，物理學中的許多法則特別是守恆法則，都是統計而非精確的。這種見解的形成，也許是由於他早年在維也納受到了 Franz Exner 薰陶的結果。但是，他對導致統計守恆法則的理論，歷來深感興趣，迷戀不捨。因此，薛丁格是欣賞玻耳、Kramers 和 Slater 在 1952 年發表的能量統計守恆理論的少數幾位物理學家中的一人。當該理論被證明不正確的時候，薛丁格放棄了作進一步的研究。但是，他最後寫的一篇論文是＜能量有可能僅僅是一個統計概念嗎？＞，鑑於薛丁格始終激烈反對對他的波函數作機率的解釋，卻自始至終對統計守恆法則堅守不渝，這是十分令人驚奇的。我們不能說，這一定與他步入神秘主義，或者與他躁動不安的智力複雜性，有什麼關係，可是他那根深蒂固的原則的持久影響，卻非常明顯。

(4) 包利在對美國物理學會所作的講演中，對理論研究，特別是場論研究狀況，作了批評性的評價。他引入「大」物理學家和「小」物理學家的區別。小物理學家接受任何不受形式主義排斥的東西，而大物理學家只接受形式主義所要求的，或證明了的那些結果。

包利責備「年輕一代」是小物理學家，因爲他們把種種猜測作爲理論來接受。對所有新見解包利總是堅持作詳盡的、深思熟慮的批評分析。他的高標準是不妥協的。誰也逃脫不了他入木三分的批評，或尖銳的嘲笑。他運用他的淵博知識和強大的批評力量，說服他的物理學家同行們，不去作那些不相干的努力。

儘管包利對所有新見解都作區別性分析，他對物理學應該探究的有希望的方向，卻有非常濃烈的個人見地。任何不能明確地計算精細結構常數的量子電動力學，他都不加思考地予以拒絕。這是利用個人對未來理論，絕對先驗要求的一個有趣例子。

(5) 雖然愛因斯坦告誡人們，對物理學家關於他們的科學的言論，不要過於認真，他卻經常以不容爭辯的有力方式，表達自己的意見。例如，他斷言，「有意義的理論不可能包含其值只由經驗確定的無量綱常數。當然，我無法證明自然定律中不應該存在無量綱常數，從純粹邏輯的觀點來說，這些常數既可以取這種值，同樣也可以取另一種值。對於我，在我對上帝的信仰中，這似乎是很明顯的，但也可能有某些人，並不持有相同的觀點。」這是愛因斯坦強烈的科學信念的例子。他內心堅信自己能理解和掌握物理學。

　　早年，愛因斯坦曾推導出一個電子質量隨速度變化的表達式。洛崙茲（H. A. Lorentz，1852－1928，荷蘭物理學家，1902 年諾貝爾物理學獎得主。譯注）用一種完全不同的方法，獲得了相同的結果。當實驗初步結果似乎與理論推導不一致的時候，洛崙茲十分關切，問愛因斯坦，理論是否可能有誤。愛因斯坦回答：「別擔心，我的推導是自然、必然和正確的。實驗會改變的，耐心等吧。」愛因斯坦是對的，雖然等的時間不短，愛因斯坦從無半點懷疑。愛因斯坦後來對數學的作用和重要性的印象，越來越深。他在 1932 年宣稱：

　　　　「物理學的創造性原理存在於數學之中。因此，在某種意義上，正如古時候人們所夢想的那樣，純粹的思維可以把握現實，我以為這是真理……理論物理的公理基礎，一定不能通過實驗去獲取，而必須由人類心靈自由創造。」

最後這句話在愛因斯坦晚年的二十年中，指導著他的行動。其他物理學家也取同樣的行動原則，但是很少有人像愛因斯坦那樣成功。

(6) 和愛因斯坦一樣，狄拉克也強調數學在物理學中的重要作用，但狄拉克有他自己的風格特徵。他認為數學不僅重要，而且是帶根本性的。狄拉克深信「美麗的數學」這一見解。在他看來，和「美麗的音樂」「美麗的雕塑」一樣，這是一個先驗概念。狄拉克的方法，可以用兩個原則加以歸納：

a.「必須只運用美麗的數學，才可以建立有效和相關的物理理論。」至於第二個原則應該是什麼，狄拉克在他的著作中說得相當明白。

b.任何美麗的數學結構，必須有一個部分是用來描述物理的對應結構。因此，數學的美麗是區分有希望的理論和混亂的死胡同最重要的單一標準。與實驗不一致也許是一個障礙，應該加以研究，但對狄拉克來說，一個醜陋的結構比不一致，更令人討厭。

(7) 關於什麼東西構成物理學有希望的方法，狄拉克與玻耳的評估，完全地不一樣。用玻耳最喜歡的一句格言，最能總結他的態度。「如果一個理論和實驗不一致，卻說這個理論是美麗的，我不知道這種說法是什麼意思。」

在玻耳看來，數學是不重要的。物理學對他來說，就是跟概念、語言和哲學的不斷鬥爭。對現象的闡釋，現象之間的相互關係，才是玻耳心目中物理學的精髓。他常說，「思想是跟語言的不斷鬥爭」，（在另一場合）他還補充說，「你永遠不會表達得比思想更清晰」。

玻耳通過將他的思想講出來，而對概念和意念進行研究，對物理學的研究，就是對這種概念和意念連續不斷的探查。恰當地運用語言學術語，是他的研究過程的有機組成部分。

物理學家對他們的研究的描述方式，也表現出不同的態度。愛因斯坦的論文，表現他沉著的大師風采和他極度的自信。他的文章一般很簡短，具有出人意外，急轉直下，深刻敏銳的洞察力。

狄拉克的作品幾乎有一種苦行僧的質量，邏輯無可挑剔，不加裝飾，充滿冗長的解釋和滔滔不絕的議論。玻耳的文章，讀起來更像沉思漫談，從具體的論題，漫游到哲學原則，一般只有最少量的數學，措辭體現了異乎尋常的匠心。

這些例子，都表現了物理學家對於物理學的本質和目標所持有的、非常鮮明強烈的見解。它們不僅僅在決定什麼問題是基本的，值得花費不懈的努力時，影響物理學家，它們還決定物理學家所取的框架和認為可接受的解決辦法的類型。個人成分如此大量地涉及研究的所有各個方面，因此實際上物理學家所有的創造性努力，都展現了個人風格和品味的蛛絲馬跡，這就不足為奇了。

### 三、對風格進行分類的嘗試

前面的討論，強調了個人態度和風格在科學研究中的重要性。當然，在把物理學家作為一個階層來研究的時候，還有一個更大的問題。這個基本問題是，能否按物理學家的貢獻，或按他們的個人風格，對物理學家作有意義的分類。

迄今為止，已經產生了許多這種分類方案。其中最早的一個是由著名的物理化學家威廉‧奧斯瓦爾德（Wilhelm Oswald，1853－1932，德國化學家，1909 年諾貝爾化學獎得主。譯注）於 1905 年提出來的（在下面將作比較詳細的討論）。

這裡將提出討論的還有蘭道、Kramers 和戴遜等人設計的分類方案。可以肯定，其中有些分類方案是包含了個人成分的。有些方案甚至可能－實際上很可能，是為自己服務的，因為它們試圖解釋個人成敗，或者證明個人對研究方向取捨的正確性。

即使如此，這些分類也有意義，並非過眼雲煙。它們是建基於提出方案的人所選取的成套標準的基礎之上的。這裡提供給大家的方案都是由積極顯赫的物理學家所編制的。因此，他們的分類，起碼展示了這些物理學家如何看待物理學界的結構，這本身就是有意義的。它們還提供一整套標準，使我們在判斷互相競爭的各思想流派的重要性時，能得到啟發，甚至能窺見其內部情形。

儘管各類方案有實質性區別，但它們都明白地顯示，個人成分在某類研究發展中，有多大的相關關係。

#### 1.奧斯瓦爾德的舊門類

威廉‧奧斯瓦爾德在十九世紀末，對化學有過重大貢獻。當時他是對改變化學特性、強調化學反應和反應機制等方面，而不是重在列舉反應產物這個問題上，發生了作用。到了二十世紀初期，他對科學史和科學哲理發生了興趣。他是《偉人》（*Grosse Manner*）一書的作者，在書中他提出了大科學家的性格特徵。

奧斯瓦爾德將科學家劃分成兩個主要門類：浪漫派和古典派。浪漫派科學家的研究，以意境恢弘、閃爍著深刻的洞察力，和重直覺爲特徵。浪漫派科學家一般不很古板，他完全願意忍受合乎邏輯的差距、模糊不清，甚至衝突。有時矛盾是受歡迎的，因爲矛盾可能產生「具有創造性」的緊張感。證據和表現對浪漫派科學家並不特別具有根本意義。浪漫派風格的關鍵是，熱切期望真相的突然揭露，從而可以得到包羅一切的見地。這種爲獲得了解和證據的浪漫派研究，是浪漫派文獻的常見成分。

奧斯瓦爾德分類中的古典派科學家，尋求合乎邏輯推理的論據，去發展自己的研究。在一步步基礎上獲得的證據和表現，是不可或缺的。古典派科學家對模糊不清，覺得不舒服。衝突和悖論是失望，甚至是不安的源泉。嚴密界定的過程、秩序和受到系統控制的發展，是古典派方法論的根本成分。

作爲大多數古典派科學家研究的概念基礎之經典結構，受到嚴密刻板的界定。這使得他們的研究活動系統化、組織良好，並高度集中，但同時也受到框架的僵硬結構的限制。很清楚的是，奧斯瓦爾德的分類，具有提示性，但也並非那麼絕對。

大多數物理學家既非純粹的浪漫派，也非完全的古典式。然而，大多數科學家不是浪漫成分，就是古典成分佔主導地位，因此，有可能做有意義的－如果不是絕對的區別。事實上，浪漫和古典風格在大多數的時候，是共存於某一個科學家身上。

因此，要找出終生屬於一個單一門類的科學家例子，是有幾分困難的。即使這樣，我們仍經常可注意到某種傾向。普朗克（Max V. Planck，1858－1947，德國物理學家，1918 年諾貝爾物理學獎得主。譯注）比愛因斯坦更具古典風格。海森堡比包利更具浪漫風格。而吉卜斯則幾乎是一位完完全全的古典派科學家。

有些物理學家是兩種風格混為一體，不可能套用奧斯瓦爾德的分類，麥克斯韋即為一例。在有的物理學家身上，兩種共存傾向的關係非常緊張，破壞性很大，達到阻礙進一步進展的地步，結果他們變得沒有效率。早年和晚年的薛丁格，可算作一例。

奧斯瓦爾德的分類提示了一個有趣的問題，但這裡暫不討論，在別的地方再作研究。在物理學的發展過程中，有相當數量的高效研究是由一對一對物理學家合作完成的，他們作出了最有意義的研究。這類合作的每一方，無疑都有他自己的風格和工作日程。對於雙方風格上的差異，如何增進或縮減合作效率，以作一番研究，將會是有意義的。此問題亦會發生於其他分類方案中，但在奧斯瓦爾德分類中相當顯著。

## 2.蘭道圖

打破舊傳統的傑出俄羅斯物理學家蘭道，構造了一個很不相同的分類方法，分類的依據，主要不是物理學家的科學方向，而是他們的研究能力。蘭道是否非常認真，這不完全清楚。也許只是一個玩笑，或者是想讓他的同事生氣（玩笑時常會包含真言）。它非常清楚地顯示了一位傑出、富於創造性，又有幾分磨損力的專家，如何看待和判斷他的科學家同事。

蘭道分類可以用圖表示。這些圖由兩條平行水平線構成。

下面的線條用來度量研究人員的原動力、毅力和智力保證。這一線段的長短，還表明研究人員是否願意，以及是否有耐心去處理那些往往是單調乏味的技術細節，而這些細節，對於取得有意義的研究成果來說，則是必不可少的。上面的水平線度量直覺能力、卓越才華、創造性、獨立性和勇氣，但約定線條越短，說明該物理學家在這些方面越突出。因此，一位超凡、創新、直覺力強的天才，用一條非常短－實際上用一個點來表示。

　　蘭道將上線條所表示的各種特性的集合，總結為表示該科學家「有多尖銳」。這就是他用一點，代表光芒四射的才華，超凡創造力和直覺能力的理由。將上下兩條線的端點連接起來，即完成整個圖形（有時候這些端點合併成一個點）。

　　才華橫溢、獨具創造性的科學家的圖形，有著尖銳的頂點。這就是蘭道用這種方式構成圖形的理由。「銳利」的科學家用「尖銳」的圖形表示。例如，（圖 1）的上線條相當長，說明該科學家不太聰明，或者創造性不太強；下線條很短，說明他不很專心，精力也不很充沛。用此圖表示的科學家，不可能很有成果，最多是一位邊緣物理學家。

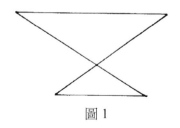

圖 1

　　蘭道用這些圖形，區分出四大類科學家：

　　第一類（圖 2）由極富創造性、獨立性，極有才華的科學家組成。此外他們的精力非常充沛，具有堅強毅力，能將研究進行到可以看到成功的終結。明顯的例子有愛因斯坦、費米、狄拉克和海森堡。這一類代表著最富有成果，最具影響力的物理學家。

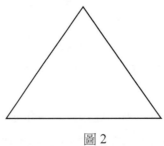

圖 2

　　第二類（圖 3）按照規則包括精力相當充沛，工作勤奮，並認真對付細節的物理學家。他們不太有創造性，在智力上沒有冒險精神，他們的科學處於低層面。他們對物理學的獻身精神，大於他們的能力。蘭道有幾分惡意地宣稱，所有俄羅斯物理學家都屬於這一類。

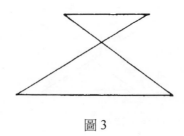

圖 3

　　第三類（圖 4）在某種意義上說，是很奇特的一類。它包括極聰明、極有才氣的物理學家，他們能非常迅速地理解複雜問題中的根本點。但他們的原動力和耐心有限，不喜歡研究微小的細節，幾乎沒有耐力，因此，他們的研究建議，許多都是半途而廢。據傳蘭道之所以將這一門類，引入他的方案，是爲了適合他自己套用。奧本海默也可用類似圖形代表，他是另一位具有幾乎是瞬間理解能力的耀眼的物理學家，但是他的創造力，卻只得到他的原動力、技巧和持久力的微弱支持。

圖 4

　　第四類（圖 5）包括最大多數的物理學家，他們沒有創造性，不敏銳，實際上很遲鈍（如長長的上線條所示），也不那麼誠心地獻身於物理學。他們對科學的興趣極微。有時候他們也可能有所作爲，但如果此圖表示的特性，一直維持到最近，那麼他們將永遠不會再有任何作爲。

　　這些圖當然精確地表達了蘭道看待物理學界的態度。創造性，才華和技術的實施，兩者之間的對分，具有最廣的意義。許多物理學家的意念，遠遠超越實施這些意念所須的能力。這一區分，是蘭道方案的組成部分，但其餘內容，則是關於物理學界的非常獨特的觀點。

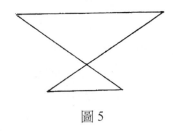

圖 5

### 3.戴遜門類

　　在許多講演和書籍中，戴遜介紹了一種最有意思的物理學家分類方案。他不像蘭道那樣，強調物理學家的智力，也不像奧斯瓦爾德那樣，強調美學和藝術成分。戴遜的分類集中於物理學家實際上做些什麼，他們認為應該做什麼，以及他們喜歡做什麼。他對物理學家只分做兩類，一類叫統一派，一類叫多樣派。這樣一句話的描述，就應該很清楚了，個人好惡，界定了戴遜分類中，兩個門類物理學家之間的區別。收錄進這一節的觀察，是對戴遜理念的評論和輕微伸延（其實不該歸咎到戴遜身上）。

　　前面已經提到過，物理學總存在兩種相對比的風格，一種主要關心總的、大的結構，另一種則集中在具體現象、特別的效應，戴遜分類就是這兩種風格的區別。對結構感興趣的那類物理學家，是戴遜統一派的先驅。多樣派則採取了許多只研究具體問題的人的態度。

　　兩類的差異如此之大，不僅研究目的有很大區別，採用的方法完全不相同，而且對許多研究成果的重要性和適用性，也有尖銳的對立意見。對於某項成果，統一派認為是深刻的概念進展，多樣派卻看做是相當乏味、微不足道的玩弄形式符號的遊戲。多樣派為之驚奇的新效應，統一派卻常常視為只不過是大法則相當瑣碎的表現。

多樣派和統一派的區別，彌漫到物理學的各方面，為了對此有充分的認識，對它們作逐項對比，是很有裨益的。實際上，對物理學所有重要的價值判斷，兩派都有不同意見。對於什麼叫重要，什麼叫帶根本性，什麼叫成功，他們都有分歧（見下表）。

| 統一派 | 多樣派 |
|---|---|
| 1.為獲得總的原理而研究 | 1.為獲得細節特徵而研究 |
| 2.統一的概念；一般方法 | 2.可能不存在；過細的具體方法 |
| 3.演繹邏輯 | 3.現象之間的關係 |
| 4.抽象理念；數學的中心地位 | 4.具體物理理念；數學是技術工具 |
| 5.實驗者被普遍性的誘惑所驅使。他們尋求結構和邏輯的簡單性 | 5.實驗者被發現新現象的好奇心所驅使。他們喜歡使世界變得更複雜，更有趣的多樣性 |
| 6.物理學、科學都是有限的；物理學有終點 | 6.有趣的現象當然是無窮的 |
| 7.存在基本原理和方程式，他們應該能夠使所有現象，都可以用數學、邏輯和計算，得到量和質的解釋 | 7.是否存在這樣的原理和方程式，值得懷疑。但這無關緊要，反正這類方程式和原理，是無法解釋，也無法預言現象的。（記住混沌現象）這類解釋是科學的主要任務 |

　　此對照表顯示，這兩個門類的實際差異有多大。但是應該強調的是，許多物理學家在他們的研究生涯中，在多樣派和統一派這兩個極端之間反反復復的轉換位置。但仍相當容易確定個別物理學家的合適門類。

　　我們已經注意到，許多統一派物理學家昔日常常（尤其在他們年輕的時候）和非常具體的問題打交道。然而，多樣派很少（雖然也有）從事過大統一的努力。

　　相當明顯的，愛因斯坦、牛頓、Eddington 和狄拉克等人，都是統一派人物，雖然他們全都對具體問題，作出過光輝貢獻。另一方面，費米、盧瑟福（Ernest Rutherford，1873－1937，出生於紐西蘭的英國物理學家，因對元素衰變的研究而獲 1908年諾貝爾化學獎；1911 年通過 $\alpha$ 粒子散射實驗，提出了正確的原子有核模型。譯注）、倫琴（W. C. Röntgen，1845－1923，德國物理學家，1901 年第一屆諾貝爾物理學獎得主。譯注）、湯姆遜（J. J. Thomson，1856－1940，英國物理學家，1906 年諾貝爾物理學獎得主。譯注）和索末菲等，則顯然屬於多樣派。

　　兩個思想流派最著名的主角，則分別強有力地表達了兩派富有特徵的區別。愛因斯坦是這樣說的：

「物理學的創造性原理，存在於數學之中。因此，在某種意義上，正如古時候人們所夢想的那樣，純思想可以把握現實，我以為這是真理……理論物理的合理基礎，一定不能通過實驗去獲取，而必須由人類心靈自由創造。」

應將這段話與盧瑟福下面的這段話兩相對照：

「理論物理學家與他們的符號做遊戲，但是我們卻在找出
事實的真正本質。他們滿足於用某種假設，解釋每種事物，
而根本不勞心一件事物的真正原因。我必須說，英國人的
觀點更具物理性，更讓人喜愛……在我看來，電子就和手
中的湯匙一樣真實。」

兩者之間的差別大得不能再大了。有趣的是，盧瑟福對於
「英國物理學」風格的評價，和我們早先引用的玻耳茲曼的評
價不一樣。當然，在玻耳茲曼看來，「英國物理學」便是麥克
斯韋，很難說得上他是一位具有中等才華的物理學家。

很明顯，知識界敬佩和尊重戴遜分類中的統一派，而科學
界則獎賞多樣派。草草看一眼諾貝爾獎金和菲爾茲獎章得主的
名單，便知道了，他們中的大多數人，都是因為作出了極其具
體的貢獻，而獲得獎勵的。愛因斯坦得獎，是由於他的光電效
應，而不是由於他的廣義相對論；洛崙茲是由於他的塞曼（P.
Zeeman，1865 - 1943，荷蘭物理學家，1902 年諾貝爾物理獎
得主。譯注）效應，而不是他的電子理論；海森堡是由於正氦
和仲氦問題的研究，其次是由於矩陣力學，而不是由於他的測
不準關係。Pfefferman 獲得菲爾茲獎章，是因為他的傅利葉級
數的定理，Paul Cohen 是因為他獲得了連續統假設的解，Milon
則是因為在拓撲學上，作出了傑出的貢獻。

戴遜分類不可能，也並不假裝要窮其所能的列出所有的科學風格，但是他的確提出了中肯的、不同風格的特徵。在解釋為什麼新的、具有創造性的、打破傳統的研究，會受到各種各樣奇異，有時甚至互相衝突的接納這一問題的時候，戴遜對分方案特別有用。

## 4.Kramers 分類

1942 年 3 月 3 日，時值第二次世界大戰中期，Kramers 在一次精彩的講演中，介紹了對物理學家作分類的一個不和一般相似的方案。他從未討論過這一論題，此後也再沒有重提過。他始終對物理學家的風格感興趣，首次講課，即論述這個題目。他提到了奧斯瓦爾德的方案，但明顯感到須要有一個十分不同的分類。他給講演定了一個題目，叫作「物理學的心理方面」。講演匠心獨具，他必定花費了大量時間作準備。但是他顯然對此論題，有點揣揣不安，在進入正題之前，他用嘲諷的口氣說：「要是有人覺得不愉快，只管說我是嚼舌頭罷了。」

所有必要的分類方案，都包括個人成分，並反映個人經歷。有意思的是，Kramers 分類所依據的標準，與別人所採用的，有令人驚奇的差別。為此，他以各種鮮明的，幾乎不兼容的方法，讓人從額外的角度，窺視物理學。

Kramers 分類方案包括四種對偶分類。第一對包括形式主義者和現實主義者。現實主義者是與實驗和現象，更為合拍。形式主義者更傾向於數學結構和邏輯推理。在 Kramers 看來，這種區分是務實和可行的，尤其不是哲學的或務虛的。Kramers 堅持強調，任何優秀物理學家都必須既是現實主義者，又是形式主義者。只擇其一，排除其二，必定導致瑣碎或不相關的研究。直到現在，這仍然是一個著名的傳統特徵。

第二對更是不尋常了。他介紹了絕對思想家和語言思想家的區別。絕對思想家理念的展開、科學計畫的執行、分析和計算工作等，似乎在很大程度上，不依賴任何語言表達。經過緊張的思考和深刻的集中以後，他們的論文一氣呵成，幾乎無須修改，文筆洗練，一針見血。狄拉克、費米和楊振寧是明顯的例子。

語言思想家－介紹這一類，無疑是爲了套用於玻耳－把語言表達過程，作爲界定和修飾理念和思想的手段。他們的論文體裁浮誇，迂迴曲折。文章寫好後，又反反復復修改、重寫、重新細查、重新組織，沒完沒了。玻耳當然是最明顯的例子，但 Kramers 相當認真地看待這類研究風格。

從玻耳茲曼、洛崙茲和 Eddington 等人的研究，也可以看到運用語言方法去澄清或顯示物理理念的成分，語言思想家的論文，時常顯示出漫長的智力奮鬥的痕跡。這種情形很少見於絕對思想家的文章。音樂界亦如此。「莫扎特的樂曲是絕對的，它來自天國，沒有明顯的苦鬥跡象，而這類奮鬥跡象在貝多芬的樂曲中往往十分明顯。」

誠然，Kramers 介紹的最突出的對分是獨立者和附屬者。Kramers 強調說，這類附屬型物理學家一般不包括有義務完成別人分配的任務的人，不包括對老師和同事提出的建議，作深思熟慮的人。恰恰相反，在 Kramers 看來，附屬型物理學家可以和獨立型物理學家一樣，具有創造性和革新性，而且還可能有過之而無不及。他之所以成爲附屬型，是由於他無力完全信服自己工作的正確性和重要性。他們對自己研究的極端重要性，缺乏絕對信心。他們對自己的工作是否有任何重要性，有著嚴重懷疑，幾乎總生活在恐懼之中，擔心有人會發現嚴重或荒謬的錯誤，使他們的成果變得毫無價值，毀於一旦。他們總擔心自己的研究，沒有意義和微不足道。

Kramers 顯然相信，此類附屬關係相當普遍，值得另分一類。但是「附屬型物理學家」的這種現象，究竟普遍到什麼程度，是難以知曉的，因為它依存於一般不為人們所知的頻繁的人際關係，這個問題應該另行研究。

Kramers 分類中的最後一對，和前面那對一樣，帶有很重的個人印記。他區分出嚴肅型物理學家和遊樂型物理學家。遊樂型物理學家把物理學視為和運動、遊戲一樣好玩、有趣、迷人，帶娛樂性，但並非真的很重要。嚴肅型物理學家往往很冷靜，勤於思考。他們把研究活動看做嚴肅的責任。

玻耳和海森堡肯定是嚴肅型物理學家，費因曼、Kramers和格拉肖是遊樂型物理學家。當 Gamov 寫作論 Tompkins 先生的系列科普叢書的時候，他描述一個各種性質的常數，有不同值（例如，c=10 米/秒，h=1 爾格·秒）的世界，玻耳對此並不覺得有趣。他確實感到，如果常數的數值改變了，這個世界會是另外一個樣子，他認為這些值是神聖不可侵犯的，不應該因為變幻莫測的理由而被改變。對於大多數物理學家來說，這很可能會被認為是非常強烈的反應，但玻耳並不這樣看，「沒有人有權拿基本常數開玩笑」，大概沒有人會比這更嚴肅了。

1924、1925 年，海森堡、玻耳、Kramers 對輻射理論進行極其熱烈的討論，Kramers 常常發出一些不太正經的言論，偶而還開開玩笑，甚至變換話題。這讓海森堡極其討厭、不悅和不安，抱怨 Kramers 在物理學正處於麻煩的時候開玩笑，沒有丁點兒意思。一位物理學家居然不是非常嚴肅地對待物理學，海森堡不能忍受這樣的想法。

Kramers 分類儘管有其明顯的個人起因，它的確引入了新穎的分類成分，將物理學的新風格特徵，引導到更深入的分析。

## 5.其他評論

關於科學的態度，常常不是可用非常齊全的分類方案表達的。對於可能是時髦的新發展，或正在進行的研究之類的允諾，其反應通常只用幾個短語來描述，它們表達個人的觀點，因而是他的科學期望或科學計畫的一部分。這類判斷，往往十分小心謹慎，意思不完整，有時模稜兩可，但絕大多數物理學家對新奇和變化的反響，是以高度個人的方式顯示出來的。

有意思的是，這類反響常常用政治或社會術語表達。1945年量子電動力學的形成，從重整技術來說，無疑是偉大的進展，它導致巨大的進步和無數的行動。但是對於包利、玻耳、Kramers和狄拉克等量子力學創始人來說，量子電動力學顯然太保守了，它並沒有引進新的革命思想。

一個這樣保守的程序，僅僅從它的技術光輝來說，是如此的成功，但是對於 1925 年和 1926 年參與量子革命的所有物理學家來說，它實際上不啻是個巨大的失望。在這一例子中，年輕一代是保守的。老一代幾乎都討厭年輕物理學家的技術複雜性，他們感到，新一代使第二次概念革命更不可能和更不必要了。

科學新發展的政治或社會特徵相當普遍。它們一般不是系統分類的一部分，但的確又告訴我們，其所談論的研究，如何與更廣泛的科學方案相適應。政治語言往往更宜表達這樣的相關關係。在物理學家當中，清楚地存在著保守派和無政府主義者。保守派在不同程度上，固守一套思想，他們常常用最迂迴曲折的論點，維持他們的立場，如果證明不能這樣做，便轉入其他領域，或者徹底離開物理學。

無政府主義者不滿於約束他的現存框架，對各種限制因素感到深惡痛絕，成功的理論結構，阻礙了他的選擇和猜想，遇到一個新成果的時候，第一個傾向是懷疑整個框架，它們憧憬著整體結構崩垮掉，因此，總是強調困難和矛盾，經常強調到不合理的地步。

此外還經常存在其他不完整、意思未充分表達的風格成分，它們儘管模糊不清，對研究的方式，卻有著巨大影響。比如，存在一種「對簡單的迷信」。這些物理學家堅信－幾乎達到迷信的程度，自然基本上是簡單的。他們會拒絕先驗的、非直覺的、微妙的或是數學的論點。他們的基本信念是，「自然不可能那樣複雜」。非常明顯，由於這些物理學家強烈厭惡抽象和複雜，他們排除了一大類研究的可能性。

個人口味和判斷，在物理學隨處可見。有的理論家只相信物理學家 A 獲得的成果。有的實驗家只信賴在實驗室 B 獲得的成果。當然，個人相信什麼，這是他們的特權，是他們自己的事情。但是，正如我們的討論顯示，個人信仰和個人習性，往往會被帶入他們的創造活動之中。這一切僅僅說明，物理學是高強度的人類活動，它體現了智慧和愚昧，認知和失望。

所有的研究人員都會同意，研究的終極合理性是它將帶給這個世界的眼界和知識。單個研究人員的終極歡樂，無疑是認

識一些過去未被認識的東西，發現一些過去未被發現的東西，
並向那些原來不懂得的人，解釋這些傑出的新成果。

## 四、風格的差異：某些實際的效果

到目前爲止，我們的討論，只初步列舉了各種不同的風格，並
對物理學家們在選擇不同領域時，所持態度進行分類。雖然這樣做
並非沒有意思，但卻相當乏味和令人打不起精神，對論述這些差異，
並沒有多大激勵作用。在這最後一節中，我們要開始展示，這些不
同的風格，不僅僅是給各種態度取一個名字而已，它們對物理學家
們研究課題的總的特點，及技術細節，是具有實質的、看得見和摸
得著的影響。

爲此，最有說服力的辦法是，把一對對物理學家實際完成的研
究進行對比。這種對比，必須不僅僅涉及研究的哲學、計畫和目標，
而且應該考慮，爲實現這些物理觀念所使用方法的細節。要使這種
比較有意義，就不能只限於一般的和定性的方面，必須同時分析許
多技術細節。誠然，這是一件繁重的工作。本文不可能完成（我們
這篇文章已經寫得太長，應該打住了）。

下面各項評論，只是想勾劃出應該進行的研究計畫的大致輪
廓。前面說過的定性和描述性的方法，可以作爲更技術性和更深入
的研究的一般基礎。

作爲這種研究的一個起步，下一節將把海森堡和費米作爲一
對，烏崙貝克和楊振寧作爲另一對，來比較他們的科學風格。雖然，
這些比較，主要涉及物理學，很少涉及目標和哲學，即使這樣，它
們仍然只是初步和定性的。應該用被比較對象所發表論文中採用的
物理論點，對討論進行補充。只有這樣做過以後，推斷個性如何影

響到並反映到具體的研究工作中，才有堅實的基礎。本節的這種比較，應視爲電影裡的預告片。但願所預告的影片，在某個時候將得以攝製完成。

### 1.費米和海森堡

要選擇本世紀上半葉一對較有影響的物理學家來進行比較，費米和海森堡是最合適不過了。他們是同齡人（都生於 1901年）。費米在 1918 年進入比薩高等師範學校就讀；海森堡於 1920年考入慕尼黑大學。他們都在 1921 年呈交第一篇論文。費米 1922年取得博士學位，而海森堡則在 1923 年。兩人都對物理學特別是量子理論，有過里程碑式的貢獻，都是諾貝爾獎得主。

雖然有這許多相似之處，但是他們研究物理學的方法，和所建立的物理學，都是明顯不同的。他們的物理學背景，也非常不同。海森堡循著一條高貴的路徑，在物理學中達到輝煌。他在索末菲的著名學府中，接受教育和訓練，於 1922 年見到了玻耳，並同玻恩（Max Born，1882－1970，英籍德國物理學家，因提出量子力學波函數的統計解釋，榮膺 1954 年諾貝爾物理學獎。譯注）在哥丁根大學一道工作。取得博士學位以後，他到哥本哈根，進入了玻耳的內層圈子。他精通原子光譜、玻耳的量子理論和玻恩的「原子力學」。

費米則完全靠自學成材。1920 年，他研讀並理解了索末菲關於「原子結構和光譜線」的書。那時義大利除費米外，沒有一個人了解量子理論，遑論這方面的行家了。十五歲時，費米就立定主意，要爲理論物理學貢獻畢生精力。

由於與一位數學家（Lindeman）發生不愉快的衝突，並且確信物理學比數學更有可能取得戲劇性的進展，海森堡選擇了物理學而不是數學。

費米無疑是一位多樣派的學者，而海森堡則是統一派。費米從來不用哲學。相反的，隨著時間的推移，海森堡越來越為他的物理學研究方向，尋找哲學上的合理性。費米對自己迅速處理任何物理學問題（無論這些問題是如何特別、實用或不重要）的傑出能力，感到自滿自足。海森堡看來從未對這類問題特別感興趣，他寧可把注意力集中到更為基本、深刻的問題上。

早在 1923 年費米和海森堡兩人都同樣充分地意識到，「老玻耳的量子理論」所面臨的嚴重困難。費米在哥丁根大學玻恩的研究所，度過了 1923 年冬季，在那裡，量子理論問題被深入地討論著。費米在哥丁根沒有做什麼事情，那次訪問，完全是浪費時間。

很明顯的，玻恩、Jordan 和海森堡並不認識費米的才華，也沒有試圖要認識。費米未被邀請參加正在進行的研究工作，他完全被忽略了。他完全孤立地自己做研究，他花了好長時間才和哥丁根和哥本哈根物理學派達成和解，他的怨恨從未完全的消除。

至於這一衝突，是否導致費米強烈地憎厭矩陣力學，則不得而知。費米認為，海森堡的方法並不太抽象，也不太數學化（費米在這些方面，可能有少許麻煩，但沒有困難），但卻太形而上學，太偽哲學了。對他來說，矩陣力學與自然現象的聯繫太缺乏證據、太做作。

費米對薛丁格的思想，抱有極大的熱情，反過來海森堡對薛丁格卻頗不以為然。於是，費米和海森堡在對待量子力學的態度上，顯示出非常不同的風格。費米很快就掌握了薛丁格的

技巧。他立即就散射問題，寫出了一篇重要的論文。這篇論文
受到玻耳的批評，但是經過討論。大家承認，費米的論述和結
果是正確的。費米終生偏愛量子力學的薛丁格表述，這意味著
費米和海森堡，在面對量子問題時，總是從不同的觀點出發，
用不同的方式去尋求解決問題的辦法。

費米和海森堡對待量子電動力學的態度，也完全不同。很
難相信，費米 1932 年在《現代物理評論》雜誌上發表的那篇
文章，和海森堡與包利的早期文章，所處理的是同一個問題。
它們的風格、語言、概念和處理，都完全不同。海森堡和包利
的論文強調場的拉格朗日和哈密頓表述，用到了相對論不變
性，引進並分析了對易法則。費米的論文，則使用了比較簡單
的方法，幾乎沒有用到場論的形式體係，但卻對許多應用，進
行了如此詳盡的討論，許多物理學家這才第一次弄明白，對解
釋一大批物理現象來說，量子電動力學的論述，確實是根本的。

什麼問題重要，在給定的科學舞台上，那一個問題能更好
地得到解決，也屬於個人判斷的範疇。這常常是科學風格的一
種表現形式。當然，費米也像包利、狄拉克和海森堡那樣，充
分認識到量子電動力學的發散問題。費米曾幾次試圖解決這個
問題，但沒有成功。然而，當他認為必要的時候，會使用量子
電動力學。只要用有限可行性方法求得的結果看來是可靠的，
他就會非常樂意使用這種方法；而結果是否可靠這一點，則可
以檢驗。他不會去尋求，也不會去考慮那種雄偉壯觀和完備的
方案。反之，不少物理學家過於顧慮發散問題，因此被它困擾，
甚至於懷疑量子電動力學求得的所有結果。

雖然費米總是使用最少的必要技術手段，去達到恰當地描

述新情況的目的，但是他對革命性的變革和非常規則的數學，從來也不會羞答答地迴避。例如，費米最先在他的 $\beta$ 衰變理論中，採用了二次量子化形式體係的全展開。在其理論中，某給定種類的粒子數並不守恆，這種可能性，很容易用二次量子化語言來表述。在同一篇論文中，費米把包利關於 $\beta$ 衰變過程會發射一個附加的中性粒子的想法，從一種饒有興味的揣測，提升為一個可用實驗加以檢測的理論的基本組成部分。

海森堡則在其核物理基礎論文中，把中微子引進來，作為原子核的基本成分。同時，他引入了同位旋的標記，最初只當做簿記的一種手段。後來他發現，通過同位旋算符，可以構造出質子和中子間的相互作用。用這種形式體係，可以處理核問題，例如通過普通的量子力學表述，就能求得結合能。海森堡原始論文的處理辦法，十分類似於分子問題的處理辦法。二者的這種相似，十分引人注目，因為，在早先的論文中，海森堡考慮過核內的質子、中子和電子。

有趣的是，費米的 $\beta$ 衰變理論是一種名副其實的場論，中微子是在衰變過程中，被產生出來的。為了在形式上把這一點表述出來，費米也須要用到把質子轉變成中子的算符。但在海森堡的原子核中，中微子卻是一種真正的成分，是相互作用使得中子變成質子，反之亦然。但是，他的處理方法，卻不是場論的，他用了非相對性量子力學來進行計算。

海森堡除了他那篇原始論文之外，還就這個題目寫過許多其他論文。他的研究工作，經歷了許多更新和重大修改。海森堡從一開始，就認識到了費米場論方法的重要性。他試圖利用這些觀念，構建各種相互作用的一種統一理論。相反的，費米

只有一次返回到 $\beta$ 衰變理論。與利用他的理論作爲基礎去構造各種相互作用的統一理論比較起來，費米對解釋與 $\beta$ 衰變有關的各種現象，更感興趣。除了對相互作用的形狀，試圖作過一次稍爲匆忙的修改之外（費米原先爲了同電磁相互作用，作直接類比而選擇了矢量相互作用），直到 1957 年因宇稱不守恆，而要求作某些修正爲止，他的理論一直都保持不變。在這個理論被檢驗的過程中，費米對他最初的選擇，完全有信心。

費米和海森堡之間最大的不同，在於他們處理高能現象的方式，或者說是他們對粒子物理所持的看法。二次世界大戰後，費米花了大量時間，研究低能共振。雖然對理論和詮釋方面也作出了巨大的貢獻，但他主要是做實驗上的研究。共振的大部分唯象理論，可以追溯到費米的工作。看來，粒子物理要能夠取得進展，唯一的辦法，就是從經過仔細分析的實驗事實，獲得新的信息。按照費米的意見，現在不是坐等雄偉壯觀或大統一的時候，首先是要知道所研究對象的性質。

海森堡的觀點則完全相反。他使用任何已有的實驗信息，作爲建立基本結構的輸入項，以便尋求隱蔽得更深，從而也是更普適的那些原理。他把形式框架，從場論推廣到 S 矩陣理論。海森堡認爲，實驗粒子物理的作用，是要幫助創建一種基本理論。而對費米來說，實驗粒子物理的角色，是要弄清研究對象，這樣才可能著手建立一種最終的理論。費米從未寫過一篇與 S 矩陣有關的論文。就本文作者所知，海森堡則從未分析過任何一個散射實驗中的相移問題，也從未計算過一個費因曼圖。海森堡認爲費因曼圖不重要；費米則不須要它。

海森堡比大多數物理學家都清楚，計算機的出現，將會給物理學帶來大的衝擊。他同 Pasta 和 Ulam 合寫的一篇論文，預告了一個新世紀的來臨，其中，計算機產生出的信息，就和實驗和理論的信息一樣重要。

海森堡在其生命的最後十五到二十年，完全沉浸在他的非線性旋子理論中。他的風格變得更爲抽象和哲學化。他很少（甚至根本不）注意計算機所帶來的，新的出乎意外的可能性。就像他早先強調，自發對稱破壞的重要性時那樣，他保持了自己那非凡的創造力，和傑出的直觀洞察力。

隨著時間的推移，費米和海森堡的風格相差得越來越遠。費米變得更爲多樣化，對抽象的推測，越來越沒有耐心。海森堡則變成更明顯的統一派，很少關心新現象，把全部精力集中於創建最終統一理論的努力上去。

如果忽略了他們兩人各自的文化氛圍，那麼，即使對他們進行表面和粗淺的比較，亦將會是不完整的。海森堡沉浸在德意志文化之中。他是一位出色的鋼琴家。他對文學懂得很多。對這些事兒，費米很少關心。他既不懂音樂，對之也不感興趣。烏崙貝克還得給他介紹米蓋朗基羅的雕塑[2]。海森堡認爲自己是一個德意志知識分子，碰巧成爲一個物理學家而已。費米則一直要成爲物理學家。此外，他堅持要做一個普通的人。他甚至買了一架電視機。

他們倆對各自國家的文化和政府的義務感，是他們之間的最大分歧，或許也是衝突的一個方面。海森堡沉浸在德意志文化之中，這是他個性的一個有機組成部分。當政府變成侵略性、壓迫性，而完全不合法時，海森堡傾向於讓步和承認。他寧可妥協而不願決裂。在希特勒運動初期，情況更是這樣。他對這個運動，如果不是極力贊揚的話，至少，他認為它有積極因素。

費米對義大利文化並沒有深深的依附感。他從來就對墨索里尼和法西斯主義沒有好感。他對政府的態度，是實用主義而不是意識形態的，肯定沒有沉浸在民族驕傲的感情之中。他在美國研製原子彈，因為在那時，這是重要和必須的。他明確反對研製氫彈，因為看來並不必要，也沒有理由。正如他和 Rabi 在一封感人的信件中所說的：「這是不必要的消極力量的一種肆無忌憚的擴張。」這就是他給 AEC（美國原子能委員會）的信中所寫的。他不為研製氫彈而工作。這當中既沒有什麼哲學，也沒有政治，更不是宣傳。

對海森堡來說，事情從來也不是這麼簡單，這麼直截了當。為了在對德國的忠誠、對物理學的獻身，和作為人類一員的職責之間，取得平衡，他苦苦掙扎了許多年。他從來沒有得到過滿意的解決辦法，不過，他保持了對德意志文化的依附。

第二次世界大戰的結束和結局，使海森堡和費米之間的分歧尖銳化了。無論如何，美國的核計畫是成功的，德國的核計畫失敗了。作為這兩個核計畫的公認領導人，他們成了直接的競爭者，結果費米獲勝。

還有更深一層的衝突。海森堡（還有包利和許多歐洲物理學家）不能相信，在物理學方面美國不但和歐洲並駕齊驅，甚至可能超過後者。在歐洲，美國的物理學家常常被斥之為沒有哲學的和實用主義的。歐洲人認為，美國的物理學忽略了一切真正深邃的問題，只把注意力，集中到實用的工程技術方面去。

一位知名但有時卻出語傷人的物理學家抱怨道，美國的所有物理學家只能計算計算填字遊戲。另一位物理學家對費因曼圖感到不悅，說：「這只能把量子場論帶給並不真正理解它的那些芸芸眾生。」當有人問及美國在二次世界大戰期間的科學成就時，包利說，唯一的重要進展，是昂薩格對二維易興模型配分函數的準確計算。他還補充道：「要記住，昂薩格是挪威人。」在那個圈子裡，費米被貶為「聰明的量子工程師」。這絕對不是一句恭維話。

歐洲和美國物理學家之間，還存在許許多多大大小小的緊張關係，表現在兩個佔領導地位的主要人物費米和海森堡身上。這些潛在衝突，被轉嫁到已經存在的那些分歧上面去：從根深蒂固的政治意見相左，到年代久遠的感情傷害。對一個文化中心可能會衰落的恐懼，和對另一個中心可能會崛起的驕傲，肯定會轉化為科學上的競爭。

1958 年，伴隨著海森堡和包利試圖建立一種大統一理論而出現的狂熱，至少很可能部分是由企圖重建歐洲霸權的願望所引起。很明顯的，這是一個包含著許多有趣可能性的課題，值得進行深入研究。也許，本文這些議論，可以作為進一步嚴肅研究的基礎。

## 2.烏崙貝克（G. Uhlenbeck）和楊振寧

把烏崙貝克和楊振寧的科學風格，進行比較和對比，也許不太合適。他們不是同代人，在不同的時候進入物理學，當時物理學的狀況，也相應地有所不同。

烏崙貝克早期研究的是原子物理。他當時試圖通過原子模型，去理解光譜的實驗信息。他和 Goudsmit 合寫關於自旋的那篇意義重大的論文，在 1925 年發表時，楊振寧才十二歲。事實上，在更早的時候，烏崙貝克曾發表過一篇關於推廣洛崙茲定理的論文。在許多方面，這篇論文比那篇關於自旋的論文，更能顯示出他的風格特點。

那時，物理學的所有中心問題，全都集中在如何描述原子這件事情上。這種發展，導致了量子力學的誕生。烏崙貝克參與了這一發展過程，但在後來，他逐漸把自己的研究興趣，轉移到他的第一愛好，即統計力學上面來。

楊振寧 1946 年作為一個成熟、並很有見識的非凡研究生、就讀於芝加哥大學時，烏崙貝克已經是統計力學領域中，一位處於領導地位的人物。那時，物理學的中心議題，已轉到了核物理，特別是粒子物理（大家都把它稱之為「新的前沿」方面。要對他們各自的風格，進行任何嚴肅的比較，都必須考慮到，這種輩份上和科學發展狀況上的差別。按照戴遜分類，楊振寧和烏崙貝克兩人，都是多樣派和統一派的混合型物理學家，但是兩人的混合程度，非常不一樣。雖然楊振寧和烏崙貝克兩人都研究具體課題，但是，楊振寧常常關注他所研究問題的廣泛含義，所以他具有統一派的特點。烏崙貝克可以稱之為一個「局部統一派」學者。對物理學的特定課題，諸如布朗運動或玻耳茲曼方程的解等等，他花了很大力氣，對其中的基本觀念和假設，進行組織並使之系統化。但是，他從未試圖對這些問題做任何推廣。

楊振寧用 $\frac{1}{3}$（D+F+E）這個公式，來描述自己的風格；D、F、E 是他心目中的三個偶像，即狄拉克（Dirac）、費米（Fermi）和愛因斯坦（Einstein），上述公式，表示這三個人風格的組合。不過，這實際上會引起些少的誤解。這三個人的風格，並不是可以兼容的（也就是說，D、F 和 E 相互之間，不能對易）。其實，楊振寧只是從這三個人擷取了風格要素，並對之做了修改，從而演變出他自己的風格。

在做某些課題的研究時，楊振寧以一種直接、平淡的方式去處理問題，分析和解釋實驗結果。這時，他常常以一種革新和出其不意的態度，盡最大的努力在現有的理論中發掘，很少顯示出要進行根本性變革的願望，這使人想到費米的風格，其他研究則具有更正規的特點，物理觀念被嵌置於精確界定的數學結構之中，用一種嚴密推導的方式加以分析，常常導致始料不及的結果，宛若在狄拉克的文章中見到的那樣。

楊振寧論點中，貌似簡單的曲折，有時候能夠完全改變已經得到的結論，這使人想到愛因斯坦式的物理，其中一個例子就是楊振寧把魏耳的標度（規範）不變，修改為相位不變。所有這些要素，全都組合在一起，形成了非常獨立、富有洞察力的獨創性，和邏輯上無可挑剔的一種風格。

楊振寧和烏崙貝克的對比，在所有方面都是引人注目的。烏崙貝克有個著名的說法，那就是：「在物理學領域內，你必須追隨一位大師。」他相信，他自己和絕大多數物理學家所扮演的角色，只不過是去理解、澄清、組織、解釋和教授物理學。如果走運的話，一個人在某種極為罕有的機會中，可能獲得重大發現。但他深信，這種人仍然須要追隨一位大師。物理學太困難了，只有極少數人才能做經受得住考驗、高質量和開創性的工作。可以肯定的是，烏崙貝克遵循了他自己的忠告。洛崙茲和 Ehrenfest 指引著他的科學生涯，給他確定了科學研究的目標，包括教給他如何去判斷一項科學成果，究竟是否有價值。

晚年，烏崙貝克遵循的是費米和奧本海默所提出的研究方向。爲了一切實際的目的，他接受了包利對新結果的評價。按照 Kramers 的分類，烏崙貝克是一位從屬性的物理學家，楊振寧則是極端有主見的物理學家。

不受別人左右和獨創性，是楊振寧研究風格中至關重要的因素，而烏崙貝克不僅具有比較大的依附，而且，他根本不認爲獨創性有什麼重要。他曾經指責費因曼式的量子電動力學「太過獨特，令人討厭」。Kramers 在其所著教科書的第二卷，用了一種非常規的方式去處理輻射理論，烏崙貝克在一篇書評中，對這本教科書，也做過同樣的指責。

烏崙貝克對模稜兩可、沒有結構的科學狀況，感到難受。他告誡他的某些合作者，不要試圖「太獨創」，精確、明晰和流暢易懂，比標新立異和虛構，更爲重要。我們可以毫無疑問地把烏崙貝克稱之爲統計力學大師，即使在這個領域，他也避免激進的創新。他自己的工作本身並不像 Mayer、Kirwood、昂薩格、Bogoliubov 和 Kramers 的那樣，能開啓新的發展。但他的深刻詮釋分析，使這些人的先驅研究，顯得精確、洗練和中肯，反過來，又強調了這些研究工作的根本重要性。

如果沒有烏崙貝克批評性的檢驗，和澄清性的系統化，這些新發展的重要性，是否會這麼快就被公眾承認，那是無法肯定的。

這正是烏崙貝克希望在物理學中扮演的角色。他以上乘的演技，演好了這個角色。楊振寧承認烏崙貝克的重要貢獻，但自己卻不喜歡這樣做。事實上，按照本文所列舉的，幾乎所有風格分類，楊振寧和烏崙貝克都完全不同。

　　楊振寧是統一派，雖然同時也是一個著名的多樣派。烏崙貝克主要是一個多樣派。楊振寧有強烈的獨立感，而烏崙貝克常常要追隨一位大師。在楊振寧的研究工作中，新觀念、深刻的洞察力和獨創性，是最主要的；而闡明、理解和對現存結構的關係，在烏崙貝克來說，則是根本的。楊振寧肯定是一位絕對思想家。他小心準確地使用著語言，他那些自己感到滿意的論文，都是以最少的語言去傳遞最大量的信息。

　　烏崙貝克很像是一位語言學思想家。他咬文嚼字，以便確實做到用最易懂的方式，來敘述物理學。他喜歡給程序、定理、定律、方法和佯謬命名，既為了互相辨別，也為了強調它們在物理學傳統中的作用。

　　政治上，他們兩人都有保守的傾向。但是，當楊振寧看到，現存的構架無法保持時，他就願意（或許，甚至於渴望）尋求一種非常激進的解決辦法。他是一位不主動、但卻無畏的革命者。

　　可是，對任何激烈的改變，烏崙貝克都極為消極被動。他對物理理論（不管是經典力學、電動力學，還是量子力學）之歷久不衰的力量，具有很大的信心，他常常斷言，如果一個實驗和已經完整地建立起來的理論，發生矛盾，那麼，這個實驗很可能是錯的，最好將它棄置。他不在乎對理論進行微小的修正，他願意對理論進行調整。但對大的、結構上或者概念上的改變，他存有戒心。

　　當 Kusch 和 Foley 測量到電子的反常 g 因子時，烏崙貝克不相信他們的結果。當實驗結果變得更為確定時，他傾向於把它歸結為原子物理學的傳統位形相互作用。過了好長時間，他才接受了反常 g 因子，並承認這是表明量子電動力學正確的一個證據。楊振寧是在大的有限刺激下，會變成革命者的那種保守派。而要烏崙貝克發生激烈的改變，則須要無限長的時間，或者無限大的刺激。這些風格差異，甚至見諸他們的推理過程，他們每個人都認為自己的風格，帶來了最光彩奪目的發現。

在最後導致提出自旋概念的觀念上的苦鬥中，烏崙貝克受到包利的強烈影響。包利用四個量子數來描述原子中的電子。對烏崙貝克來說，一個量子數必須直接和一個自由度相關聯。量子規則和經典力學的結合，使得這種關聯不可避免。烏崙貝克不能夠，也不情願考慮，兩者之中，有一個可能是不正確或不完整的，這就迫使烏崙貝克得出必須有另一個自由度的結論。他那不同凡響的洞察力使他看出，一個自己旋轉（它的「日旋轉」）著的電子，加上其繞核軌道運動（它的「年旋轉」），提供了這種自由度；這是整個物理學中，最碩果累累的見解之一。

在 $\theta$-$\tau$ 之謎中，楊振寧和李政道遇到了一個不同的問題。從多數人那時所持的觀點來說，$\theta$ 和 $\tau$ 是同一客體。但是，按照量子場論，和眾所周知的守恆定律，這個客體，不可能顯示出所觀察到的兩種衰變模式。烏崙貝克和 Goudsmit 面對一個謎團（這個附加量子數的意義是什麼），楊振寧與李政道面對的是一種矛盾。他們的分析中，最初的說法是比較溫和的：這個被假設為普適的守恆定律，在弱作用中並沒有被檢驗過。這好像是指出了物理學界的一個疏忽，應該予以修正。但是他們的推論卻是響亮、清晰和不可避免的：如果原來被認為是普適的那個宇稱守恆定律，在弱作用中不再適用，矛盾便不復存在，楊振寧和李政道願意把一個普適定律的破壞，作爲解決矛盾的一種辦法。烏崙貝克和 Goudsmit 則不會對一個普適定律的破壞感到高興。

作爲物理學的一種怪念頭，設想把上面的情況反轉過來，會是很有趣的：如果讓楊振寧遇到原子中的電子有四個量子數的問題，而烏崙貝克必須解決 $\theta$ - $\tau$ 之謎（假定他們每人都有自己的「定見」，但只擁有當時所能得到的物理知識）。

楊振寧很可能爭辯說，量子數和個別自由度相聯繫在一起並不是一個普遍的規則。對具有許多自由度的系統來說，它是否正確，還未被檢驗過，尤其對不可積系統，更是如此。他很可能對建立經典守恆量及量子數之間更爲一般的關係感興趣。他很可能不會接受現存的那種把任意的量子規則，和經典力學像在大理石上雕刻那樣結合在一起的形式體係。

至於烏崙貝克如何處理 $\theta$ - $\tau$ 之謎，也是純猜測性的。但是，他不太可能對一個基本守恆定律的破壞感到高興。很可能，他會認爲 $\theta$ 和 $\tau$ 根本不是同一實體。他會認爲，很可能存在一種目前尙未發現的原因。他的這種推測和假定存在一種新的自由度，沒有太大區別。對於與已建立的理論原理相悖的實驗，烏崙貝克往往持懷疑態度，因此，他可能不會對這些實驗結果，信以爲真。當然，所有這些議論，純粹只是推測而已，但是，偶而考慮一下某種確定的智慧類型，對他們從未碰到過的情況，會作出什麼反應，也是饒有興味的。

在如何看待和如何應用數學方面，楊振寧和烏崙貝克也不相同。楊振寧對數學的威力和它的美麗，一直感嘆不已。他在整個物理學生涯中，不斷提高了自己的數學品味。隨著時間的推移，他的風格變得越來越抽象和爐火純青了。

當他還是一個年輕學生時，楊振寧就對群論的巨大威力，有深刻的印象。他一生都持續地對群論感興趣，這種興趣不斷在擴大。這顯然使他終生都對稱性感興趣。他確實未曾想盡辦法去掌握新的，更當代的數學，諸如纖維叢、微分型或陳氏級等，但是，事實上，他也不拒絕在研究工作當中，應用這些新的數學。一旦對之感興趣，他能以不可思議的速度，學到他所須要的那些複雜的知識。他對經典數學、複變函數和矩陣方法，都同樣駕輕就熟。他喜歡數學，他處理數學問題，有著頂瓜瓜的熟練技巧。

烏崙貝克對待數學的態度，則與楊振寧大不相同，他當然承認數學是一種重要的計算工具，給了他很大的力量。他也喜歡用數學去表述物理觀念。但是，他對數學的優雅，或者對一種論述的美學上的美，顯得無動於衷。他喜歡群論，卻從未使用過。他對對稱性的論述感到興趣，但對直接的計算更感到心安理得。楊振寧確信數學有廣泛的用途，與此相反，烏崙貝克則確信，數學中，只有非常有限的一部分，能在物理學派上用場。他對古典分析、微分方程積分方程和特殊函數，了解得非常透徹。很可能，他的數學品味反映了他早年受到的 Ehrenfest 和洛崙茲的影響。Ehrenfest 和洛崙茲兩人，都被認為對物理中的數學起了很小、很有限的作用。事實上，在運用數學進行論述方面，烏崙貝克的興趣，已經遠遠超出了他的這兩位導師。曾幾何時，他對求解積分方程的 Wiener-Hopf 方法著了迷，並且，他很早就認識到，圖論是統計物理的一個重要工具。

大多數情況下，他回復到他的導師們的觀點－「數學用得越少越好，讓數學待在它應該待的地方好了。」1948年，在一次典型的談話中，他聲稱：「要說拓撲學在物理中有任何重要性，那是不可能的，甚至是不可思議的。」可以理解，他對把自己的數學知識拓展到新的領域，絲毫不感興趣。他甚至對布朗運動、隨機過程和無規行走等問題的數學討論，不屑一顧。須知，這些討論，對他感興趣的物理課題，是非常重要的。

烏崙貝克傾向於完全無視基本上屬於數學領域的科研成果，他感到它們和物理學沒有關係。楊振寧對抽象的數學結構在物理學中的日益重要性，有深刻的理解。烏崙貝克認為數學的功能，並沒有多大變化。數學過去是，而且仍舊只是，用以獲取具體結果的一種強有力的技術手段而已。

楊振寧和烏崙貝克都對相變，尤其是氣體的凝結問題有興趣。這就使我們能夠對楊振寧和烏崙貝克處理同一問題的方式，進行直接的比較。1938年，烏崙貝克發表了一篇關於J. Mayer氣體凝結理論的漂亮而且清晰的論文，從那時起，他就全神貫注，凝結問題。他同Kahn一起，通過集團積分，用正則系綜求得了配分函數的級數展開。Mayer的級數展開是維裡密度展開的定型，卡默林‧昂奈斯（Kamerlingh Onnes 1853－1926，荷蘭物理學家，1913年諾貝爾物理學獎得主。譯注）最早一個提出了維裡展開，目的是把有關狀態方程的實驗數據組織起來。

烏崙貝克從Kramers的一項評論中知道，只有在體積為無限的極限下，才能發生相變（例如凝結）。但是，在Kahn-烏崙貝克集團積分展開中，無限體積極限變得和體積有關，故很難進行下去。這實際上涉及了一種比較隱蔽的、還從未獲得準確解決的雙重極限問題。

烏崙貝克從另一個不同的方向，來研究凝結問題。他使用複雜的計數方法和圖論的程序，對集團展開的各個項目，進行系統的分析。這就可能對集團進行詳細的分類。他希望用這種較強有力的方法，對凝結問題有更深入的了解。

1952年，楊振寧和李政道使用了全新的、更爲抽象的方法，去研究相變和凝結問題。他們不用正則系綜而用巨正則系綜。他們證明了，在體積和粒子數都爲有限的條件下，所有熱力學函數都是解析的。對有限系統，不存在相變。他們進一步證明了，相變的發生（當然，是在熱力學極限的情況下），由複逸度平面上，巨配分函數零點的位置所決定。很清楚的，楊振寧的方法是和烏崙貝克的完全不同。

烏崙貝克一點也不喜歡楊振寧和李政道的論文。他不喜歡他們使用巨正則系綜。他認爲他們的論述太一般化、太抽象。最糟糕的是楊振寧和李政道的結果，意味著烏崙貝克想通過維裡展開而得到凝結這一多年的希望可能要落空，這當然是大大令人失望的。

這也顯示了，楊振寧和李政道的方法比烏崙貝克正則系綜法，要強有力得多。但是，這並沒有說服烏崙貝克改變其方向。他繼續走自己的路，和 Kac 一起構造了某些模型，並分析了一些系統，它們顯示了某種範德瓦爾斯（J. D. Van der Waals，1837－1923，荷蘭物理學家，1910年諾貝爾物理學獎得主。譯注）式的臨界行爲（下面要談到，範德瓦爾斯類型的行爲，也不是普遍的）。

楊振寧、李政道的方法和烏崙貝克的方法，在精神上從來也不是接近的，它們一直有分歧。烏崙貝克不願意使用更新的、更為抽象的方法；而他自己的方法則不夠有力，不能取得新的進展。

1962 年，楊振寧寫了一篇關於相變問題的最為重要的論文（或許，這也是他所寫過的最重要論文之一）。在這篇論文中，他引進並闡明了密度矩陣的「非對角長程序」概念。通過這個非對角長程序概念，他使用二次量子化的方式，求得了相變的嚴格而形式化的特點。它像數學論文那樣，以一種非常形式化的風格寫成，通篇都是定理、引理和證明，由於文中穿插了小段的科學議論和定性敘述，才沖淡了它的數學氣息。楊振寧確信，透徹分析非對角長程序的概念，必將給出對量子相變的更深刻（或許更完整）的了解。

烏崙貝克仍舊確信，過去不存在，現在也仍然不存在相變的真正量子統計描述。此外，他堅持說，諸如超流、超導這類宏觀量子現象則需要這樣的一種描述。尤其是，他相信量子力學干涉效應，和宏觀量子態的精確定義，並未包括在密度矩陣的形式體係中。楊振寧認為，這種形式體係，已包含了量子統計力學的完整物理基礎，不須要再引進別的概念和定律了。要理解相變現象的多樣性，須要的是對非對角長程序的含義，進行透徹和深入的分析。這是一件困難而又必要的事情。

雖然楊振寧的論文，為烏崙貝克正在研究的課題，提供了一種新的、強有力的辦法，可是烏崙貝克卻對之不屑一顧。反之，他我行我素地按自己的辦法，對相變問題進行苦鬥，在大多數情況下，對量子相變的現存處理辦法，表現了他的疑慮。在 1977 年發表的一篇物理報告中，他詳細總結了自己取得的成果，和他所關心的問題。雖然楊振寧和烏崙貝克的文章討論的都是相變，然而，它們在風格、方法論、目的和哲學上，是如此之不同，甚至對它們進行比較，也是困難的。

必須對這兩篇文章，進行一個公式一個公式、一行一行的比較，以證明他們處理的是同一問題。這種比較，將非常鮮明地顯示兩位傑出而智力過人的物理學家，由於個人風格的衝突，可以導致正好相反的物理結果。這些例子說明，嚴肅地研究一對對風格相反的物理學家是值得的，它會給我們以啓迪，並且引人入勝，從中我們能夠得到關於物理學、關於物理學中觀念的演變、關於物理學家、他們的角色爭奪，以及他們的相互作用的信息。

上述各點中，究竟哪一點重要、哪一點最有價值，因而須要給予最緊迫的注意，讓我把這個問題，作爲練習，留給讀者諸君去判斷吧。

## 五、結論、鳴謝和祝詞

本文是獻給楊振寧教授的。習慣上，在鳴謝中，人們都是感謝給予作者信息和支持的那些個人。我把本文作爲祝詞和鳴謝，獻給楊教授分量都是很不充足的。在過去的二十五年裡，作者一直密切地和楊教授一起工作，這真是一種令人難以置信的好運氣。本文所接觸到的這麼多觀點，都在我們之間多次談話中提到過，這恐怕是我物理學生涯中，真正精彩的部分。因此，這篇文章，充其量不過是把我們之間談話的錄音，放大了而已。在把本文獻給楊教授的同時，我也是在把他對物理學和物理學家透徹的分析，呈獻給他本人。他使我得到了他的洞察

　　力，除非我大大曲解了他的觀點，否則本文也同樣使物理學界，
獲得了他的洞察力。爲此，我要感謝楊教授。

　　本文作者馬克斯・德累斯頓是美國史丹佛大學直線加速器中心
及科學史項目教授。

## 本文作者：楊振寧

## 註　解

① 伯努利家族是指 17 至 18 世紀間，瑞士的一家三代，先後產生
　了八位數學家的家族。其中最著名的爲雅各、約翰和丹尼耳。
　原文似有誤，丹尼耳是約翰的次子，不是兄弟。

② 米蓋朗基羅是義大利文藝復興時期偉大的雕塑家。費米是移民
　美國的義大利人，本應對米蓋朗基羅的雕塑十分了解。

# 第三十章　楊振寧和當代數學[①]

張奠宙

　　楊振寧是二十世紀最偉大的理論物理學家之一，因爲宇稱不守恆問題的貢獻，和李政道分享 1957 年諾貝爾物理學獎。由於楊振寧－米爾斯理論和楊振寧－巴克斯特方程的關係，數學家們對楊振寧十分了解。楊振寧是繼愛因斯坦和狄拉克之後，對數學發展有極大影響的一位二十世紀物理學家。我在 1991 年採訪了楊振寧博士。本文是以我的採訪記錄爲基礎，並且參考了他發表的論文和著作以後寫成的。

## 一、楊振寧和陳省身早年的關係

　　楊振寧 1922 年生於中國中部的中等城市合肥。他的父親楊克純（字武之）是北京清華大學的數學教授，後任教於上海復旦大學。楊老先生在 L. E. Dickson 的指導下，專攻數論，於 1928 年取得芝加哥大學博士學位。作爲最早向中國引進現代數學的學者之一，楊克純教過許多很有天分的學生。他們當中，有兩位後來變得非常有名，那就是華羅庚和陳省身。

　　張奠宙（以下簡稱張）：你什麼時候認識陳教授的？
　　楊振寧（以下簡稱楊）：1930 至 1934 年，陳省身在我父親任教的北京清華大學當研究生時，我記不起是否認識了他。但我卻記得在什麼時候、如何和陳太太鄭士寧認識。那是 1929 年 10 月初。她的父親鄭桐蓀已在清華大學任數學教授多年。那年秋天，我家剛搬到清華大學。我當時七歲，上小學。鄭家請我們到他們那裡吃飯，就這樣，我第一次見到了「鄭大姐」。鄭、楊兩家的關係很密切，1939年陳省身和鄭士寧在崑明結婚時，我的雙親很高興地當了他們的「介紹人」。

張：1938－1942 年在清華大學物理系讀書時，陳省身有沒有給您上過數學課？

楊：1937 年陳省身回國任教時，因為日本人入侵，清華大學已經同北京大學和南開大學，在崑明聯合組成戰時的國立西南聯合大學。1937－1943 年，陳省身在該校任教六年。他是一位才華出眾、受大家愛戴的教授。我在該校念的本科，後來又念了研究院。我對自己在西南聯大當學生的歲月，有著美好的記憶，對我接受到的良好教育，懷著深深的感激之情。我大概聽過陳教授的幾門數學課，但據今天仍然保存下來的我那時的成績單，我只正式地跟他學過一門微分幾何課。那是 1940 年我讀本科二年級的時候。

張：這門課使您受益匪淺，是嗎？

楊：當然。不過我對這門課的情形已記得不太清楚。只有一件事，牢牢地印在我的腦海裡，那就是如何證明每個二維曲面都與平面有保角變換關係。當時我知道，怎樣把度量張量化成 $A^2 du^2 + B^2 dv^2$ 的形式，但是，冥思苦想，卻找不到怎麼才能使得 $A=B$ 的門道。陳省身告訴我，這要用到複變數，並給我寫下 $Cdz=Adu+iBdv$ 這個式子。他的點撥，就好像是霹靂一閃，終生難忘。

張：您什麼時候到美國來的？

楊：1945 年 11 月。來到美國後，我想投奔費米或者維格納 （E.

P. Wigner，1902－1995，美籍匈牙利物理學家，1963 年諾貝爾物理學獎得主。譯注）。到 1942 年爲止，費米一直在哥倫比亞大學任教，但是，我在那裡，卻沒有找到他。我到普林斯頓大學去，遺憾地得知維格納第二年要休假。幸而，我從其他人那裡打聽到，費米將要到芝加哥大學新建的一個研究所任職。這就是我爲什麼到芝加哥大學攻讀博士學位的原因。

張：陳省身在芝加哥大學當了許多年教授。

楊：是的，但只有在 1949 年離開芝加哥以後，我才有機會在普林斯頓、芝加哥和柏克萊常常見到他。他是在 1949 年初重返美國的。

張：你們是否討論了纖維叢？

楊：那是 70 年代以後的事。早先，我們只有一般的社交往來。我們討論過數學家們，不過沒有討論過數學。

## 一、楊振寧－米爾斯 1954 年的論文

在崑明和芝加哥當學生時，楊振寧對規範不變性完全決定了所有的電磁相互作用這一事實，印象深刻。1918 至 1929 年間，通過Weyl、Fock 和 London 等人的工作，以及後來包利的有關評論文章，大家知道了這一點。然而，在 40 年代和 50 年代初，它在物理學中只是起了很小的、技術性的作用。在芝加哥時，楊振寧試圖把規範不變性概念，推廣到非阿貝耳群中去[對電磁學來說，規範是阿貝耳群 U（1）]。與麥克斯韋方程組相類似，他試圖使用下式：

$$F_{\mu\nu} = \frac{\partial B_\mu}{\partial x_\nu} - \frac{\partial B_\nu}{\partial x_\mu} \qquad (*)$$

他認為此式是麥克斯韋方程組的一種自然的推廣。他說：「得到的結果，真是亂七八糟，我只好罷手。」

1954 年，作為紐約州長島布魯克海文國家實驗室的訪問學者，楊振寧再一次回到推廣規範不變性的想法上來。和他共用一間辦公室的是羅伯特．L. 米爾斯，他正要完成攻讀哥倫比亞大學博士學位的學業。楊振寧向米爾斯介紹了非阿貝耳規範場的想法，他們決定在（＊）式右邊加上一個二次項。如此一來，「亂七八糟」就被一掃而光，漂亮的新場論就這樣建立起來了。1954 年夏，他們把論文投到《物理評論》雜誌，同年 10 月，該文以＜同位旋守恆和同位旋規範不變性＞為題，在雜誌上發表。米爾斯後來是這樣寫到這段歲月的：

「1953－1954 的那一學年，楊振寧到布魯克海文國家實驗室訪問……我當時也在布魯克海文……和楊振寧合用一個辦公室。楊振寧在許多場合中，表現出他對剛剛開始物理學生涯的青年人的慷慨。他告訴我關於推廣規範不變性的思想，而且我們較為詳細地作了討論。……討論時，我能有所貢獻（特別是在量子化過程方面），而且在決定它的表述形式這個問題上，也有小小的貢獻，但是，一些關鍵性的思想，卻是屬於楊振寧的。」

張：我聽說米爾斯那時在英國。我在一篇很有影響的報告裡讀到，1954 年楊振寧在美國，而米爾斯則在英國，構造了一個附加非交換群的非線性變換的麥克斯韋方程組。這是怎麼一回事？

楊：那篇報告的作者搞錯了！1954 年米爾斯在美國。後來他確實多次訪問了英國，但不是在 1954 年。

張：1977 年，M. E. Mayer 說：「讀過楊振寧和米爾斯的論文，我覺得作者們已清晰地理解了規範勢的幾何意義。他們使用規範不變的導數和連絡的曲率形式。事實上，這篇論文中的基本方程，和用幾何方法導出的方程完全一樣⋯⋯」他說的對嗎？

楊：完全不是這樣。米爾斯和我在 1954 年所做的，只是想推廣麥克斯韋方程。我們並不知道麥克斯韋方程的幾何意義，也沒朝那個方向去想。對物理學家來說，規範勢來源於我們用以描述電磁場的一個概念。連絡是 1970 年前後，我才知道的一個幾何概念。麥克斯韋方程組有深刻的幾何含義，物理學家對這一點的揭示，感到非常驚訝。

張：一個有趣的問題是，1954 年的，你們對自己關於非阿貝耳規範群原始論文的極端重要性，是否有所認識？

楊：沒有。在 50 年代，我們感到我們這項工作很妙。到了 60 年代，我才認識它的重要；及至 70 年代，我理解了，它對物理學非常重要。只是到了 1974 年，我才弄清楚它和深奧的數學之間的關係。

張：眾所周知，魏耳（H. Weyl）最先提出了阿貝耳規範場論的觀念。為什麼你們文章中沒有提到魏耳的工作？

楊：四、五十年代，物理學家就已經知道魏耳引進了阿貝耳規範場論的觀念，但物理學界在場論研究方面，常常引用的是包利的評論文章。事實上，那時我沒有讀過魏耳的任何一篇論文。

張：您在普林斯頓見過魏耳嗎？

楊：當然見過。關於這一點，我要給你看看 1985 年我在蘇黎世魏耳誕辰一百周年慶祝會上所作的報告：〔下附該報告〕

1949 年，我到普林斯頓高等學術研究所做一位「年輕的成員」
時，見過魏耳。隨後，1949－1955 年間，我不時見到他。他非
常平易近人，但我記不起是否和他在什麼時候討論過物理學和
數學問題。物理學家不大知道他一直對規範場的觀念感興趣。
不論是歐本海默還是包利都沒有提到過這一點。我懷疑，他們
也沒有向魏耳提到過我和米爾斯在 1954 年合寫的論文。否則，
如果他們提了，或者魏耳從什麼地方得知了我們的論文，我認
為他會十分高興和興奮，因為我們把他最關心的兩件事，即規
範不變性和非阿貝耳李群，放在一起了。

　　張：我在你這篇論述魏耳的漂亮文章中讀到，他是最早提出中
微子的二分量理論的學者。
　　楊：不錯。他在 1929 年寫下這個理論，並指出，由於它沒有
保持左－右對稱，故在自然界中不可能實現。大約三十年之後，在
1956 至 1957 年，發現了左－右並不嚴格對稱，魏耳的理論才得以
復活。今天，它仍然是關於中微子的正確理論。
　　順便一提的是，我們在魏耳死後兩年，買下了他在普林斯頓的
房子，從 1957 到 1966 年，我在那裡住了九年。
　　張：當魏耳得知他的中微子理論正確時，反應如何？
　　楊：不幸的是，魏耳在 1957 年物理學發生巨大轟動的前兩年
就死了。我們是在 1957 年初，宣布了左－右並不嚴格保持對稱，
即宇稱並不嚴格守恆的結論。於是，魏耳的理論復活了。它同 $\beta$ 衰
變的漂亮實驗相吻合。隨後六個月，在 $\beta$ 衰變中出現了大混亂的局
面，這和中微子究竟是右旋還是左旋的問題有關。當年秋天，提出
了 $\beta$ 衰變的 V-A 理論。12 月，設計巧妙的一項實驗，把這一切都
澄清了，包括發現了魏耳的中微子是左旋的。

魏耳比楊振寧長三十七歲，在學術界屬於不同的時代。他們來自不同的國度，具有東西方各異的文化背景。可不可以這樣說：魏耳是通曉物理學的數學家，而楊振寧則是深諳數學的物理學家？

## 二、楊振寧－米爾斯理論和幾何學

楊振寧和米爾斯合寫的論文發表後，探討規範場論量子化和重整化，以及求解楊振寧－米爾斯方程的論文大量出現。只有少數人注意到規範場論的幾何和拓撲性質。他們當中，S. Mandelstam、E. Lubkin、H. G. Loos 和 R. Hermann 為物理學家出版過一系列數學書，其中有一些涉及到這個課題。看來，它們都沒有什麼重大影響。就規範場論與幾何的關係問題，我問楊振寧，他在這方面有什麼體驗。

張：1954 年以後，您是否一直在研究規範場論？

楊：是的。儘管五六十年代非阿貝耳規範場論在物理學中並沒有什麼實際應用，但是，隨著時間的推移，人們卻越來越欣賞它的優雅。例如：在 1964 年出版了一本書，內中收集了楊振寧和米爾斯、李政道和楊振寧、Sakurai、蓋爾曼等人十二篇論文的俄文翻譯。我本人在 50 年代裡，一直在規範場的不同方面做著研究，儘管沒有取得什麼結果。

60 年代末，通過不可積相因子的辦法，我開始提出規範場的一種新的形式體系。恰好有一個學期，我在講授廣義相對論，我發現，規範場論中的公式

$$F_{\mu\nu} = \frac{\partial B_\mu}{\partial x_\nu} - \frac{\partial B_\nu}{\partial x_\mu} + i \in \left( B_\mu B_\nu - B_\nu B_\mu \right) \quad (1)$$

和黎曼幾何中的公式

$$R^l_{ijk} = \frac{\partial}{\partial x^j}\{^{\ l}_{ik}\} - \frac{\partial}{\partial x^k}\{^{\ l}_{ij}\} + \{^{\ m}_{ik}\}\{^{\ l}_{mj}\} - \{^{\ m}_{ij}\}\{^{\ l}_{mk}\} \quad (2)$$

二者不僅相似，事實上竟是完全一樣，只要你把記號搞對就行。搞清楚這一點，我激動得著實難以名狀。

張：您是否第一次理解了規範場論和微分幾何之間的關係？

楊：此前，我注意到了 Levi-Civita 的平行移動和規範場的不可積相因子相類似。然而，只有了解（1）、（2）兩式一樣之後，我才真正賞識了這種關係。

賞識了規範場論的幾何意義，我就向石溪的數學系主任、傑出的幾何學家 Jim Simons 求教。他說，規範場論一定同纖維叢的連絡有關，於是我便研讀有關數學書籍，如 Steenrood 的《纖維叢的拓撲學》等等，以求了解纖維叢理論。但是我看不懂。對一個物理學家來說，現代數學的語言實在是太冷澀、太抽象了。

張：我設想，只有數學家們才賞識今天的數學語言。

楊：我可以告訴你一個相關的故事。十年前，我在漢城的一次講話裡說道：「方今世上有兩類數學著作。第一類我看了第一頁便不想再看；第二類是看了頭一句就不想看了。」後來《數學信使》（*Mathematical Intelligencer*）雜誌，把我的這句玩笑登了出來。我相信，許多數學家對此不以為然。

張：您是什麼時候掌握纖維叢數學理論的呢？

楊：1975 年初，我邀請 Jim Simons 給我們作了一系列午餐講座[2]，講授微分型和纖維叢理論。他好意地接受了邀請。我們學到了 de Rham 定理、微分型和修補等內容。它們都非常有用，使我們得以理解 Aharonov-Bohm 實驗，以及狄拉克關於電、磁單極的量子化規則。H. S. Tsao 和我後來也掌握了意義深遠、十分普遍的陳省身－Weil 定理。回首往事，正是這些講座，使我非常模糊地懂得了「流形」這個概念。

## 三、楊振寧-Singer-Atiyah

Simons 的講座幫助吳大峻和楊振寧寫出了一篇題爲＜不可積相因子的概念和規範場的整體表述＞的著名論文。文中，他們分析了電磁學的內稟意義，特別強調了整體拓撲聯繫。他們討論了Aharonov-Bohm 實驗和狄拉克磁單極的數學意義，他們製作了一張對照表（見表 1）。

半年以後，麻省理工學院的 I. M. Singer 在 1976 年夏，訪問了石溪，他和楊振寧詳細討論了這些問題。Singer 於 40 年代在大學本科讀的是物理，當研究生時學數學。他在 1985 年寫道：

> 三十年後，我發覺自己在牛津大學講授規範場理論。這件事起因於吳大峻和楊振寧的一張對照表，結果得到了瞬子，即楊振寧－米爾斯方程的自對偶解。做了三十年的數學，似乎我又回到物理學來了。

表一　術語的互譯

| 規範場術語 | 纖維叢術語 |
| --- | --- |
| 規範或整體規範 | 主坐標叢 |
| 規範形式 | 主纖維叢 |
| 規範勢 | 主纖維叢上的連絡 |
| S | 轉移函數 |
| 相因子 | 平行移動 |
| 場強 f | 曲率 |
| 源 J | ？ |
| 電磁作用 | U（1）叢上的連絡 |
| 同位旋規範場 | SU（2）叢上的連絡 |
| 狄拉克的磁單極量子化 | 按第一陳省身類將 U（1）叢分類 |
| 無磁單極的電磁作用 | U（1）平凡叢上的連絡 |
| 有磁單極的電磁作用 | U（1）非平凡叢上的連絡 |

　　爲了解釋前十年的發展，Singer 重現了吳大峻－楊振寧 1975 年的那張對照表。

　　1977 年四、五月間，大家傳閱 M. E. Atiyah、N. J. Hinchin 和 I. M. Singer 合寫的一篇論文（牛津大學、加州大學柏克萊分校和麻省理工學院的預印本）。它把 Atiyah 和 Singer 的指標定理，應用到自對偶規範場的問題；這觸發了許多數學家對規範場的興趣。

　　1979 年，Atiyah 出版了他的巨著《楊振寧－米爾斯場的幾何學》。他的選集第五卷的副標題是「規範場理論」。我在楊振寧石溪辦公室的書架上，發現了這本書。Atiyah 在序言中寫道：

1977 年以來，我的興趣轉到規範理論、幾何學和物理學之間的關係上來。多年來，由於和 George Mackey 的長談，我對理論物理學，有一些興趣。1977 年從兩方面來的刺激，增加了我的興趣。其一是，Singer 把有關楊振寧—米爾斯方程的情形告訴了我。由於楊振寧的影響，這個問題正開始滲透到數學圈子裡來。1977 年初他到牛津來時，Hinchin、Singer 和我，認真地審視了楊振寧—米爾斯方程的自對偶性。我們發現，簡單地應用一下指標定理，就可以得到關於「瞬子」參數的公式……另一方面的刺激，來自牛津大學 Roger Penrose 和他的小組。

張：在表一中，爲什麼你們留下一個問號？

楊：這是因爲數學家們還沒有研究過「場源」這個概念，對物理學家而言，它是非常熟悉和重要的。這是麥克斯韋表述庫崙定律和安培定律時的一個關鍵概念，用 J 標記。用現代數學的記號，就是

$$D * f = J = 源$$

對無源的情形而言，如果 $f = \pm * f$，則

$$D * f = 0$$

這促使物理學家和數學家都去研究自對偶規範場。

張：這個故事十分有趣。自對偶規範場的這種研究，引導出許許多多漂亮的數學結果，包括 Simon Donaldson 榮膺菲爾茲獎的那項成果。

楊：是的。這個故事，也可以作爲數學家如何從物理學中推導出概念的二個例子。在過去，這種情況是普遍的，可惜現在很少了。

張：有沒有數學觀念變得對物理學重要的情形？我們可以回想

一下，有人勸愛因斯坦注意張量分析這件事，這和你從 Simons 得到幫助，是否有點相似之處？

楊：愛因斯坦博大精深，後人難以企及。至於數學之進入廣義相對論和進入規範場理論，兩個過程是十分不同的。對前者而言，如果沒有黎曼幾何，愛因斯坦就不能表述自己的觀念；對後者來說，先寫下了方程，隨後數學才使我們對它有一個內在的全面理解。

張：在你們之前，就有許多學者指出規範場理論和纖維叢有關。他們的論文，爲什麼沒有像你們的論文那樣，在數學界產生這麼大的影響？

楊：這或許有諸多原因。他們的工作也許太形式化了，物理學家理解不了其中的內容。由於不清楚其中的物理內容，對數學家來說，這些文章又顯得太平淡了。至於吳大峻和我在 1975 年所寫的論文，我們對 Aharonov-Bohm 實驗及狄拉克單極的討論，有助於吸引人們的注意。對照表也有所幫助。

張：你和 Singer 和 Atiyah 在學術上是否有聯繫？

楊：我們見過幾次面，但沒有合作研究過。

## 四、楊振寧-巴克斯特方程

楊振寧對數學的另一個重大貢獻，是建立了楊振寧－巴克斯特方程。它起源於楊振寧對統計物理的研究。

1967 年，楊振寧試圖找出具有 $\delta$-函數相互作用一維費米子氣體的本徵函數。這是比較困難的一件事，他解決了這個問題，並指出，其中關鍵的恆等式，是一個矩陣方程：

$$A(u)B(u+v)A(v)=B(v)A(u+v)B(u)\quad(**)$$

　　幾年後，巴克斯特（R. J. Baxter）在求解另一個物理問題，即八頂角模型時，又用到了（＊＊）式。

　　許多研究中心後來繼續探求這兩方面的發展，尤其是蘇聯的學者，做了最大的努力。1980 年這式子稱之爲「楊振寧－巴克斯特關係」或「楊振寧－巴克斯特方程」，這就是方今普遍採用的名字。近六、七年來，物理學和數學中，一系列激動人心的發展，導致人們得出結論：楊振寧－巴克斯特方程是和各種數學分支，諸如紐結理論、辮結理論、算子理論、Hopf 代數理論、量子群、三維流形拓撲和微分方程的單值性等，都有關係的一個基本數學結構，在這些領域內，形成了又一次「文獻爆炸」。

　　YBE（Yang-Baxter Equation，即楊振寧－巴克斯特方程）只不過是一個簡單的矩陣方程，它爲什麼這樣重要？

　　張:在最簡單的情形中，YBE 具有下述形式：

ABA=BAB

這是 Artin 辮結群的基本方程。顯然，辮結是對置換的歷史的一種記錄。不難了解，置換的歷史和許多數學問題，以及和物理問題有關係。

　　反觀近六、七年的發展，我感到 YBE 是繼雅可俾恆等式之後的下一個無所不在的代數方程。雅可俾恆等式爲

$$C_{ab}^i \, C_{ic}^j \; + \; C_{ca}^i \, C_{ib}^j \; + \; C_{bc}^i \, C_{ia}^j = 0$$

　　當然，雅可俾恆等式的研究，以導出了整套李代數，以及這種代數與李群的關係。YBE 對數學的影響，看來比對物理學的影響要強。

　　楊：就目前來說，是這樣。事實上，有些物理學家認爲，它是純數學。但我認爲情況會改變。YBE 是一種基本結構，即使某一物

理學家不喜歡它，但他最終還是不得不使用它。在 20 年代，許多物理學家把群論稱之爲「群害」。這種態度持續到 30 年代，後來消失了。

## 五、1986 年和 1990 年的菲爾茲獎

楊振寧－米爾斯理論和楊振寧－巴克斯特方程在今日的核心數學中，起著突出的作用。從 1986 年的連續兩屆菲爾茲獎授獎情況，可以窺見一斑。

Simon Donaldson 1986 年在柏克萊舉行的國際數學大會（ICM）上，榮膺菲爾茲獎。M. F. Atiyah 談到 Donaldson 的工作時說：

> 1982 年，Donaldson 證明了一項震動數學界的結果。如果和 Michael Freeman（另一位 1986 年菲爾茲獎獲得者）的一項重要工作合在一起，Donaldson 的結論意味著，存在一個「怪異」的四維空間，它和標準的歐氏四維空間 $R^4$ 拓撲等價，但不是微分拓撲等價。……

Donaldson 的結果，來自理論物理中楊振寧－米爾斯方程的研究，這是麥克斯韋方程的非線性推廣。在歐氏空間的情形，給出絕對極小的楊振寧－米爾斯方程的解，特別有意思，稱之爲瞬子。

1990 年有四位菲爾茲獎得主：V. F. Jones、森重文和 E. Witten。他們當中，有 3 人的工作，和楊振寧－米爾斯理論，或與楊振寧－巴克斯特方程有關。下面引述的是 ICM 京都大會報告中的一段話：

我們應該提到 Manin 在構造「瞬子」時的先驅性工作。這是楊振寧－米爾斯方程的解，它們可以想像成有粒子似的性質，具有定域性和尺度……通過研究楊振寧－巴克斯特方程，一直保持著對物理學的興趣。

認識到在某些特定條件下，楊振寧－巴克斯特方程的解可被用來構造連接的一些不變量，Jones 因此打開了一整個全新的方向。他的理論，涉及了量子群和不可對易 Hopf 代數等，由神保道夫和從求解楊振寧－巴克斯特方程而產生出來的研究領域。

Witten 用這些話，來描述 Donaldson 和 Floer（把 Atiyah 早先的觀點加以推廣）的不變量，並把 Jones 紐結多項式，推廣到任意環繞空間三維流形的情形。

我們附帶說說一個很有意思的小花絮。1990 年，京都國際數學家大會的大會報告，充滿了數學物理的內容，對這種嚴重的傾斜，有些人抱怨：「到處都是量子群，量子群，量子群！」

## 六、數學和物理

張：爲什麼您的物理學研究結果，會對數學產生這麼大的影響？

楊：這當然是一個很難回答的問題。運氣是原因之一，此外還有兩點，與它有關。首先，你如果選擇的是一個簡單問題，就有較大的機會接近數學中的基本結構。其次，你必須對數學的價值觀念，有一定的鑑賞力。

張：請您更深入地談談上面的第一點好嗎？

楊：絕大多數的理論物理論文，都是這樣寫出來的：A 發表一篇關於他的理論的論文；B 說可以將它改進；然後 C 又指出 B 錯了，就這樣來回折騰。其實大多數情況下，A 的原始觀點是完全錯誤的，最少也是毫無意義的。

張：在數學界，情形也一樣。

楊：不，不。情形非常不一樣。數學定理要證明，或者假定要加以證明。理論物理則不然，它要進行的是一種猜謎遊戲，而猜測則非常可能出錯。

張：但是，總須要研讀最新的文獻吧。

楊：當然，知道自己領域裡其他研究人員怎麼想，是重要的。但是，要取得真正的進展，你必須面對原始的簡單問題，而不是別人所做的猜測。

張：1954 年您和米爾斯就是這樣做的，對嗎？

楊：是的。我們提出的問題是：「能否把麥克斯韋方程推廣出去，以得到粒子間相互作用的普適指導規則？」

張：楊振寧－巴克斯特方程怎麼樣？您在 1967 年處理的並不是物理學的一個具有根本性的重要問題。

楊：你說得對。但我所研究的是量子力學最簡單的數學問題之一，即：具有最簡單的可能相互作用的一維費米子系統。

張：你為什麼要強調「最簡單的」？

楊：因為問題愈簡單，你所作的分析，就會愈接近某些基本的數學結構。我可以用下面的事實加以說明。如果要給下象棋或下圍棋（美國人只知道日本人後來給圍棋起的名字「go」）制定一套用數學推理而取勝的戰略，那麼，一定是圍棋的部分更容易完成出來，因為圍棋的弈法較為簡單而又更基本。

張：請說一說前面提到過的第二個成功原因好嗎？

楊：許多理論物理學家對待數學，總是帶有某種排斥心理，或者，至少有貶低數學價值的傾向。我不贊成這種態度。我曾經寫過：

> 或許因為父親的影響，我比較欣賞數學。我欣賞數學的價值觀念，我欣佩數學的美和力量；在謀略上，它充滿巧妙和紛雜；而在戰略戰役上，則充滿驚人的曲折。除此之外，最令人不可思議的是，數學的某些概念，原來竟規定了統治物質世界的那些基本結構。

張：在數學上，您父親對您有什麼影響？

楊：舉個例子來說，我還在高中念書時，由於父親的緣故，就接觸了群論初階，常被父親書架上 A. Speiser 寫的一本有限群書中美麗的插圖迷住。當我做學士論文時，父親建議我去讀 L. E. Dickson 寫的《現代代數理論》這本小冊子，從中學習群的表示理論。這本書，我只用短短的二十頁，就把特徵標理論的要點，說得清清楚楚。這一章的優雅和威力，使我認識了群論無與倫比的美麗和力量。

張：聽說您當過數學老師，您太太是您所教班上的學生，是嗎？

楊：是的。1944 至 1945 年，我在崑明的一所高中教數學。她是我班上的一個學生。但我們彼此不太熟悉。幾年之後，我們在普林斯頓不期而遇。在高中教數學是一種有趣的經歷，然而它卻和我對數學的態度毫無關係。

張：那麼對物理學家來說，是否數學掌握得越多越好？

楊：不，不是的。如果一個物理學家學的數學太多，他或她很可能被數學的價值觀念，引入歧途，而失去了自己的物理直覺。我曾經把數學和物理，比做枝梗上兩片對生的樹葉，只在基部有少許公共部分，而它們各自有不同的價值觀念和學術傳統，互相獨立地生長。在基本概念的層面上，它們奇妙地共同擁有某些概念，但即使在這裡，兩門學科仍按各自的脈絡生長。

張：對物理學家來說，實驗結果是不是更爲重要？

楊：完全正確。

張：您和數學家是否有許多交往？

楊：有一些。1951 年，李政道和我一起進行那個後來被稱爲「單位圓定理」的研究時，Von Neumann、Selberg 曾經建議我們讀一讀 Hardy 的《不等式》一書；1965 年，Littlewood、Polya，還有 H. Whitney，給我弟弟楊振平和我講授拓撲學中指標的概念。關於求解 Wiener-Hopf 方程，M. Kac 指點我們參考 M. G. Krein 對這個問題的長篇評論。70 年代，我和中國上海復旦大學谷超豪領導的一個數學家小組合作。除上述各點，及 Simons 的講座之外，我由於和石溪的數學同事 R. Douglas、M. Gromov、I. Kra、B. Lawson、C. H. Sah 及其他人的許多交往，而受益匪淺。

張：您和陳省身的交往多嗎？

楊：前面說過，我在中國讀大學二年級時，選過他的微分幾何，或許還聽過他的其他一些課。1949 年及以後的歲月，我們常常交談，但並沒有涉及任何實際的數學問題。50 年代，我想我曾經聽人說陳氏級非常非常重要，但陳氏級是什麼，我則一無所知。

只是到了 1975 年，Simons 在石溪的理論物理研究所，給我們作了一系列報告之後，我才理解纖維叢和纖維叢上的連絡等基本概念。經過苦苦鑽研，我終於也理解了非常普遍的陳省身－Weil 定理。理解這一意義深遠而又無限美妙的定理後，實在難於形容我當時那種喜不自勝的心情。應該說，這種心情，甚至超過了 60 年代我學會 Weyl 關於計算古典群表示特徵標的強有力的方法，或者學會漂亮的 Peter-Well 定理時的那種愉悅。為什麼呢？也許是因為陳省身-Weyl 定理更具有幾何性。

　　然而，這不僅僅是一種歡愉，還有更多更深刻的感受。自然界的基本結構，本質上竟然和深邃的數學概念連結在一起，這些概念，則是從根植於邏輯和形式美的考慮而發展出來的；還有什麼能比發現這一點，更令人感到不可思議，更令人驚嘆的呢？我曾經寫過下面的話來表達這種感受：

　　　　規範場與纖維叢理論有關係，這給我留下了深刻的印象。1975 年我驅車前往陳省身在柏克萊附近 El Cerrito 的寓所……我說，規範場恰是纖維叢上的連絡，而後者竟是數學家在不涉及物質世界的情況下，發展出來的。我還加了一句：「這既令人驚異，也令人迷惑不解，因為你們數學家憑空想像出了這些概念。」他馬上提出異議：「不，不。這些概念不是憑空想像出來的。它們是自然的，也是實實在在的。」

　　張奠宙 1933 年 5 月 21 日出生於中國浙江。1954 至 1956 年他在華東師範大學當研究生，那時中國還沒有學位制度。後來他成為該校數學教授。他的研究領域是線性算子的譜理論。80 年代以來，他對數學教育和數學史感興趣。本文是他 1990 至 1991 年訪問美國，見到楊振寧後寫成的。

本文作者：張奠宙

註　解

① 本文原載於 *Mathematical Intelligencer*，Vol. 15，4（1993）。
作者是 Springer Verlag，於 New York 發行。本轉載已徵得原
出版者同意。

② 國外大學往往在午餐時間，上一些非正式課程，或舉行講座等。

# 第三十一章　附錄：楊振寧家世述略

劉秉鈞

　　1956 年，楊振寧、李政道兩博士提出「宇稱不守恆定律」後，不但在全世界物理學界，而且在整個科學界，都引起了震動。但是，也仍然有些人對此理論持懷疑態度。

　　1957 年 1 月的第一個星期五，華裔女物理學家吳健雄博士，在常例聚餐會上，宣佈了自己的實驗結果，使「宇稱不守恆定律」有了實踐依據。不久，楊振寧、李政道又以華裔人士第一次獲得「諾貝爾獎」的榮譽，被載入世界科學史冊。

　　時間不斷流逝，到了 1971 年 7 月，久別故土的楊振寧，第一次回到社會主義祖國的首都北京，並受到了周恩來總理的親切接見。1971 年 7 月 25 日，楊振寧帶著興奮與激動的心情，回到了闊別三十多年的故鄉合肥市，探望叔父和親友，受到了家鄉人民的熱情歡迎。合肥的父老鄉親，為有這個傑出的子弟而驕傲，楊振寧又成為合肥人時常談論的話題。至於他的家族世系如何？卻知者甚少。爰就幼時聞於母氏暨幾位表兄所言者，記於後，作為對外祖家的懷念。

　　公元 1877 年（清光緒三年），楊振寧的曾祖父，太湖縣郡司楊家駒（字越千），任滿致仕，攜帶家小，循旱路回鳳陽府城原籍，道經合肥，拜望老同學張厚齋（合肥著名書法家，張琴襄之父），相聚甚歡，流連數月。楊家駒在鳳陽府城原籍並無恆產，兼少親友，見合肥物產豐富，民俗敦厚，經張厚齋力勸，遂在合肥落戶。楊家駒夫人周氏，生有五子二女。長邦盛（字幕唐）、次邦端（字雲峰）、

又次 xx（早逝佚名）、再次邦慶（字少山）、幼邦甸。長女邦鳳（適
龔孟文）、幼女邦箴（適劉芷生），楊家駒官卑俸薄，家境清貧，生
計維艱，膏火難繼，因此除邦盛、邦甸繼續讀書應試外，邦端、邦
慶均習商業。楊夫婦歿後，俱葬合肥，由於墓石被盜，其生卒年月，
雖楊氏後人亦無從查考。

長子楊邦盛一介書生，後又游幕在外，且逝世較早，經紀家事
的重擔，就落在他二弟楊邦瑞肩上。舉凡籌措家庭用度、料理弟妹
婚嫁、教育子姪，都是由他主管。夫人范氏，人極賢慧，操持家務，
撫育長房遺孤，無不盡心竭力。老夫婦深受晚輩愛戴，親朋也贊美
備至。楊邦瑞由蕪湖同茂錢莊聘為駐外莊客（高級職員）。當時同
茂錢莊的放款對象主要是鹽商。錢莊派他監督有關鹽商的進鹽、銷
鹽以及催還欠款。山是經常往來揚州、運漕、巢縣、襄安、廬江、
合肥等地，數十年風雨中途，備極辛勞，1919 年冬卒於合肥。抗日
戰爭爆發後，范夫人由長房姪力瑳侍養，1944 年卒于上海。楊邦瑞
只生一子名克喧，字華勳，號午樵，在堂兄弟（克字輩）中排行居
長。楊午樵自幼讀書，雅善書法，先學書於劉仿渠，繼受業於張琴
襄。張以通家世好，遂悉心指點，傳以沈石翁心法，由是楊書法大
進，擅魏碑，兼及篆，名重合肥。他還喜花、鳥、魚、蟲，僱有專
人飼養。尤喜鬥蟋蟀，年蓄數十盆，為合肥秋聲社（鬥蟋蟀的組織）
主要成員。午樵美儀容而風流自賞，耽佚樂固荒於治事，子女夭折，
晚境孤淒，1953 年春卒於合肥。

楊家駒約三子，少年外出從軍，不久歿於軍中，由於逝世較早，
且未成家，楊氏後人遂佚其名。

楊邦慶初學徒於雜貨業，後與其妹夫劉芷生合作，經營羽毛業
多年，結婚後即另立門戶。約卒於 1945 年初。夫人胡氏，生二子，

長克鈞（字仲平，堂兄弟中排行第二），幼克力（字益明，堂兄弟中排行第七），均經商。克力 1979 年卒於合肥。克鈞 1982 年卒於貴州遵義，爲克字輩中享壽最久，逝世最後者。

楊邦旬，清末考取秀才，夫人某氏生二子，長早殤（堂兄弟中第五）、幼克炳（字煥安，堂兄弟中排行第六，然家人諱老五之早殤，恆呼以「五」）。邦旬夫婦早逝，其事跡不顯。煥安十五歲到其姑父劉芷生店中習商業，成年後深爲劉所倚重，任鑫昌紗布羽毛號經理多年，當年在合肥商界中頗知名。抗日戰爭發生後，經商於蚌埠，1981 年病卒。

楊振寧的祖父楊邦盛，字慕唐，家駒公長子。生於 1862 年（清同治元年），自幼讀書，1880 年（十八歲）回鳳陽原籍應考，得中秀才。舊例：客籍童生可以不回原籍，就地報考，但須廩生二人具保，請廩生具保要花二兩銀子送禮，由於籌措不出這二兩銀子，不得不步行數百里，回鳳陽應考。楊家當時經濟拮据的情況，可以想見。自 1881 年起，楊邦盛白天在家設蒙館授徒，藉以餬口。晚間則就學於鄰居蔡啓襄先生，繼續深造。1904 年（清光緒三十年），邦盛去天津，投入合肥人段芝貴（時任津南巡警道）幕中司筆札。有了固定收入，加上邦瑞的經商收入，楊家生活開始穩定。1907 年，段芝貴用銀一萬兩爲天津名坤伶楊翠喜贖身，獻與滿清皇族戴振作妾，以這一卑鄙手段，走上後門，升任黑龍江巡撫，離天津（這一官場醜聞曾喧騰朝野），楊邦盛遂告賦閒。他在北京閒住一年，於 1908 年去奉天另謀職業，不幸在瀋陽旅店中，染鼠疫去世，終年四十六歲。噩耗傳到合肥，楊邦端迅即趕往料理後事。運柩歸葬。楊邦盛夫人王氏，生二子。楊振寧的父親克純（字武之）居長（在堂兄弟中排行第三），次爲克岐（字力瑳，在堂兄弟中排行第四）。王夫人

卒於 1905 年，早於楊邦盛三年，享年三十六歲。楊邦盛之柩原葬
於合肥德勝門外十里店，王夫人墳在東門外張大崗。中華人民共和
國成立後，均遷往北門外五里井民政局公墓合葬。楊邦盛游幕數年
略有積蓄，由邦瑞購得西大街市房一所（原地址是四古巷，現合肥
市安慶路 315 號），前後七進，前三進租給啓源太中藥店，後四進
自用。邦盛夫婦亡故後，武之、力瑳由叔父邦瑞，嬸母范氏撫育成
長。

　　楊振寧的父親楊克純，字武之，邦盛長子，在堂兄弟中雖排行
老三，按照舊時譜系，實為長房長孫，生於 1896 年。他為人耿直
無私，勤奮好學。1914 年（民國三年）畢業於安徽省立第二中學（四
年制，原校址現為合肥市第九中學），翌年考入北京師範大學預科，
1918 年畢業於北師大本科。畢業後受老同學蔡蔭橋之聘，回母校（二
中）任教，並擔任舍監（訓育主任）。當時社會風氣敗壞，學校紀
律鬆弛，住讀生中有少數紈袴子弟，經常不守校規，在外賭博宿娼
深夜不歸。楊武之忠於教育事業，決心加以整頓。事先公開宣佈自
某日起，晚間九時半熄燈，校門上鎖，任何人叫門均不得開鎖，並
親自保管鑰匙。這個制度執行不久，即有少數人蓄謀鬧事。某晚有
些人藉口在外看戲，半夜始回，高聲叫門，武之堅拒不允。這些人
遂越牆而入，手執鐵叉、木棒，到處尋搜他，意欲行兇傷害。幸校
中職工把他藏於床後，用蚊帳遮住，後又伺機將他送出校門，倉惶
避於姑父劉芷生家。這些鬧事學生，覓楊不得，竟把他的臥室搗毀，
蚊帳燒掉。次日鬧事者仍叫囂搜索。並揚言：在何處發現，就在何
處將楊打死。出事之後，校方雖欲開除鬧事學生，請武之回校，當
時政治腐敗，阻力甚多，牽延未決，武之遂憤而離肥，去安慶某中
學教書，時在 1921 年前後。1923 年，武之考取省官費去美留學。

斯時，補助出國留學有兩種官費，一種爲全國性的，如中英、中美庚款等，全國各省的大學畢業生均可申請報考，由教育部出題考試，補助金額較大，足敷國外用度；另一種爲省官費，由省教育廳考選，補助金額較少，不足之數要自己籌措。武之去美後，在史丹佛大學讀書一年，攻數學，獲學士學位。次年入芝加哥大學。苦於用度不足，不得不實行半工半讀。他曾做過爲餐廳洗碗、爲農場主摘葡萄等臨時雜工。1928 年得數學博士學位，學成回國。事後，武之曾對人言，如不經這一關，不會發奮出國，將和其他同事一樣，終老於中學數學教師。回國後，初在廈門大學任教，翌年去清華大學任教授，後爲數學系主任。清華舊例，教授任滿五年者，可以休假一年，工資照發。武之利用休假機會，於 1934 年二次出國去德國，在柏林大學繼續研究數學，1935 年回清華執教。

武之幼年時即由父母決定與同鄉羅竹泉之女羅孟華訂婚，於 1919 年結婚。羅爲家庭婦女，文化不高，然武之同她的感情始終很好，伉儷之情甚篤。曾言：「夫婦應始終如一，胡適之從來不嫌棄他的小腳太太。我很贊成他。」羅孟華生四子一女，長子振寧，1922 年生於老宅（現合肥市安慶路 315 號）第五進東正屋內，次子振平，三子振漢，女振玉，生於北平清華園，幼子振復，1937 年秋生於合肥。振寧於 1945 年由昆明去美，振平 1948 年由滬去美，二子現均定居美國。武之自奉甚儉。抗日戰爭前，物價穩定，薄有積蓄，交某弟力瑳代爲營運。1936 年，力瑳代以銀元二千六百餘元，購得住房一宇，宅在合肥北油坊巷內。1937 年，「七七」事變後，武之率眷回合肥，始居此宅數月（幼子振復即生於此宅內，以後流寓在外，未再回肥。此宅建國以後售於人民銀行，現已拆除，建爲高層宿舍）。斯時，振寧已在北平讀完中四，報考高二，作爲借讀生入學於合肥盧州中學[1]。開學不久（約在 11 月上旬），為避日本侵略軍飛機轟炸，學校由合肥遷往三河鎮恢復上課，未幾即停。平、津、滬三地淪陷後，北大、清華、南開三校內遷長沙，後又遷昆明，組成西南聯大。武之約在九月份離肥往長沙，1938 年 1 月由長沙回至桃溪鎮迎取家眷同往昆明，任教於西南聯大。抗戰勝利後，各校復員，仍回清華。北平解放前夕，武之至上海，執教於同濟大學。不久，又轉至復旦大學。晚年患糖尿病甚重，臥床多年，終不起，卒於 1973 年 5 月。武之竭其畢生精力於教育事業，為國內著名數學教授之一，循循善誘，誨人不倦，培育出不少人材。著名數學家華羅庚的優異天才，係武之所首先發現，而薦之於熊慶來。1935 年夏，武之自歐洲乘義大利郵輪「康特‧凡第」號回國。過滬小憩，曾言及，華羅庚在寫給他的信中有云：「古人云生我者父母，知我者鮑叔，我之鮑叔乃楊師也。」可見兩人相知之深。解放前，武之不附當道，不畏權貴，1939 年，其表弟劉秉鈞流寓昆明，適與國民黨空軍政治部主任蔣堅忍為鄰，偶以小事遭彼之怒，百般威脅。武之直詣其室，面斥其非，蔣為折服。武之生平無他嗜，自幼酷愛圍棋，在清華時，曾與日高手對弈平局。武之性格堅毅，過不憚改，少時（約十六歲）曾有兩次到鄰家賭博。晚歸，其叔邦瑞知之，獨坐廳堂以待，見面但云：「天已不早，汝身上冷否。」武之慚赧，自此終生不賭。武之天性純厚，極愛其弟力瑳，幼時愛養鴿，一日，力瑳放走生鴿，甚怒，將抱而撲。頓憶父母俱亡，弱弟堪憐，反笑而釋之。從此，兩兄弟一生再沒有爭吵。武之歿後，陳望道代表復旦大學黨委在追悼台上致悼詞，給予高度評價，足慰亡者。

　　楊振寧的胞叔楊克岐，字力瑳，一字嶷初，又以「嶷」、「瑳」二字常為人所誤讀，一度改為力初，但最普近用的則為「力瑳」。

楊力瑳生於 1898 年（清光緒二十四年）比其兄武之小兩歲。他七歲喪母、十歲喪父，初讀私塾，十二歲進育才小學高小班。十四歲去運嘈鎮公合興錢莊學徒，十七歲出師，隨叔父楊邦瑞往來楊州、無爲、襄安、盧江、巢縣、合肥等地料理售鹽業務。時楊邦瑞爲蕪湖同茂錢莊駐外莊客，力瑳則爲他的辦事人員，俗稱小莊客（低級職員），如是者數年。1919 年楊邦瑞病卒，力瑳繼之爲同茂駐外莊客（高級職員）。他這時已略有積蓄，湊集銀元五百元隨姑父劉芷生經營羽毛業。1923 年春，正式離開同茂錢莊爲劉芷圭在上海駐莊，這是兩人合作經營的開始，一直持續到 1938 年。在此期間，楊力瑳的經商活動，多半與劉有密切聯系。1928 年，楊力瑳當選爲合肥縣商會主席。當選前有一段插曲。是時，三十三軍軍長柏烈武（文蔚）反蔣介石失敗，其主力部隊已先撤往蚌埠。所部師長阮玄武率部殿後，兵至舒城，欲經合肥往蚌埠會師。合肥駐軍（蔣系）兵力不足一團，準備背城一戰，要求商會籌措軍餉。楊力瑳以羽毛業代表身份參加這次籌餉會議，力排眾議，分析了當時形勢，提出：客軍（阮玄武師）後有追兵，急於北上會師，進攻合肥意在籌餉，如餽以數千金接濟軍餉，勸其改道正陽關水路去蚌，同時，動員軍民上城，以示有備，則戰禍可免。眾人從其議。駐軍團長本怯於戰，亦同意這種做法。於是派楊力瑳和楊仲台（與阮在保定軍官學校同學）作爲商界代表，攜銀元數千，迎阮玄武於舒城。見面之後，力瑳動以鄉情（阮爲合肥北鄉人），說以利害，指出城堅易守，攻必無功，牽延日時，影響會師，不如改道息爭，既免桑梓糜爛，又可得充軍實。阮爲所動，收款改道，循正陽關入淮河去蚌埠。由是楊力瑳之名大噪，商會改選，遂一躍而居首位。這屆商會在楊力瑳的主持下，基於維護民族資產階級利益出發，與過去有所不同，如出版刊物《合肥商報》，舉辦商團維護城內治安，同時，對於反動政權，亦稍加反抗，例如 1929 年，合肥縣長汪嘯涯，以禁煙爲名，向富商陳璞完敲詐巨款不遂，欲加逮捕，商會出面干涉，趕跑了汪嘯涯。由楊力瑳（代表商界），張踐初（代表紳界），曹穆如（代表學界）三人共同代理縣事達三月之久。又如合肥縣長汪培實擅自發行流通劵，商會發動商民拒絕收受，迫使汪培實停止發行。再如駐軍旅長劉振揚向商會強借巨款，楊力瑳堅拒不允，雖被拘往靈壁縣暫押，終不屈服。1935 年，楊力瑳被聘爲上海商業儲蓄銀行合肥辦事處經理。抗戰爆發後，上行總經理陳光甫以力瑳長於經商，任爲大業公司昆明分公司經理。1940 年以後，回上海繼續經商。1952 年與人合組和濟公司租營蚌埠信豐麵粉廠，任副經理。1956 年任蚌埠市工商聯副主委，1959 年調民建安徽省工作委員會副秘書長。1979 年 10 月病卒於合肥，終年八十一歲。

　　楊力瑳資性穎悟，雖少年失學，然文墨尚佳，且棋琴書畫，醫卜星相亦稍涉獵。儀容清秀，風度翩翩，揖讓進退，瀟灑自如，語言雋雅，長於應對。年青時頗自負，常以：「君子疾沒世，而名有不稱也」自勵。解放後，他堅持聽、跟、走，認真接受社會主義改造，思想變化較大。晚年久病臥床，仍經常力疾作書，遍寄海外家屬、親故，宣傳黨的政策，致力於祖國統一大業。楊力瑳前妻吳氏生振華、振元、振英、振芳四女，振聲、振懷、振東三子，1935 年吳氏病卒，次年續娶溫季明爲室，又生振宇、振斌、振和三子。長子振聲定居美國。次子振懷現任水利電力部副部長。（編者按：楊振懷 1988 年升任水利部部長）

　　楊家駒長期流寓在外，失去宗譜，譜名止於「邦」字。下一輩由楊邦盛定爲「克」字。楊力瑳生長女振華時，又把下一輩定爲「振」

字，各房同意全用「振」字，遂湊成「家邦克振」四代。1945 年，楊力瑳曾擬好十六字作爲譜系‧即：「家邦克振，存厚公忠，爲學勤業，奉世榮同。」但楊武之對此不感興趣，因此，連楊力瑳自己這一房亦未統一。除振聲兩個女兒的中文名字爲存華、存德，以及振東、振斌、振和三房所生子女仍按「存」字取名外，其餘均取各名。

楊家「克」字輩共七個男子（其中老五早殤）無一女子。然據楊力瑳言：「邦盛公於 1906 年曾在北京續弦，生一女，二叔邦瑞運父柩回籍時，繼母攜妹回母家，遂失聯繫。武之在清華時曾多方尋找未獲。」若此，「克」字輩固有一女，唯未歸宗而已。「振」字輩共三十三人，男子十七人，女子十六人，已去世者五人，現存二十八人，定居美國者三人（振寧、振聲、振平），散居外省者二十一人，在合肥原籍者九人。

自楊氏寄籍合肥，外祖家駒公以降，一本五枝，一枝早萎，三枝日益繁茂，長房尤昌盛，人才輩出，武之、力瑳發其軔，振寧、振聲、振懷、振平、振漢光其後，惜一枝中折，二房傳到午樵無後，悲夫！

本文原載《寧拙毋巧》（香港明報出版杜，潘國駒，韓川元編。1988 年），1989 年 6 月再修正。[2]

## 本文作者：劉秉鈞

## 註　解

① 省立六中已於 1934 年改名「廬州中學」但一般人仍以舊校六

中目之。校址爲大書院（現省府招待所）非小書院（現九中），
小書院當時爲廬州師範。

② 楊振寧注：此文原載《合肥文史資料》第一輯，寫於 1983 年
前後。作者劉秉鈞是文中劉芷生之長子，是我的祖父的外甥。
劉家與楊家數代姻親，劉秉鈞對我家歷史知之甚詳。文中小有
錯誤之處，如我父親去美留學之年份，已改過。

# 第三十二章　我所知道的楊振寧先生

周光召

　　楊振寧先生於 1922 年，生於安徽合肥一個書香門第的家庭。父親楊武之先生是中國早期著名的數學家和教育家，武之先生先在合肥中學教數學，1923 年到美國留學，1928 年獲得博士學位後，立即回國就任廈門大學數學系教授，一年後轉至清華大學任數學系教授，直到抗日戰爭開始。

　　武之先生不僅學術卓越超群，品德尤爲高尚，是一位憂民愛國的知識分子。他把一生貢獻給了中國的教育事業。他經歷了中國受外強侵略和欺凌的時期，特別嚮往一個繁榮昌盛的中國；在新中國成立以後，他感到揚眉吐氣，從心中擁護新中國，贊揚新中國。盡管他也遭受了文革的磨難，卻沒有一點牢騷，直到生命的最後一息，仍然不倦地教育子孫放遠眼光，看清歷史演進的潮流。

　　他對祖國的深情在他於 1957 年 8 月 9 日寫給振寧和致禮的兩句話：

　　「每飯勿忘親愛永，有生應感國恩深。」

　　我在 1960 年第一次見到武之先生，陪同他參觀了莫斯科聯合原子核研究所，一路上，他除了談及振寧一家在日內瓦的生活情景外，興奮點主要集中在新中國所取得的成就上。看到他目光灼灼，神情激昂的談吐，令我們後一輩人深深爲他的愛國激情所感動。

　　振寧在溫馨親情的家庭和優美的清華園中，渡過了無憂無慮的童年，獲得了良好的中小學教育，並在心底深深植入了中華文化的根。

　　八年抗戰，振寧全家搬到昆明，在艱難的生活條件下，他開始
了大學和研究院的學生生涯。他學習成績突出優秀，在老師和同學
中廣泛流傳，當我於 1947 年進入清華物理系一年級時，就已聽到
他的名字，他被老師和高年級同學譽爲西南聯大最傑出的學生。他
既具有超常的智慧，又勤奮好學，博覽群書；既有父親親切的教誨，
又有幸在當時中國最傑出的兩位物理學家－吳大猷和王竹溪先生的
指導下，從事學位論文的研究工作。吳先生領他進入了對稱性理論
的大門，而王先生則指導他用統計力學，從事相變的研究工作。對
稱原理和統計力學在以後的幾十年，始終是理論物理學研究的重
心，而振寧成爲當今發展這兩門學問，而擁有最傑出成績的物理學
家，這不能不和他早期所受的良好教育有關。

　　1945 年，抗日戰爭剛結束，振寧獲得了留美公費，由昆明到美
國。打聽到他最敬佩的物理學家費米教授在芝加哥大學任教，就申
請進入芝加哥大學成爲研究生。他在美名物理學家，美國氫彈之父
泰勒教授的領導下，完成了博士學位，並和費米教授經常討論各種
物理問題，建立了親密的師生關係。費米教授是集物理理論和實驗
之大成於一身的特級物理大師，直覺敏銳，興趣廣泛，具有深刻的
理論洞察力和實驗動手能力。在費米周圍聚集了一批頂尖的青年學
生，其中後來獲得諾貝爾物理獎的就有多人。芝大的學術環境和費
米的研究風格是一種催化劑，促使楊振寧將東西方文化中的優秀傳
統很好地結合起來，快速地成長爲一個成熟的物理學家。

　　他在早期的工作就不同凡響，如他和費米合作的＜介子是基本
粒子嗎？＞和李政道、羅森布流斯提出的＜弱相互作用的普適性
＞，和費爾得曼合作的「海森堡表象下的 S 矩陣」等等，都是開闢
了一個嶄新研究領域的經典之作，表現了他非凡的創造能力。

　　1949 年振寧應美國原子彈之父奧本海默教授的邀請，到普林斯頓高等研究所任教授，開始了他研究生涯的豐收階段。1966 年被紐約石溪州立大學聘爲愛因斯坦講座教授，並擔任該校理論物理研究所所長直到今天。

　　振寧研究成果之豐富，研究領域之廣泛，在本世紀的物理學家中是罕見的。他的研究面既涉及最基本的理論問題，又有對實驗現象的深入分析，就是一流的物理學家，也很難做到這樣。在他所有發表的成果中，我認爲有三項特別重要。其中兩項已經對整個物理學產生了革命性的影響，那就是和李振道合作的弱作用宇稱不守恆的發現，以及和米爾斯合作的非阿貝耳規範場的理論。現在已經知道，世界上的基本相互作用都是由體現局域對稱性的規範場描寫的，對稱性和對稱性的破缺則是物理世界統一性和多樣性的來源。第三項工作是他在研究量子統計模型中發展出的楊－巴克斯特方程。這項工作開闢了量子群和一維可解模型的研究領域。它和一維超弦－目前認爲最可能的基本物質結構，有何關係尚不清楚。如果發現這個方程和物質的基本結構有本質的聯繫，無疑這第三項工作也將產生巨大的影響。

　　振寧的思維常常是超前的。他研究的有些問題和得出的結論，在剛發表時，很多人還看不出其重要意義，經過若干年以後，才得到普遍的重視，規範場就是一個很好的例子。1954 年楊振寧和米爾斯指出，嚴格的局域對稱性必然導致規範場的相互作用。當時，對對稱性的自發破缺，尚不認識，將規範場作爲現實的作用力場，還要克服一些困難。但這篇文章提出的基本思想是正確的，到了 60 年代終於克服了所有的困難，發展爲完善的理論，獲得了公認。根據規範場思想建立的弱電統一理論，和強作用力色規範場理論已經得到越來越多的實驗證明。

　　楊振寧和李政道由於弱作用宇稱不守恆的工作，在 1957 年獲得了諾貝爾物理獎。當這一消息傳到中國時，神州大地一片歡騰，在學生中，掀起了學習物理的熱潮。以後十幾年，中國大學的物理系，吸引了一大批學習成績最優秀的青年，被稱爲在中國的「李－楊效應」。

　　科學沒有國界，身處科學前端的美國，振寧如魚得水，成果累累，在美國和世界學術界倍受尊重，而中國文化的深厚傳統，父母的愛護親情，又使振寧始終保持了一顆中國心。但美國社會並不總是看得起華人。1954 年他曾交付了定金，作爲在普林斯頓附近一個住宅區內，定購一所房子的保證金，後來業主通知說，要退還定金，因爲中國人住進去，會對他銷售房屋不利。楊振寧雖然憤怒不已，找到律師，律師卻勸他不要上訴，因爲勝訴的機會一點也沒有。對華人的偏見、歧視和污辱的切身體驗，加深了他的民族感情和政治認識，他對新中國的關注和期望更多了。

　　1971 年，當尼克森訪華的決定一公佈，振寧以他敏銳的感覺，知道世界形勢將發生重大的變化。他抓住機遇，於 1971 年 7 月返回已闊別二十六年的祖國。在此之後，他每年都要回國，他要親身了解中國發生的巨大變化，要盡力幫助中國實現現代化。回到美國後，他滿腔熱情地宣揚新中國的成就，促進中美學術交流，要協助發展中國和美國人民之間的友誼。他努力推動訪問學者計畫，將石溪辦成爲訪問學者之家，爲中國科學研究工作重返國際科學前端，作出了重大貢獻。

　　從 70 年代開始，振寧在對國內情況進行了考察以後，對中國科學技術的發展方向，提出過很多重要的建議。許多建議都具有前瞻性，但在當時並沒有受到社會足夠的重視。如他在 1980 年的一次談話中，提出學生在學習階段，應當學習面廣一點，指出中國對青年學者的意見和學術觀點不夠重視。又如他在 1982 年給中國政府正式建議，要重視發展性研究，科學研究要結合經濟，要建立起一個能夠有效地發展科學技術和提高生產力的體制。從今天中國經濟、教育和科技所面臨的問題來看，這些建議確是針對要害，真正說到點子上了。

我和振寧第一次見面是在 1972 年，那是他第二次返回祖國的時候，以後經常在各種場合下相見，進行過多次的談話。他平易近人，又感情豐富，學識高深，又興趣廣泛，無論科學、政治、文學、藝術都有獨到的見解，聽他演講和他談話，確是一種享受。

我們非常高興的看到，振寧今年雖然已屆七十歲的高齡，身體依然健康，思想非常活躍，到處奔波，不停地推動中國和亞太地區科學的發展。我衷心祝他健康長壽，為中國和世界作出更多的貢獻。

1999 年 4 月 30 日

**本文作者：周光召**

# 第三十三章　楊振寧教授在南寧

甘幼玶

應廣西大學校長的邀請，楊振寧伉儷偕同杜致廉女士，於 1994 年 8 月 16 日飛抵南寧，作爲期三天的訪問。

楊太太杜致禮女士是杜聿明將軍的長女。她出身名門，雖年屆耳順，依舊綽約端麗，言行舉止庸容嫻雅，不失大家風範。抗日戰爭期間，杜聿明率所部之第五軍，駐節廣西全縣（今全州），杜致禮在那裡度過了六年時光。杜致廉是杜家小女兒，就出生在全縣。全縣是杜家的孩子們在中國大陸，住得最久的地方，所以，他們姐妹倆這次回廣西，心中別有一番親切。令杜致禮始料不及的是，這次訪桂，居然還見到了當年在全縣的同學周氏昆仲。同學們談起過去的朋友和如煙的往事，似乎都有說不完的話。

抵邕翌日上午，世界著名物理學家、諾貝爾獎得主楊振寧博士在廣西大學，接受名譽教授聘書，廣西的政要和各界名流都出席了典禮。楊振寧教授即席做了「對稱與物理」的學術演講。下午，楊先生與廣西大學物理系師生座談，時值廣西物理學會第七次代表大會在西大舉行，全體代表一併參加。楊振寧侃侃而談，解答了大家的問題，講了許多物理學史上的故事，其中不少事件，他本人親身經歷，所以對聽眾來說，彌足珍貴。座談會歷時兩個多小時方散，師生仍感意猶未盡。

8 月 18 日上午，楊先生作「近代科學進入中國之回顧與前瞻」演講，可容納二千人的禮堂座無虛席。

楊教授講述了發源於西方的近代科學進入中國的經過。了解這個過程，我們就能夠對今天中華民族在世界上所處的地位和面臨的挑戰，多一些認識。楊振寧說，公元 1400 年以前，中國的科學技術在世界上是領先的；此後的 200 年則停步不前；1600 年至 1900 年，由於抵抗西方科學技術的引入，中國大大地落後了；1900 年至 1950 年，不堪列強侵略、凌辱，在亡國滅種的威脅下，覺醒了的中國人以極大的熱情，以世界上其他國家前所未有的極高速度，在兩、三代人之間，就引進了西方科學技術，並使之本土化；1950 年至今，中國則加入了世界科學技術先進國家的行列。

中國有為數極多、聰明而有造就前途的青年；有儒家注重人倫、勤奮、忍耐，而又重視教育的優良傳統，這些傳統會培養出一代又一代奮發努力的年輕人；儒家傳統中保守消極的一面，已不復存在，代之而起的是開放進取的精神，和積極發展科學技術的全民族熱忱；加上有高速發展的經濟，作為科學技術進步的強大支柱，因此，楊振寧對二十一世紀中國登上科學技術大國的地位，是絕對樂觀的。

楊教授一個多鐘頭的演講精彩紛呈，不時被熱烈的掌聲打斷。

下午，楊教授偕同杜氏姐妹，驅車前往南寧以北約五十公里的昆侖關，憑弔抗日戰場，並瞻仰為國捐軀的抗日將士陵園。1939 年 11 月 15 日，日本侵略軍在欽州灣龍門港登陸北犯，妄圖斷絕我桂越國際交通線。12 月 4 日，悍敵佔領自古以來之軍事要隘崑崙關。為驅散敵寇，以杜聿明將軍的第五軍為主力之中國軍隊，於 12 月 18 日拂曉，發動總攻，崑崙關戰役打響。此役激戰逾旬，況至慘烈。12 月 31 日我軍完全光復崑崙關，殘敵南撤，是役結束。十多天裡，我共擊斃倭兵四千餘人，包括敵首中村正雄少將等許多倭將都成了刀下鬼；我亦傷亡一萬四千餘人。這就是著名的崑崙關戰役。

　　這裡要提一段有趣的小插曲。臨出發時，原來的萬里晴空天氣，頃刻烏雲密佈，霎時就下起雨來。一路上雷聲隆隆，電光閃閃、大雨滂沱，路邊的村落和田野，都看不清了。車廂裡，杜氏姐妹望著窗外飄潑般的雨幕，喃喃地說：「願父親在天之零保佑，很快雨過天晴。」果然，這場雨下了個把鐘頭，魔術般一下收住了。

　　下得車來，只見滿山蒼翠，鳥鳴啁啾，山澗的流水在唱著歡樂的歌，太陽在雲端不時地露出它那胖胖的臉龐，雨後的空氣顯得格外清新。

　　一行人沿著石階，緩緩拾級而上，楊振寧卻把大家拋在後面，一個勁地往上攀登。杜致禮朝上面喊：「振寧，慢慢來，不要太性急。」

　　登上山頂，回頭往下望，呵，端的好一座雄關要隘！只見腳下的邕賓公路在眾山的夾縫中，羊腸似地蜿蜒，放眼望去，四周的山頭一座高似一座，伸展到迷濛的遠方。

　　楊先生和杜氏姐妹在紀念塔下、陣亡將士英名牆前，和杜聿明將軍親自撰篆的紀念碑旁，仰望俯吟，徘徊良久。楊振寧舉起攝影機，把這一切都攝入錄影帶中。

　　從出口牌坊下山之後，聽說附近還保存著古崑崙關門遺址，楊先生不顧崑崙古道的泥濘，執意前去造訪。大家一腳深，一腳淺地在泥水中蹣跚而行，一路歡聲不斷。杜致禮開玩笑地說：「振寧，你可是只帶了這雙皮鞋呦；不似我有旅遊鞋！」

　　返抵下榻的酒店，已是華燈初上。

　　8 月 19 日上午，楊先生到廣西科學技術館，和少年兒童科學技術愛好者見面。他饒有興味地仔細觀看小朋友擺弄各種科學儀器和科學玩具，親切地和孩子們交談，還揮筆為科學技術館寫下了「很高興看到這麼多小朋友在科技館活動，這對他們的心智發展極有好處」的題詞。

時間已經不早，但楊先生還是堅持按原來的安排，參觀了左近的民族文物苑。對壯族的干欄、侗族的風雨橋、苗族的吊腳樓等特色各異的廣西少數民族建築，楊先生一個個都贊不絕口。

中午時分，楊先生一行匆匆趕往機場，飛返香港。在機場道別時，杜氏姐妹和筆者相約，來年再訪廣西，除暢遊桂林灕江外，還要回到全州，去仔細尋認當年杜家賃居了六年的那座老房子。

春風又綠江南岸，明月何時照我還。

**本文作者：甘幼玶**

# 第三十四章　石溪再訪楊老師

甘幼坪

1998 年 8 月，我在美國石溪，又一次見到了楊振寧先生。

我們一大早從紐約驅車東行，個把鐘頭就到了紐約州立大學石溪分校。時值暑假，偌大一個校園，難得見到人影。在理論物理研究所（位於數學系大樓）楊先生的辦公室裡，我們鄭重地把全州縣有關方面搜集到的楊先生泰山大人杜聿明將軍，在 1939 至 1945 年率第五軍將士駐節廣西全縣（今全州）抗日期間，和夫人曹秀清女士所遺文物墨寶的複製品，計有將軍親撰的〈全縣誌序〉、曹夫人創辦並親任校長的第五軍軍人子弟學校（小學、初中）師生員工名錄、校訓、校歌，以及他們諸多親筆題詞、石刻、碑帖等等，轉交給楊先生。他愉快地接受，并致謝枕，可惜楊師母背疾臥床，我們這次未能見到。

楊先生告訴我們，兩個月前他已正式退休，研究所、物理系和學校為他開了歡送會。校方捨不得他離開；徵得本人同意，安排他下學期最後一次給大一新生講授大一物理。楊先生說，這就是為什麼暑假裡，他還照常到辦公室備課的緣由。他以物理老師自詡，並為這個稱號感到自豪，希望最後一次授課能給自己的講壇生涯，劃上圓滿的句號。先生的這種敬業精神，實在令人欽佩。

我們關切地問起他心臟搭橋手術的康復情況。楊先生說，目前狀況非常好，出乎醫生的意料。無怪乎他走起路來，就像年輕人一樣輕快。我在心裡默默祝禱先生健康長壽。

在他那佈置十分雅緻的辦公室裡，我們感到輕鬆親切。楊先生說，1994 年訪問南寧，給他和師母留下十分美好的記憶。談到廣西大學、崑崙關、廣西科學技術館和廣西文物苑，楊先生臉上露出了欣快的笑容。他問起南寧近年的變化，以及一些熟人的近況。我轉達了桂林市和全州縣政府官員邀請他偕同太太一同前來訪問的口信。楊先生很高興，說：「祖國大地差不多全跑遍了，可就是沒到過桂林；年輕時，楊師母在全縣住了六年，桂林給她留下難忘的印象，可是那也是半個世紀的事了。她非常希望故地重遊。我正式退休後，時間會充裕些，但願明年能成行。」

不知不覺到了中午，楊先生請我們吃飯，驅車來到鎮上一家中餐館，老闆和跑堂的都親切地問候楊先生，把我們引領到一處臨窗的雅座。楊先生閱歷豐富，親身經歷了不少重大事件，他和數不清的偉人名流有過交往。飯桌上，他談興很濃，給我們講了許多見聞和往事。聽他娓娓道來，我們都入了神。

時間過得飛快，一看錶，已近下午三點，我們不得不向楊先生告辭，臨出門，他忽然想起，石溪周圍公路兩邊都是一樣的樹林和草地，景色雷同，不易分辨，開車往往走錯，尤其是有一處地方道口眾多，路況複雜。他叫侍者拿來紙和筆，給我們畫了張地圖。

車上，我們正興奮地談論到剛才見到楊先生的情景，忽然，前方路邊有人招手，示意我們停車，好像他的汽車拋了錨，要求幫助似的。我們在他身旁停下，定睛一看，不是別人，正是楊振寧先生！他說，我就盤算你們認不得路，所以抄小道趕過來等著；可不，果然走錯了。

我的心怦然一動，多麼可敬可愛的一位長者呀！他關心別人，勝過關心自己，無論什麼事都認認真真，一絲不苟，就像對待他的學問一樣，淚水模糊了我的眼睛。

**本文作者：甘幼玶**

# 第二部份

# 三 十 五 年 心 路

## 楊振寧 著

國立交通大學出版社

# 前　言[*]

　　各篇後記主要是追尋我個人作為一個物理學家的發展過程，同時清理一下我從當研究生以來的興趣和想法。本書並不是我對自己研究工作的評價。科學家並不被期待對自己所有的論文做面面俱到的評價，但最懂得自己每一篇文章故事的，莫過於作者本人。

　　杜甫說：文章千古事，得失寸心知。


楊振寧

一九八二年於紐約州石溪

---

\* 楊先生寫的"前言"主要談了他的《選集》挑選論文的一些考慮和準則，茲從略。我們只把其中均各篇後記有關的片斷翻譯出來。
　　另外要說明的是，楊先生的論文，是按年代標記的，同一年的論文，則用 a、b、c……加以區別。例如，〔50d〕表示 1950 年的第四篇文章（或著作）。譯注。

# 目　錄

# 【45a】 "超晶格統計理論中準化學方法的推廣"一文之後記

論文見：C.N.Yang, J. of Chem. Phys., 13(1945),66.

　　一九四二年我在昆明西南聯合大學取得理學士學位後，做了該校的研究生。為了準備碩士論文，研究的是統計力學，導師是王竹溪教授。他在三十年代曾到英國師事福勒（R.H.Fowler）。王先生把我引進了物理學的這一領域，此後，它便一直是我感興趣的一門學科。《超晶格》一文是我碩士論文的一部分。

　　西南聯大是中國最好的大學之一。我在那裡受到了良好的大學本科教育，也是在那裡受到了同樣良好的研究生教育，直至一九四四年取得碩士學位。戰時，中國大學的物質條件極差。然而，西南聯大的師生員工卻精神振奮，以極嚴謹的態度治學，彌補了物質條件的不足：學校圖書館存書不多；雜誌往往過了一兩年才收到；但就在那座圖書館裡，我學到了許多知識。冬天，我們的教室又冷又透風；上實驗課時，我們只有少得可憐的一點設備；但是，總的說來，課程都非常有系統，而且都有充分的準備，內容都極深入。直到今天，我還保存著當年聽王先生講授量子力學時的筆記，它對我仍是有用的參考資料。筆記本用的是沒有漂白過的粗紙，很容易撕破，今天它經常會使我想起那些歲月裡的艱苦物質條件。

　　中日戰爭（一九三七～一九四五）是一場漫長的浩劫，與中國悠久歷史上所發生過的任何一次戰爭相比，都有過之而無不及。降臨到千百萬老百姓頭上的是難以描述的災難。有一九三七年十二月的南京大屠殺。有日本人的"三光政策"（殺光，燒光，搶光），由於這一政策，單在華北一地區，從一九四一到四二的一年之內，人口就從四千四百萬銳減到兩千五百萬[*]。有一九四四年河南省的大飢荒[**]（我實在不知道應該怎樣來形容這場慘劇！）。有一九四四年底日軍的最後一次攻擊，當他們攻佔桂林和柳州時，在昆明人人都擔心貴陽會隨時陷落。還有數不清的狂轟濫炸。一九四〇年九月三十日，我家在昆明租賃的房屋正中一彈。我們少得可憐的一點家當幾乎全部化為灰燼。萬幸的是，全家人都已躲在防空洞裡，免於遭難。幾天之後，我帶著一把鐵鍬回去，挖出了幾本壓歪了的但仍可用的書本，欣喜若狂。今天已很難了解，在那種困苦的歲月裡幾本書的價值。

除此之外，還有通貨膨脹的永無休止的威脅[***]。我父親是西南聯大教授，他的儲蓄全部化為烏有。戰爭結束時，我們已到了無隔夜之炊的境地。我母親是一位意志堅強而又克勤克儉的婦女，為了一家七口人的溫飽，她年復一年地從早到晚辛苦操勞。她的堅韌卓絕的精神支持全家度過了八年的抗戰時期。戰爭結束時，全家個個清瘦，但總算人人健康。

一九四四到四五年，我在昆明一所高中教數學。教課之餘研究場論，那是一九四二到四四年間我自馬仕俊教授那裡學到的理論。我對變形物體的熱機械學也非常感興趣。一九四五年四、五月間，

[*] 見約翰遜（Chalmer A.Johnson），《農民國民主義和共產黨政權》（加利福尼亞，史丹佛：史丹佛大學出版社，1962），第2章。

[**] 見懷特(T.H.White)，《歷史的探討》（紐約：Harperand Row出版社,1978）。

[***] 戰後，通貨膨脹繼續有增無減。1949年，一美元等於一百萬中國元，這相當於1937年以來百分之三千萬的通貨膨率。

我用一種頗為優雅的方法討論了這方面的問題。但後來發現莫納漢
（F.D.Murnaghan）早在一九三七年就已做過這方面的工作[*]，使我
大失所望。

一九四五年八月底，我動身前往美國。當時中美之間沒有民用
交通。我在加爾各答等候了幾個月，才搭上一艘運兵船，終於在十
一月底來到紐約，並在聖誕節前後抵達芝加哥。一九四六年一月，
我在芝加哥大學註冊成為該校的研究生。在一篇後來寫的文章中我
曾描述過這段經歷。

想起在中國的大學生活，對西南聯大的良好學習風氣的回憶總
使我感動不已。聯大的生活為我提供了學習和成長的機會。我在物
理學裡的品味主要是在該大學度過的六年時間裡（一九三八——一九
四四）培養起來的。誠然，後來我在芝加哥接觸了前沿的研究課題，
並特別受到費米（E.Fermi,1938 年諾貝爾物理學獎得主，譯注）教
授風格的影響。但我對物理學中某些方面的偏好則是在昆明的歲月
裡形成的。

在每一個有創造性活動的領域裡，一個人的品味，加上他的能
力、性情和機遇，決定了他的風格，而這種風格轉過來又決定他的
貢獻。乍聽起來，一個人的品味和風格竟與他對物理學的貢獻關係
如此密切，也許會令人感到奇怪，因為物理學一般認為是一門客觀
地研究物質世界的學問。然而，物質世界具有結構，而一個人對這
些結構的洞察力，對這些結構的某些特點的喜愛，某些特點的憎厭，
正是他形成自己風格的要素。因此，品味和風格之於科學研究，就
像它們對文學、藝術和音樂一樣至關重要，這其實並不是稀奇的事

---

[*] 莫納漢（F.D.Murnaghan），《美國數學雜誌》59,235（1937）。

情。

上面提到我對物理學的品味基本上是一九三八－－九四四年在昆明當學生時形成的。正是在那些年月，我學會了欣賞愛因斯坦(A.Einstein,1921 年諾貝爾物理獎得主，譯注)、狄拉克(P.A.M.Dirac,1933 年諾貝爾物理獎得主,譯注)和費米的工作。當然，他們各自有迥然不同的風格。但是，他們都具有把一個物理概念，一種理論結構，或一個物理現象的本質提煉出來的能力，並且都能夠準確地把握住其精髓。後來我結識了費米和狄拉克，體會到他們討論和分析物理的方式確實和我從他們的文章中猜想到的很一致。

相反，海森堡（W.Heisenberg,1932 年諾貝爾物理學獎得主，譯注）的風格不能引起我的共鳴。這並不等於說我不認爲他是一個偉大的物理學家。我知道他的確是的。事實上，在一九四二年底我學了測不準原理時，曾激動不已並有轉化之感。但我不能欣賞他的研究方法。後來，在五十、六十、七十年代，我在一些會議和演講會上同他有短暫交往，再加深了我原先的印象。

我很能欣賞薛丁格(E.Schrodinger,1933 年諾貝爾物理學獎得主，譯注)探討波動力學的研究方法。這或許是因爲它與古典力學和光學的傳統更吻合，或許是因爲薛丁格的目標更爲明確。總之，我發現波動力學是幾何形象的。它更有吸引力，更容易被我接受。

# 【48a】 "論核反應中的角分布和符合測量"一文之後記

論文見：C.N.Yang, Phys.Rev.,74（1948），764.

　　一九四二年，爲了在西南聯合大學取得學士學位，我必須提交一篇畢業論文。我去找吳大猷教授做論文導師，他拿出一九三六年那卷《現代物理評論》雜誌上羅森塔耳（J.E.Rosenthal)和墨菲（G.M.Murphy）合寫的一篇文章給我看。那是討論群論和分子光譜的評論性論文。這樣，我就接觸了群論在物理學中的應用。回首往事，我對吳先生的這次指引深爲感激，因爲它對我後來發展成爲一個物理學工作者有深遠的影響。

　　其實，還在念高中時，我就從父親那裡接觸到了群論初階，也常常被父親書架上一本斯派塞（A.Speiser）的關於有限群的書中的美麗插圖所迷住。當我把羅森塔耳和墨菲的論文拿給父親看時，他建議我讀一讀狄克遜（L.E.Dickson）的一本名叫《現代代數理論》的小書，好從中學習群的表象理論。狄克遜是我父親二十年代在芝加哥大學數學系做論文時的導師。他在短短二十頁的一章裡介紹了特徵理論。這一章既優美又有威力，使我認識了群論的無與倫比的美妙和力量。

　　在芝加哥，通過自學和與泰勒（E.Teller，美國氫彈之父，楊振寧的博士論文導師，譯注）教授的接觸，我學到了更多的群論知識。泰勒對群論在原子和分子物理中的應用有一種直覺的了解。我這篇一九四八年的論文《核反應》就是利用這些群論知識發展出來的。

發展的目的在於試圖了解，為何在計算各種角關聯時，常常發生令人驚奇的各項相抵消的情形。根據泰勒的建議，我也處理了在 $\beta$ 衰變中相對論性的情況。

泰勒手下有許多研究員和研究生。前後有兩年的時間，我不時是該組的一個成員。這段時間我學到了許多物理知識。我仍然記得泰勒要我研究的第一個課題，$Be^7$ 和 $Be^7O$ 晶體的 K－捕獲壽命的差別。他建議我用維格納—賽茲（Wigner[*]—Seitz）方法來作晶體分析，而用湯姆遜—費米—狄拉克（Thomas—Fermi—Dirac）方法來估計電子密度。我很高興學到這些方法，也喜歡做這種數值計算。但最後結果涉及大項之間的相消，對這樣的結果我沒有信心，因此這工作一直沒有發表。

一九四八年的這篇論文《核反應》成了我的博士論文。經過是這樣的：當初來到芝加哥時，我本想做實驗方面的論文，因為在實驗物理方面，我的知識很貧乏。為此，我從一九四六年秋開始在艾里遜（S.K.Allison）教授的實驗室工作。阿格紐（H.M.Agnew），阿爾戈（H.V.Argo），阿諾德（W.R.Arnold），法韋爾（G.W.Farwell）寒春（J.Hinton），羅薩芮奧（L.del Rosario)，威爾科克斯（H.A.Wilcox）和我，幾個研究生在一九四六至一九四八年間協助艾里遜建造了一個四十萬電子伏的柯克羅夫特—瓦爾頓加速器，並用它做核物理方面的實驗。當我所做的分辨 $He^5$ 的 $P\frac{1}{2}$、$P\frac{3}{2}$ 態的實驗遇到困難時，泰勒建議我放棄寫實驗論文的計劃，並說他願意支持以這篇我已寫好的理論論文《核反應》為我的博士論文。起先，這個主意使我感到沮喪，但幾天後我打起精神接受了他的建議。之後有如釋重

---

[*]　E.P.Wigner, 1963 年諾貝爾物理學獎得主，譯注。

負之感。

在艾里遜實驗室渡過的二十個月,對我來說卻是很有效益的。我親身體驗了一個實驗物理學家所遇到的一些挫折。那座加速器時常稀奇古怪地漏氣。它有一種怪脾氣:只有夜幕降臨時方能正常工作。我發現,實驗室某些同學具有神秘莫測令我驚愕的第六感覺,他們知道在什麼地方可以找到漏氣孔;當記數電路失常時他們知道應該在什麼地方踢一腳。實驗室裡的同學們和我相處很好,因為我有時能在理論方面幫助他們。可是他們愛開我的玩笑。艾里遜特別喜歡的一個玩笑是:"哪裡炸得乒乓作響,那裡準有楊振寧在場。"

在我寫《核反應》時,場論方面最激動人心的新聞就是重整化理論。一九四八年三月底,費米、泰勒和文采爾(Wentzel)去參加著名的坡柯諾(Pocono)會議。回來時,他們對施溫格(J.Schwinger,1965 年諾貝爾物理學獎得主,譯注)關於量子電動力學的報告印象極深。費米和文采爾兩人都作了大量筆記。從四月十四日開始,他們三人和五個研究生;丘(G.Chew),戈德伯格(M.L.Goldberger),羅森布魯思(M.N.Rosenbluth),斯坦伯格(J.Steinberger,1988 年諾貝爾物理學獎得主,譯注)和我,每週有幾個早晨集中在費米的辦公室裡,試圖理解施溫格的方法。這種聚會持續了幾個星期,戈德伯格將我們的討論整理成筆記。共有四十九頁。但我們並未獲得多少進展。

# 【49a】 "介子同核子和輕粒子的相互作用" 一文之後記

論文見：T.D.Lee, M.Rosenbluth, and C.N.Yang,Phy.Rev.,75( 1949 ),905.

　　我 1948 年 6 月獲得芝加哥大學哲學博士學位後，在安娜堡的密西根大學度過了那一年的夏天，其時施溫格和 F.J,Dyson 都在那裡講學。秋後，我返回芝加哥大學，被聘爲物理系的講師。我教一門課，同時繼續做核物理和場論方面的研究。1948 年尾，李政道(與楊振寧分享 1957 年諾貝爾物理學獎的著名華裔理論物理學家，譯注)、M.Rosenbluth 和我合作研究 $\mu$ -e 衰變及 $\mu$ 捕獲，發現這些相互作用與 $\beta$ 衰變具有非常相似的強度。

　　李政道 1946 年秋到芝加哥大學當研究生。我倆早些時候在中國或許見過面，然而，只有到了芝加哥才真正彼此認識。我發現，他才華出衆，刻苦用功。我們相處得頗投機，很快就成了好朋友。我長他幾歲，又比他早當研究生，便盡力幫助他。後來，費米做了他的學位論文導師，但他總是轉而向我尋求指導。因此，在芝加哥的歲月裡，事實上我倒成了他的物理老師。

　　關於 $\mu$ 衰變和 $\mu$ 捕獲的論文，基本上是在十二月中旬假期開始之前完成的。Rosenbluth 和我搭乘長途汽車去紐約市。我對這次旅行印象很深，途中由於大雪，我們在匹茲堡被困阻了好幾個鐘頭。車上，我從報紙得悉，中國共產黨的軍隊包圍了北京和天津。1949 年正月回到芝加哥後，費米勸我們把研究結果寫成短文發表，這就是〔49a〕一文的由來。除我們三人之外，另外還有幾組人也曾獨立地探討過同樣的問題。通過這些研究，人們逐步認識到自然界存在四種基本的相互作用（即四種力，譯注），並且還認識到，在弱作用中存在某種普適性。

# 【49b】 "介子是不是基本粒子？" 一文之後記

論文見：E.Fermi and C.N. Yang, Phys. Rev.,76（1949）,1739.

　　1947 年，幾種介子的發現使人們普遍認為，它們全都是基本粒子。費米提議我們研究另一可能性即π介子是否可能是由其他粒子組成。我們在 1949 年夏研究了這個問題並寫成論文。

　　這是我同費米合寫過的唯一一篇論文。他寫作的方式很有趣。如果某處地方要修改，他就把那部分剪掉，黏貼上新改好的部分。這樣，有些頁便變成了長長的紙捲。他一旦決定了如何遣詞造句，就不輕易改變主意。我的習慣則迥然不同。在用詞上我喜歡改來改去，直到今天還是依然故我，絲毫未變。

# 【50a】"一個粒子湮滅成兩個光子的選擇定則"—文之後記

論文見：C.N.Yang, Phys.Rev.,77（1950）,242.

　　我在芝加哥大學那幾年，每週都舉行物理系和化學系教師共同參加的討論會。這種討論會是非常不正式的，有時並沒有先安排主講者。討論會的論題十分廣泛：這週討論考古學中的碳 14 測定年代法，下週的論題可能就會變成關於元素起源的推測，等等。由於有費米、泰勒和 H.Urey 出席，討論會總是談笑風生、氣氛活躍，絕對不會出現冷場。1949 年的一天，有人在討論會上提到，發現了 $\pi^0$ 介子湮滅成兩個光子的事實。聽到這個消息後，泰勒馬上說，這一發現表明 $\pi^0$ 介子的自旋為零。可是他的論證太簡陋，經不起推敲。過後，我想了一下這個問題，第二天便找到了正確的選擇定則，其結果就是"一個粒子湮滅成兩個光子的選擇定則"一文。

　　論文的第一部分(第II節)是簡單而又直覺的，給出了全部選擇定則。為了論證相位的乘積性，需要一個較規矩的場論討論。這種討論在第IV節中給出。這一節的研究對我後來的工作很有用，因為它加深了我的這種認識：公式（8）、（16）、（19）及（A）等不僅在形式上是正確的，而且，在適合的情況下，它們也具有實驗上的意義。這些方程是場論中對稱概念數學形式的核心。

　　〔50a〕是我在對稱原理方面發表的第二篇論文。它使我的興趣駐足於這一領域。

　　作為〔50a〕的續篇，〔50b〕利用了一個純量或假純量介子衰變成的兩光子偏振平面的關聯之間的差異。

1949 年春，我請費米和泰勒把我推薦給普林斯頓高等研究院院長歐本海默（J.R.Oppenheimer, 美國著名的物理學家，第二次世界大戰時曾主持過原子彈的研制工作，被譽為美國原子彈之父，譯注），因為我申請到那裡去做博士後。費、泰兩人好心地滿足了我的要求。我接到聘書時，費米勸我在那裡至多待上一年，不要太久，因為他覺得高等研究院的研究方向一般說來太抽象。事實上，他和 S.A.Allison、泰勒一道出面同芝加哥大學當局談妥，保證在 1950 年把我反聘回來。

離開芝大時，我清楚地知道，三年半的時間裡（1946—1949），我得益於芝大匪淺。不過，我還是熱切地盼望到普林斯頓高等研究院去，尤其是包利（W.Pauli, 1945 年諾貝爾物理學獎得主，譯注)和朝永振一郎(1965 年諾貝爾物理學獎得主，譯注)預定將要到那裡去訪問。同時，在那裡還有許多才華出眾的青年理論物理學家，如 K.Case, F.J.Dyson, R.Jost, R.Karplus, N.Kroll 和 J.M.Luttinger 等等，他們都是重整化理論的活躍分子。

1949 年，中國發生了巨變。5 月 25 日，國民黨人從上海潰退。我深切地掛念著家裡的父母兄弟姐妹，他們幾個月前剛搬到上海。猶豫了幾天，我終於認定，我有權同父母取得聯繫並探詢他們的境況，於是便給父母拍了一封電報。令我喜不自勝的是，第二天迅即收到他們兩個字的復電："平安"。這個經歷鼓舞著我，在隨後中美之間完全疏遠的二十多年裡，我一直同父母保持聯繫。令人高興的是，這種聯繫在後來的歲月中對我起著決定性的影響，包括在中美和解的跡象一經顯露我就當機立斷決定訪問中國這件事。

# 【50c】 "自旋1/2場的反映性質及普適費米型相互作用"一文之後記

論文見：C.N.Yang and J.Tiomno, Phys.Rev., 79（1950），495.

　　同 A.Wightman 討論過後，J.Tiomno 和我提出了狄拉克粒子宇稱算符中相位因子可能是什麼這樣一個問題，這就是論文〔50c〕的來由。後來發現，該文提出的那套理論方案不能用來描述實驗事實。但是，做這篇論文所獲得的經驗在 1956 年派上了用場。

　　費米對〔50c〕這篇文章很感興趣。1951 年 9 月在芝加哥召開的一次會議上，他安排時間專門討論了該文。會議論文集裡記錄著他提的一個問題："費米詢問，如何從實驗上區分各類粒子。"這是典型的費米式問題。強調理論結構的實驗含意，是費米風格的一個重要方面。J.J.Sakurai 的下面一段話，可以作為費米風格的又一寫證：

> "當蓋爾曼（M.Gell-Mann,1969 年諾貝爾物理學獎得主，譯注）提出他那個有關奇異性的理論時，費米對他說：'除非你有辦法區分 $K^0$ 和 $\overline{K^0}$ 否則我就不相信你的理論'。這個問題刺激了蓋爾曼和 A.Pais，他們後來提出了一個對基本粒子物理有最深遠影響的觀念。"

# 【50d】 "海森堡表象中的S矩陣" 一文之後記

論文見：C.N.Yang and D. Feldman, Phys. Rev., 79（1950）,972.

　　論文〔50d〕是同 D.Feldman 合作研究海森堡表象中的 S 矩陣的成果。海森堡表象是具有最直接的物理詮釋的一種表象。雖然我們的理論形式是自然而富有吸引力的，但我們的主要努力（即直接計算海森堡表象中的 S 矩陣）並沒有成功。這種努力使我們認識到，每個費因曼（R.P.Feynman,1965 年諾貝爾物理學獎得主，譯注）圖可把由我們的理論形式所推得的許多項緊湊而又美妙地結合在一起，表示成包含費因曼函數 $D_F$ 和 $S_F$ 的單一項。然而，在高階過程中直接證明這一命題的嘗試並沒有成功。

　　包利對我們的工作很感興趣，因此，其他博士後同學便告誡我們，包利的關注意味著麻煩。當他開始來看我們，而且若我們的研究沒有進展就會表示不悅時，我們才明白所謂麻煩的意思。後來我學會了對付他的辦法：一定不要怕他。這樣做之後，包利和我就有著良好的關係。

　　1950 年春，歐本海默給了我高等研究院五年的聘書，我還接到了其他幾個單位的聘書。但令我最猶豫不決的是究竟回不回芝加哥。我記得費米的勸告：不要在高等研究院待得太久，因為那裡所研究的物理學太抽象。我也理解費米的這種見地。但最後，我還是拿定主意留在研究院，因為當時我正在與杜致禮小姐交往。其時她在紐約市求學，從普林斯頓乘車到那裡只消一個鐘頭。

致禮是 1944—1945 年我在昆明一所高中所教班上的學生。那時，我們相互間並不太熟悉。1949 年聖誕假期的一天，我同 Luttinger 在普林斯頓 Witherspoon 街茶園餐廳吃飯時偶然遇到她。八個月後，即 1950 年 8 月 26 日，我倆結爲秦晉之好。

# 【52a】 "二維易興模型的自發磁化" 一文之後記

論文見：C.N.Yang,Phys.Rev.,85（1952）,808.

　　遵照費米的勸告，我盡量對物理學的各個領域保持興趣。1950—1951 年間，我研究了各種各樣的課題，其中兩個對我日後的工作極為有用，那就是時間反演不變性問題及 $\beta$ 衰變理論。自從做博士論文（見〔48a〕）以來，我一直對後一個問題感興趣。

　　1951 年春，歐本海默把施溫格的一篇題為《量子化場論，Ⅰ》的論文預印本拿給我看。該文引入了一個時間反演操作，後來被稱為 "施溫格時間反演"。讀過這篇論文後，我給施溫格寫了一封信。信中，我爭辯說，是否把電荷共軛同時間反演結合起來，可以說是一個任意的選擇。回想起來，由於自己沒有研究所有局域場論的不變性質，因而錯過了發現 CPT 定理的機會。

　　1950 年夏，有人做了一些 $\beta-\gamma$ 關聯的實驗，導致了庫侖場對這種關聯效應的許多討論。十月，E.Merzbacher 和我較深入地研究了這個問題。我們並未取得什麼激動人心的成果，但通過這項工作，我們徹底地弄通了 M.E.Rose 的一篇文章〔刊於 Phys.Rev., 51( 1937 )，484〕。這個經驗對後來我研究宇稱不守恆中的庫侖效應非常有用。

　　1951 年初，我開始深入研究易興（Ising）模型問題。易興模型是統計力學中一個著名的鐵磁性模型。因為做碩士學位論文的關係，我對它熟悉。昂薩格（L.Onsager, 諾貝爾化學獎得主，譯注）在 1944 年出人意料地求得了二維情況下該模型配分函數的準確表達式。這可真是一件令人拍案叫絕的傑作。1947 年春在芝加哥時我鑽研過他的論文，但始終未弄懂其方法。他所使用的方法極爲複雜，內中變了許多代數"戲法"。1949 年 11 月初的一天，在往返於普林斯頓大學對面的巴爾麥廣場與研究院之間的街車上，Luttinger 偶然和我談及易興模型。Luttinger 說，Bruria Kaufman 已經把昂薩格的方法簡化，因而他的解可以通過 $2n$ 個一系列反對易厄米矩陣而搞清楚。我對這種表象了解得很多，因而很容易就掌握了昂薩格－考夫曼方法的要點。一回到研究院，我就推導出昂－考解法的基本步驟，並爲終於理解了昂薩格的解法而高興。那天下午，我向 Luttinger 提議合作研究，把昂－考方法推廣到三角點陣的情形。當時他正忙於其他課題而不想分心。我考慮了一下，覺得這樣的問題還不夠挑戰性，因而放棄了原來的打算。

但我並沒有放棄易興模型的研究。我一直在想著它，並弄清楚了，昂薩格和考夫曼不單只得到了配分函數（它由傳遞矩陣的最大本徵值決定），還得到了許許多多的其他信息。事實上，他們的方法給出了所有的本徵值和本徵矢。沿著這個方向，1951 年正月，我得出結論，自發磁化與具有最大本徵值的兩個本徵向量之間的非對角矩陣元有關。我感到，利用隱藏在昂－考方法中的其他信息，便能把這個矩陣元計算出來。

於是我著手做了一個冗長的計算，這是我的物理學生涯中最長的一個計算。它曲曲折折，處處都要用到一些技巧，碰到數不清的障礙。然而，過不了幾天，總會發現一些新訣竅，指明新的路子。問題是，我很快就感到自己處在一個迷宮裡，搞不清楚經過這許多峰迴路轉以後，究竟是否比出發時更接近原定的目標。這種感覺是非常令人沮喪的，好幾次我差不多要放棄了。但每一次總有些什麼東西把我拉回來，通常是一個新的訣竅使事情豁然開朗，哪怕是僅照亮了其中的一個局部。

經過大約六個月的斷斷續續工入作，終於，所有的片斷突然融合在一起，產生了奇蹟般的各項相消的情形。我眼睜睜地盯著出奇地簡單的最後結果，那就是論文〔52a〕的（96）式。我把方程按參數 x 的冪進行級數展開，因為我的計算中有些極限過程不太嚴格，所以便把這種展開同 Van der Waerden 的以及 Ashkin 和 Lamb 的展開（已知他們的展開直到 $x^{12}$ 都是準確的）進行比較。一直比到 $x^{12}$ 項之後，我才感到放心：兩者完全一致。這是 1951 年 6 月，再過一週，我的大孩子佛蘭克林（光諾）便降生了。1952 年張承修把論文〔52a〕的方法推廣到矩形易興模型的情形。他的論文也許包含了對臨界指數"普適性"的最早推測。

〔52a〕的結果與昂薩格對長程序的計算相符。他早幾年前在一次會議上宣布了自己的計算結果。我想，他從未發表過自己的這個計算。1970 年，他才提供了有關他使用方法的一些有意思的訊息。易興模型是一個不斷地使人感到驚奇的問題。從物理方面來說，1950 年代有些人認為它不過是一種有趣的數學遊戲，不值得太過於認真地對待。1960 年代，情況發生了戲劇性的變化。人們發現，易興模型不僅對鐵磁性研究極其重要，對其他許多種相變問題也同樣重要（見〔64e〕）。到了 1970 年代，人們逐漸弄清楚，這個模型同場論也有非常密切的關係。從數學方面來說，人們提出了處理這個問題的一些巧妙新方法並且可以求得多點關聯函數。R.Baxter 還找到了八頂角模型問題的解答，而這個八頂角模型把易興模型作為一個極限情形包含在內了。

1965 年 3 月，M.Fisher、M.Kac、昂薩格和我應 W.C.de Marcus

邀請到肯塔基大學講授統計力學(順便插一句，那次講學對我們來說是一趟有趣的經歷。我們被當作肯塔基上校那樣安頓在陰森而又矯飾的 Carnahian 宮裡)。離開列克星頓時，昂薩格和我要在機場候機幾個鐘頭。我問他怎麼會想出 1944 年那篇論文的複雜代數步驟的？他回答說，在二次大戰期間，有的是時間，因此他著手去把傳遞矩陣 (transfer matrix) 對角化。E.Montroll，還有 H.A.Kramers 和 G.H.Wannier 曾經討論過這個問題。他從 $2 \times \infty$ 晶格開始，然後考慮 $3 \times \infty$、$4 \times \infty$ 晶格。接著再對付 $5 \times \infty$ 晶格，傳遞矩陣的大小是 $32 \times 32$ 階。那是相當大的矩陣，因為手頭上有處理較小矩陣所積累的經驗，他花一點時間，便找到了全部 32 個本徵值。於是，他又去考慮 $6 \times \infty$ 的情形，也終於把這 $64 \times 64$ 階矩陣成功地對角化了，求出的所有本徵值都具有下述形式：

$$\exp(\pm\gamma_1 \pm \gamma_2 \pm \gamma_3 \pm \gamma_4 \pm \gamma_5 \pm \gamma_6)$$

〔這是實際情形的簡化說法，參見昂薩格原文，即 Phys.Rev.,65（1944），117 中的（97）、（98）兩式。本徵值的稍為更複雜的規則或許能解釋，為什麼由早先較小的矩陣，不能發現這樣的規則。〕由此得到一個概念，即這個問題所用的代數是一種乘積代數，這也就是他那篇論文之操作手法。

# 【52b】"狀態方程和相變的統計理論，I.凝結理論"

# 【52c】"狀態方程和相變的統計理論，II.格氣和易興模型"兩文之後記

論文見：C.N.Yang and T.D.Lee, Pays. Rev., 87( 1952 )404 及 T.D.Lee and C.N.Yang,ibid,87（1952），4l0.

　　1951 年秋，李政道來到高等研究院，我們恢復了彼此之間的合作。我們鑽研的第一個問題是二維易興模型的磁化率。正如〔52a〕一文的後記所述，昂薩格─考夫曼方法給出了關於傳遞矩陣全部本徵向量的信息。我曾用其中一些信息計算出了磁化強度，因此我認為，或許可以用其餘的信息通過二階微擾法（比推導〔52a〕的（14）式高一階的微擾)計算出磁導率。結果導得了一個比計算磁化強度難上一個量級的公式。做了幾個星期，我們便放棄了，轉而研究晶格氣體（lattice gas）問題，隨後研究梅逸（J.Mayer）的汽─液相變理論，最後轉到單位圓定理。這些研究的成果就是論文〔52b〕及〔52c〕。

　　許多物理學家心目中或多或少有晶格氣體的概念（參見〔52c〕的參考文獻 2）。我們確立了這個概念並對之作了詳細說明，運用論文〔52a〕的結果，我們能夠找出簡單二維晶格氣體準確的兩相區域（我們對"常直徑定律"（law of constant diameter）特別滿意，

它類似於實驗得到的"直線直徑定律"（law of rectilinear diameter）。兩相區由 p-v 圖上的一段平直部分構成，它的兩邊分別是液相和汽相。據此，我們自然會提出這樣的問題：何以梅逸的凝結理論所給出的等溫線直到液相區仍保持平直而不變成曲線？

梅逸的凝結理論是平衡態統計力學中的一個里程碑，因爲它脫離了相變中傳統的平均場研究方法。它在 1937 年 11 月 26 目的範德瓦爾斯誕辰一百周年紀念會上引起了一陣激烈的辯論（見〔71b〕）。隨後幾年，梅逸的理論引出了梅逸本人、B.Kahn、G.E.Ulenbeck 及其他人的一系列論文。1940 年代初，我在昆明聽了王竹溪先生就這方面的發展所作的一系列演講，自那以後，對這個問題一直很感興趣。

應用晶格氣體模型（我們已掌握有關它的許多準確的知識），李政道和我對這種情形下梅逸理論的應用問題作了考察。並研究了無限大體積下巨配分函數計算中的極限過程。論文〔52b〕就是這個研究的成果。它搞清了極限過程，並澄清了等溫線之各部分同極限過程之間的關係。

1952 年末，論文〔52b〕發表之後，愛因斯坦讓他的助手 Bruria Kaufman 來請我去見他。我隨她到了愛因斯坦的辦公室，他對該文表示了極大的興趣。這並不奇怪，因爲熱力學和統計力學是他最喜愛的領域之一。不幸的是，這次談話（這是我同愛因斯坦談得最多的一次）對我來說收獲不大，原因是我不大聽得懂他的口音。他說起話來很柔和；而我則因爲同長久以來崇拜的一位偉大物理學家如此親近而感到局促不安，所以難以把注意力集中在他的字句上。

話再說回來。1951 年秋，爲了使自己熟悉晶格氣體問題，李政道和我計算了格點爲 2、3、4、5 等的配分函數。令我們驚異的是，對相互吸引的情形來說，配分函數的根（它們是揮發度的多項式）全都在一個單位圓上。我們被這個現象強烈地吸引住，很快就推測到，對具有相互吸引作用的任意大小的點陣來說，這個結論普遍成立。這個結論後來被稱為單位圓定理，它在〔52c〕被用作討論晶格氣體熱力學的主要工具。

證明這個猜測的嘗試，對我們來說是一場苦鬥，我曾在 1969 年 9 月 30 日致 M.Kac（其時，他正在編纂 George Polya 的論文集）的信中述說過這一點。茲摘引該信如下，

隨後，基於耦合強度改變時沒有重根這一點，我們作了一種物理學家式的"證明"。我們很快就認識到，這種做法是不正確的，至少在六個星期之內，我們都在為試圖證明這個猜想的徒勞無功而感到沮喪。我記得，我們查閱 Hardy 關於不等式的書，同馮·紐曼（Von Neuman）及 Selberg 交換意見。當然，我們還一直同您保持聯繫（我愉快地記得，後來您把 Wintner 的論文介紹給我們。我們在論文中對您的幫助曾表示過感謝）。我記得在 12 月初，您把所有耦合都存在且它們的強度都相等這種特殊情形下的證明辦法告知我們。這種證明正是您現在所寫的與波利亞的選集有關的那部分。這個證明很妙，但我們仍不滿足於這種特殊情形下的結果，一心要解決普遍情形下的問題。隨後，12 月 20 日左右的一個晚上，在家裡工作時，我忽然領悟到，如果使 $Z_1$、$Z_2$、… 成為獨立變量，並研究它們相對於單位圓的運動，就可以用歸納法並通過類似於您所用的那種推理方法求得完整的證明。一旦有了這個想法，只消幾分鐘，就可以把證明的所有細節

293

弄出來。

翌晨，我開車同李政道去弄幾棵聖誕樹，在車上我把這個證明方法告訴了他。稍晚些時候，我們到了研究院。我記得，我在黑板上給您講述了這個方法。

這一切我都記得很清楚，因為我對這個猜測及其證明感到很得意。雖說這不是什麼偉大的貢獻，但我滿心歡喜地把它當作一件小小的傑作。

後來，單位圓定理被推廣到其它型有趣的相互作用。

李政道和我在 1952 年初感到，對二維易興模型來說，通過單位圓定理，我們可以在某種程度上確定（或猜出）單位圓上根的分布函數 g(θ)（〔52c〕的第 V 節）。我們滿以為，通過已知的自由能和磁化強度的準確表達式，便掌握了關於 g(θ) 的結構的強有力的線索。不巧的是，這些線索並不足夠強有力。直到今天，g(θ) 的準確形式依然是一個未知數。（ g(θ) 的精確形式當然可以轉換成在磁場下易興模型的精確配分函數）。

不過，我們在這個方向上的努力確實引出了兩個有用的成果。1952 年 2 月底左右，參加一個討論會時，我學到了 M.Kac 和 J.Ward 關於求解無外加磁場易興問題的一種新穎而又巧妙的推列組合方法。在討論會上，我想到，把 Kac-Ward 的辦法稍加修改，便可求出處在虛磁場 $H = i\pi/2$ 中的易興模型的配分函數。這涉及到計算一個 $8 \times 8$ 矩陣，李政道和我在隨後的幾天之內完成了這一計算，求得〔52c〕（48）式，即 $H = i\pi/2$ 情形下的自由能。

把這個表達式同大家熟知的昂薩格在 $H = 0$ 情況下求得的同一個量兩相對照，李政道和我發現，除了某些符號改變及由此而引起的變化之外,它們很相似。看來,把 $H = 0$ 變到 $H = {}^{i\pi}\!/_2$ 是無關緊要的。因此,我們嘗試著對 $H = 0$ 的磁化強度做同樣的微小改變,並通過檢驗它們是否與 $H = {}^{i\pi}\!/_2$ 時磁化強度級數展開的前幾項相符來校核這個結論。這是一種很好的辦法,我們很快就得出〔52c〕的(49)式。我們知道該式正確,但無法證明。最後,B.M.Mccoy 和吳大峻在 1967 年證明了它。

# 【52d】 "1952年5月5日致費米的信" （未發表）之後記

　　這封信是我在 1952 年春、夏訪問西雅圖的華盛頓大學時寫的。

　　1952—1953 年對我來說一事無成。我在強耦合理論和加速器設計的強聚焦原理（由 E.Courant, S.Livingston 和 H.Snyder 所發明）兩者之間玩耍。我也保持著對 $\pi$ 介子—核子散射及宇宙線實驗的興趣。我的努力並沒有得到任何有用的成果。或許，我在那一年裡所做的最有用的一件事是使自己對 J.de Boer 關於液態氦的講學感興趣。對我來說，這是一個新的物理領域。幸而，我仍然感到心安理得而信心十足，並未因一事無成而過份煩惱。

　　1952 年 12 月中旬，我收到布魯克海文國家實驗室 Cosmotron 加速器部主任 G.B.Collins 的一封信，邀請我在 1953—1954 年到他們那裡訪問一年。1952 年 12 月 18—20 日的第三屆羅徹斯特會議上，R.Serber 進一步把該實驗室的情況以及與這項邀請有關的事宜告訴我，於是我便決定接受布魯克海文的職位。

　　1953 年夏，我搬到長島上的布魯克海文。這裡有當時世界上最大的加速器即 Cosmotron，其能量高達 3GeV。它產生 $\pi$ 介子和"奇異粒子"，在那裡工作的各個實驗小組不斷獲得非常有趣的結果。為了熟悉實驗，我習慣於每隔幾週便到各實驗組去拜訪一次。與在普林斯頓研究的物理學相比，感受是十分不同的。我認為，兩種感受各有長處。

　　那年夏天，布魯克海文來了許多訪問學者，物理學的討論、海邊郊遊、各種頻繁的社交活動，好不熱鬧！隨著秋天到來，訪問學者們紛紛離去，我和妻、兒在實驗室的一座由老兵營改建成的公寓裡安頓下來，開始過一種寧靜的生活（實驗室就是原來的老舊厄普頓兵營）。四周有樹林子圍繞，我們常常在林中長時間地散步。週末，我們驅車去探索長島各處。我們越來越喜歡蒙塔烏克點、大西洋海灘、野林子公園，以及布魯克海文附近那些樸實的島民。一個飄雪花的星期天，我們漫無目標地開車沿北岸駛去，來到一處迷人的小村莊。我們被購物中心周圍那美麗的景致迷住了，便在地圖上查找它的名字，原來它叫斯托尼・布魯克（Stony Brook，意即石溪）。當時我們並不知道，下一次（1965 年）再到石溪來時，這裡就成了我們的新家。

　　1953—1954 年，在布魯克海文做了一系列關於多重介子產生的實驗。R.Christian 和我計算了各種多重態的相空間體積，我們很快就明白，必須使用計算機才行。那時，在紐約市的 IBM 公司裡，IBM計算機已投入運行。那是第一台 701 機—所有 IBM 計算機的老祖宗。通過 Serber，我們使用了該機幾分鐘。Christian 知道如何編寫程式，我們就寫了一個簡單的。那時還沒有 FORTRAN 語言，因此所寫的是機器語言，有成千上萬條語句。我們必須隨時估計所求的數的大小並把記錄器相應地左右移動，以免有意義的數字被抹掉。Christian 是編寫程式的能手，而我開始時覺得它十分好玩。然後，我們開始著手對程式測錯，在語句中發現了許許多多由於粗心大意而鑄成的錯誤，我便洩了氣，而 Christian 則堅持到底，並使我們的計劃通過了。多年以後，我學了 FORTRAN，深深埋怨自己何以竟未想到要發明程式語言。其實我有兩次機會，1952 年我就同 H.Goldstine 在普林斯頓探討過使用計算機（JOHNIAC 機及 MANIAC 機的後代）的可能性；1954 年又有上面所述的經歷。

# 【54a】 "原子核彈性散射出來的核子 的極化"一文之後記

論文見：G.A.Snow,R.M.Steinheimer,and C.N.Yang.Phys.Rev.,94(1954), 1073.

　　1953—1954 年，C.L.Oxley 和他的合作者用羅徹斯特的迴旋加速器發現了從原子核的靶散射出來的核子有很大的極化。由於宇稱守恆，極化是垂直於散射平面的。在布魯克海文，G.A.Snow、R.M.Sternheimer 和我對這種現象感興趣，便建立了一個模型進行計算，結果便是論文〔54a〕。這種經歷對我後來做論文〔56h〕、〔66b〕和〔76a〕時很有用。

# 【54b】 "同位旋守恆和一種廣義規範不變性"

# 【54c】 "同位旋守恆和同位旋規範不變性"兩文之後記

論文見：C.N.Yang and R.L.Mills,Phys.Rev., 95(1954),631；ibid,96（1954）,l91.

　　在昆明和芝加哥當研究生時，我詳細地研讀過包利關於場論的評論性文章。我對電荷守恆與一個理論在相位改變時的不變性有關這一觀念有深刻的印象。後來我才發現，這種觀念最先是由韋耳（H.Weyl）提出來的。規範不變性決定了全部電磁相互作用這個事實本身，給我更深的印象。在芝加哥時，我曾試圖把這種觀念推廣到同位旋相互作用上去，所用的程序就像後來在論文〔54c〕中寫出式（1）、（2）的那樣。從這兩個式子著手，很容易就推得式（3）。然後，我試圖把場的強度 $F_{\mu\nu}$ 定義為

$$F_{\mu\nu} = \frac{\partial B_\mu}{\partial x_\nu} - \frac{\partial B_\nu}{\partial x_\mu} \quad ,$$

　　這個式子是電磁學的一種"自然的"推廣。這樣一來，我便走入了困境，不得不罷手。然而，基本的動機仍然吸引著我，在隨後幾年裡我不時回到這個問題上來，可是每次都在同一個地方停下

來。當然，對每一個研究學問的人來說，都會有這種共同的經驗：想法是好的，可老是不成功。多數情況下，這種想法要麼被放棄，要麼被束諸高閣。但是，也有人堅持不懈，甚至執迷不悟。有時，這種執迷不悟會取得好的結果。

隨著越來越多介子被發現，以及對各種相互作用進行更深入的研究，我感到迫切需要一種在寫出各類相互作用時大家都應遵循的原則。因此，在布魯克海文我再一次回到把規範不變性推廣出去的念頭上來。同我合用辦公室的米爾斯（Mills）是哥倫比亞大學 N.Kroll 手下的研究生，　即將取得博士學位。我們共同研究這個問題，最後寫成〔54c〕。我們還為 1954 年 4 月在華盛頓召開的美國物理學會年會寫了一篇摘要性的文章，那就是〔54b〕。這兩篇文章各自強調了不同的動機。

我們的工作並沒有佔用很長的時間，主要部分在 1954 年 2 月就完成了。但我們發現 "規範粒子的質量是多少" 這個問題無從回答。我們玩弄量綱分析之類的小把戲，對純粹的規範理論而言，開始時並沒有一個具有質量量綱的量，因此規範粒子必須是無質量的。但我們很快就摒棄了這種討論問題的方法。

二月末，歐本海默邀請我回普林斯頓就我們的研究工作講學幾天。包利那一年恰好在普林斯頓訪問，他對對稱和互作用問題很感興趣（他曾用德文粗略地寫下了某種想法的概要，寄給 A.Pais。幾年後，F.J.Dyson 把這一概要譯成了英文。概要的開頭有這樣的注記："寫於 1953 年 7 月 22－25 日，目的是想知道它看起來究竟像個什麼樣子"，而標題則是 "介子與核的互作用和微分幾何"）。第一天講學，我剛在黑板上寫下：

$$(\partial_\mu - i \in B_\mu)\psi \quad,$$

包利就發問道："這個場 $B_\mu$ 的質量是什麼"我答曰"不知道"，便接著講下去。他很快又打斷我的話頭，問了同一個問題。我大概講了"這個問題很複雜，我們研究過，但沒有肯定的結論"之類的話。我還記得他很快就接過話題說："這不成其為一種托辭"。我自知說錯了話，沉吟半晌，便坐下了。大家都覺得很窘。後來，還是歐本海默發話："好了，讓弗蘭克（楊振寧的英文名字，譯注）繼續說下去吧。"這樣，我才又接著講下去。此後，包利不再提任何問題了。

我記不起講完以後的事情了。然而，第二天我收到了下面這張便條：

親愛的楊：

很抱歉，聽了你的講學，使我幾乎無法再跟你談些什麼。祝好。

誠摯的

包利 2 月 24 日


我跑去找包利，他說："你應該找薛丁格的一篇文章來看看。那上頭有類似的數學表述。"回到布魯克海文後，我查到了這篇論文。它討論的是重力場中狄拉克電子 $\gamma_\mu$ 矩陣的時—空相關表象問題。其中的數學式子一方面與黎曼幾何的方程有關，另一方面又與我和米爾斯所研究的類似。然而，多年以後我才明白，薛丁格和我們的數學都是纖維叢上的聯絡這個數學理論的不同情況。

回到布魯克海文，G.Snow,R.M.Sternheimer 和我對新近發現的核—核散射極化現象感興趣，於是寫出〔54a〕這篇論文。之後，我返回來研究規範場。米爾斯和我希望消除那些附加條件。我們試圖按費米處理電磁學所作的那樣，把縱向場分離開來。這使得計算十分複雜，我們的嘗試沒有成功。

我們究竟該不該發表一篇論述規範場的論文？在我們心目中，這從來不成其為一個真正的問題。我們的想法是漂亮的，應該發表出來。但規範粒子的質量如何?我們拿不準。只有一點是肯定的：失敗的經驗告訴我們，非阿貝爾情形比電磁學更錯綜複雜得多。我們傾向於相信，從物理學的觀點看來，帶電規範粒子不可能無質量。雖然沒有直說，但論文〔54c〕的最後一節表明了我們傾向於這種觀點。這一節比前面幾節都難寫。

包利是第一個對我們的文章表示了濃厚興趣的物理學家。這不奇怪，因為他熟悉薛丁格的論文，而且他本人曾試圖把相互作用同幾何聯繫起來，一如他 1953 年 7 月 22—25 日所寫的致 Pais 的那篇注記所表明的那樣。我經常納悶，如果包利能活到六十年代乃至七十年代，他對此論題究竟會說些什麼？

1954 年 2 月我在普林斯頓見到歐本海默時，他並沒有什麼異樣。兩個月後，我從《紐約時報》得悉他遇到了麻煩*。於是，我明白了，事實上，我在普林斯頓見到他時，他已在起草給原子能委員會 Nichols 將軍的那封長信了。

---

* 在麥卡錫反共歇斯底裡年代，奧本海默被指控與共產黨人有聯係，並被指控反對美國發展氫彈的計劃。1954 年 4 月美國原子能委員會和保安部門對奧本海默進行了長達三個星期的聆訊。譯注。

# 【55b】"重粒子守恆及廣義規範變換"
# 一文之後記

論文見： T.D.Lee and C.N.Yang,Phys.Rev,.98（1955）,1501.

　　我在安娜堡度過了 1954 年的夏天，秋後搬回普林斯頓。李政道和我在 1954—1955 年間的許多想法當中，有關於規範場的各種各樣的變異，論文〔55b〕是其中的一個成果。該文所討論的內容與當今關於質子衰變的觀念有直接的關係。

　　另一類的變化是關於用量旋場中的平方表達式去代替〔54c 的〕$B_\mu$，但未求得有用的結果。

　　我們還花了不少時間試圖發展一種基於四元數而不是基於複數的場論。這種想法是，寫下

$$\Psi = \psi_n + i\psi_p \qquad\qquad (1)$$

　　式中$\psi_p$及$\psi_n$分別是通常的質子和中子的波函數，它們是些複數，並且 j、k 和 i 構成四元數代數的虛數單位。於是，$\Psi$就被認為是一個四元數場。如果$\alpha$、$\beta$是滿足下式的兩複數

$$aa^* + \beta\beta^* = 1 \text{，}$$

則 $(a + j\beta\beta) = (aa\ _n - \beta^*\psi_p) + j(\beta(\ _n + a^*\psi_p))$。
如果我們把它寫成

$$\psi_n' + j\psi_p' \text{，}$$

則　$\psi'_n = a\psi_n - \beta^*\psi_p$，

而　$\psi'_p = \beta\psi_n + a^*\psi_p$，

　　這是一種 $SU_2$ 旋轉，因此，用一個絕對值爲 1 的四元數 $a + j\beta$ 左乘 $\Psi$，就產生一個 $SU_2$ 旋轉。此外，如果 $\xi$ 是滿足 $\xi\xi^* = 1$ 的複數，則顯然

$$\xi^{-1}\Psi\xi = \psi_n + j(\xi^2\psi_p)，$$

　　於是，$\xi^{-1}\Psi\xi$ 產生一個電磁規範變換。換句話說，對 $\psi_n$ 和 $\psi_p$ 的兩個最重要的變換全都被單一的場 $\Psi$ 的四元數語言非常簡單地表示出來了。

　　在普通場論中，一個複數表示一對帶荷粒子。在四元數理論中，一個四元數場將表示四個粒子複代數中的相與電磁學有關。四元數代數中的相位將與同位旋規範場有關。

　　如果四元數是場論的基礎，則同位旋對稱的存在本身就可以得到解釋，一如電荷共軛對稱可由通常場論中使用的複代數來解釋那樣。關於這點，可參閱我對 Tiomno 在 1957 年 4 月 15—19 日舉行的第七屆羅徹斯特會議上所作報告的評論。也請參閱論文〔59c〕及〔72c〕。

　　1954—1955 年間，我們在發展四元數理論方面並未獲得成功，只不過把通常的理論用四元數語言重寫一遍而已。後來我多次嘗試，也沒有成功。但我一直確信這個方向是對的。$SU_2$ 對稱的存在，一定有一個理由，因爲在最根本的層次上，造化的安排一定不會是無緣無故的，這種說法業已不止一次地得到過應驗。除此之外，我們期待著的解釋，極可能要用到四元數代數，因爲四元數代數的對

稱性確實是 $SU_2$ 的。此外，四元數代數是一種美麗的結構。誠然，它是非交換的。但是我們已經知道，造化選擇了非交換代數作爲量子力學的語言，她怎麼會拒絕使用這僅有的另一種可能的美妙代數作爲她在宇宙萬物中建立起來的所有複雜對稱性的語言呢？

如果這一切聽來都順理成章，那麼，困難何在？我不知道答案。顯然，某些關鍵的觀念還沒有找到。是否因爲我們對四元變量函數的理論還未理解透？也許如此。或者，這是因爲時間─空間本身就應該用一個四元變量來描述？這也有可能。或許，有更多簡單的方案？

四元數是哈密頓（W.R.Hamilton）在 1843 年發現的，他爲其深邃的美所震懾，並自認爲這是他最重要的貢獻。在發現四元數以後的有生之年（共 22 年之久），他把精力都花在用四元數去表述物理學和天文學中的一切。他並沒有成功，大家普遍地認爲他搞錯了方向。E.T.Bell 在《數學家傳》一書中，有關哈密頓的一章使用了"一個愛爾蘭的悲劇"這樣的標題。下面摘錄這章的一段：

　　在他獲得的榮譽中，最使他感到高興的是他臨死時所得到的那最後一項：被遴選爲美國國家科學院（內戰時期建立的）外籍院士。這個榮譽主要是褒獎他對四元數的研究。由於某種奧妙原因，那時美國數學家（只有一、兩個，以哈佛大學 Benjamin Peirce 爲首）對四元數的激動是牛頓的《自然哲學的數學原理》以後其他英國數學所不及的。爲何四元數很早就能在美國普及開來，至今仍令人百思不得其解。也許，《四元數講義》的誇大與流利迎合了美國這個年輕而又精力旺盛國家的口味。這個國家還有待於成熟起來，以克服掉對

參議院雄辯術及對七月四日（即美國國慶日—譯注）那種說
在嘴上的激情的嗜好。

這也許是 Bell 的最尖刻的譏諷，我相信他會陶醉於自己的“妙
語如珠”而自鳴得意、樂不可支。造化的確要挑選最優雅而獨一無
二的數學結構來建造世間萬物，而四元數作為一種數字系統確係優
雅和獨一無二的。哈密頓得到的榮譽仍然當之無愧。

# 【56d】 "電荷共軛，一個新量子數G以及涉及核子－反核子系統的選擇定則"一文之後記

論文見：T.D.Lee and C.N.Yang, I l Nuovo Cimento,10（3）(1956),749.

　　1953 年，李政道到了哥倫比亞大學。爲了繼續合作，我們訂立了相互訪問的制度。我每週抽一天時間去哥倫比亞，他則每周抽一天到普林斯頓或布魯克海文來。這種例行互訪保持了六年，而這段時間我們的興趣有時在基本粒子理論方面，有時則在統計力學方面。這是一種非常富有成果的合作，比我同其他人的合作更深入廣泛。這些年裡，我們彼此相互了解得如此之深，以致看來甚至能知道對方在想些什麼。但是，在氣質、感受和趣味等諸方面，我們又很不相同，這些差異對我們的合作有所裨益。

　　1955 年秋，我們的興趣轉到了電荷共軛上，因爲在柏克萊發現了反質子。這項研究的結果就是論文〔56d〕。做這項研究時最令我們激動的就是，我們理解到所有的 $\pi$ 介子，不管它是帶電的還是中性的，都是算符 G 對應於本徵值-1 的本徵態。除了其他一些結論之外，這個簡單的命題還澄清了以前許多人所討論過的一大堆選擇定則。參見論文〔56d〕的註腳 3 。

# 【56e】 "1956年羅徹斯特會議討論新粒子的理論詮釋的專題討論會的開會辭"一文之後記

論文見：C.N Yang, 載於 "High Energy Nuclear Physics"（New York：Wiley-Interscience, 1956）一書中。

　　五十年代中期，隨著 Cosmotron、Bevatron 等幾個大型迴旋加速器投入運行，基本粒子物理的研究空前繁榮，成了一個高度開發的領域。回顧起來，那時的努力主要集中在（3,3）共振態（今稱 Δ 粒子）的研究及對新粒子的識別和分類上。前者導致 Chew—Low 理論及色散關係，後者則引出 A.Pais 協同產生、蓋耳曼—Nishijima 奇異性分類以及 $\theta - \tau$ 之謎。色散關係和 $\theta - \tau$ 之謎是 1956 年 4 月 3—6 日召開的羅徹斯特會議所討論的理論問題的焦點。

　　M.L.Goldberger 就色散關係作了一個開場白。作為一個重大進展，這個理論剛剛為大家所接受。但後來許多年裡，它成了理論物理的重要課題。

　　隨著一大堆粒子，諸如 $K_{\pi 2}$、$K_{\mu 2}$、$K_{\pi 3}$、$K_{\mu 3}$ 以及 $K_{e3}$ 在實驗上被研究，$\theta - \tau$ 之謎在 1953 至 1955 年逐漸成型。R.Dalitz 對這個問題的貢獻是，通過研究衰變產物 $\tau$（$= K_{\pi 3}$）並在 Dalitz 圖上畫出衰變組態而嚴格給出這個"謎"的定義。他早在 1955 年 1 月 31 日至 2 月 2 日舉行的第五屆羅徹斯特會議上就斷言："如果 $\tau$ 介子的自旋小於 5，它就不可能衰變成兩個 $\pi$ 介子"由這種研究得出的結論是，$\theta (= K_{\pi 2})$ 和 $\tau$ 一定是不同的粒子。但是，何以在實驗測量的誤

差範圍之內 $\theta$ 和 $\tau$ 具有相同的質量及一樣的壽命呢?這就成了一個謎。1956 年羅徹斯特會議的最後一天,在以"新粒子的理論詮釋"爲題的專題討論會上,我作了一個開場白,總結了對這些奇怪粒子的各種理論上的考慮。論文〔56e〕就是那個講話稿,它多半在談 $\theta - \tau$ 之謎。

爲解釋何以兩個不同粒子會具有相同的壽命和質量,有許多種觀點,包括李政道和 J.Orear 的,以及 R.Weinstein 的,〔56e〕統統都總結到了。除這些之外,其他觀點與對稱性有關。李政道和我提出的一種想法,涉及一個比通常設想要大的對稱性,結果是所謂宇稱二重態。持這種觀點的還有蓋耳曼。回想起來,當時我們是多麼的絕望而走極端,竟然試圖去解釋質量和壽命簡並!

我的講稿中,沒有加進即興議論。每當物理學家集中注意於某些奇怪而令人迷惑不解的現象時,常常會發表這種即興議論的。所作的討論大都與空間－時間對稱有關,尤其是與宇稱守恆有關[*]。

爲什麼這個討論深入不下去?我想答案有三。

第一,空間－時間對稱定律在原子、分子物理及核物理中極端有用。這種極端有用性便自動地爲它作了一種假設:它們是不會被破壞的。

---

[*] 費因曼和 M. Block 所提的問題及我的回答即爲一例,見《High Energy Nuclear Physics》一書的第Ⅲ節,P.27:

費因曼代 Block 提了一個問題: $\theta$ 和 $\tau$ 會不會是同一粒子的不同宇稱態?也就是說,這個粒子並沒有確定的宇稱,亦即宇稱不守恆。換句話說,自然界有沒有一種獨特的辦法把左和右區分開來?楊振寧回答道:他同李政道考慮了這個問題,但沒有得出肯定的結論……。或許,人們可以聲稱宇稱守恆(或者說時間反演不變性)可能被破壞。也許弱作用全都起源於空間－時間對稱性的破壞……

　　第二，從技術方面來說，討論宇稱可能不守恆的任何企圖，通常都會遇到下面的題難：宇稱選擇定則在核物理和 $\beta$ 衰變中一直十分有效，提出宇稱不守恆，怎能同這個事實相容呢？（這正是 1956 年 9 月在西雅圖舉行的國際理論物理會議上，我作關於新粒子的報告，其中提到我和李政道在論文〔56h〕中認為弱作用裡宇稱可能不守恆之後，聽眾所提出的一個問題。該報告發表出來，就成了論文〔57d〕。）

　　第三，當時還沒有把弱作用中宇稱守恆問題同強作用中的宇稱守恆分開來討論的想法。沒有這種觀念，關於宇稱不守恆的任何討論在概念上和實驗上都會馬上遇到麻煩。

# 【56h】"弱相互作用中的字稱守恆問題"一文之後記

論文見:T.D.Lee and C.N.Yang,Phys.Rev.,l04(1956),254.

　　普林斯頓高等研究院的春季學期於四月初結束,我和家人於 1956 年 4 月 17 日到布魯克海文去度暑假。李政道和我繼續保持每週兩次的互訪。這段時間裡,我們是在哥倫比亞和布魯克海文見而。同過去一樣,我們對各種問題都感興趣,但當時我們最關注的自然是 $\theta - \tau$ 之謎。我們對下述反應鏈中的角分佈尤其有興趣:

$$\pi^- + p \rightarrow {}_-l^0 + \theta^0 \qquad (1)$$

$${}_-l^0 \rightarrow \pi^- + p \qquad (2)$$

　　R.P. Shutt,斯坦伯格爾和 W.D.Walker 等人研究過這些反應。他們曾在羅徹斯特會議上報告過研究的結果,會上對這三組物理學家所使用的"二面角"變量的準確範圍有爭議。

　　四月底或五月初的一天,我驅車前往哥倫比亞作每週例行的拜訪。我把李政道從他的辦公室拉出來,上了車。我們很難找到泊車的空位。後來,我把車泊在百老匯大街和 125 街的轉角處。那是午飯時分,但附近的飯館尚未開門營業。於是,我們就到左近的"白玫瑰"咖啡館,在那裡繼續討論。稍後,我們在"上海餐館"(據我回憶,是這間餐館,但李政道說他記得是"天津餐館")吃午飯。我們的討論集中在 $\theta - \tau$ 之謎上面。在一個節骨眼上,我想到了,應該把產生過程的對稱性同衰變過程分離開來。於是,如果人們假設宇稱只在強作用中守恆，在弱作用中則不然，那麼，$\theta$ 和 $\tau$ 是同一粒子且自旋、宇稱爲 $0^-$（這一點是由強作用推斷出的）的結論就不會遇到困難。這種分離對反應鏈（1）、（2）有特別的意義。李政道先是反對這種觀點。我力圖說服他道，因爲這種想法可以通過（1）、（2）兩個反應中可能存在的上—下不對稱性而加以檢驗，它就更具有吸引力了。後來，他同意了我的意見。1962 年 4 月，我們談起這件事時，我記得上面那一幕發生在"上海餐餐"，而李政道則說是當天下午在他的辦公室裡。

這次討論涉及到反應（1）和反應（2）的關聯。在反應（1）中，產生的 $\Lambda$ 應該在垂直於產生平面的方向上極化，就像質子散射中的極化問題那樣。因爲我和 Snow、Sternheimer 早些時候聯合發表過論文〔54a〕，我熟悉這一點。而如果宇稱不守恆，在反應（2）中，這種極化 $\Lambda$ 的衰變能夠產生一種上—下不對稱性，這一點對我來說也是熟悉的，因爲在自己的博士學位論文〔48a〕中，我已經確立了宇稱守恆與一個角分布中不存在 $\cos\theta$ 的奇次項這兩件事之間的關係。對衰變產物使用 s 波和 p 波疊加，便容易明確地驗明宇稱不守恆時的上-下不對稱。我就是這樣來說服李政道的。

那時，研究得最多的弱作用是 $\beta$ 衰變。做過的 $\beta$ 衰變實驗有上千種。它們是否同宇稱在強作用中守恆而在弱作用中不守恆這種假說相容?幸而，這個問題可以具體地加以討論。通常的 $\beta$ 衰變的互作用被寫成係數爲 C 的五項之和。爲了引進宇稱不守恆，只要加上係數爲 C'的五項就行了。事實上，我和 J.Tiomno 早已在論文〔50c〕中明確地討論過後面所加上去的那五項。C'項和 C 項同時存在，即表明宇稱不守恆。後來，就在那個星期裡，我明白了問題的關鍵，便決定把所有的十項都包括到相互作用中去，重新考察當時已知的全部$\beta$衰變實驗（原先只用五個係數爲 C 的項來分析），檢查看看現存實驗數據是否同相互作用中同時存在五個係數爲 C 的項及五個係數爲 C'的項這一點相容。此時進入腦際的第一個問題是，大量的$\beta$衰變選擇定則（這些定則很管用）是否意味著$\beta$衰變中宇稱必須守恆？考慮這個問題時我明白了，由於選擇定則只涉及核矩陣元，把 C'項包括在內決不會改變這些選擇定則的。但電子譜則如何?這裡又用得著論文〔50c〕，因爲我同 Tiomno 已經研究過這個問題，並且證明了，對於微中子質量爲零的情況，就不能由電子譜去區分 C 項和 C'項。如果兩種類型的項都存在，則這個問題要重新研究。簡單的計算證明了，由電子譜不能斷定相互作用中究竟只存在一種類型的項呢，抑或兩種類型的項並存。對實驗上研究過的所有$\beta$衰變現象，諸如允許譜，特定禁戒譜，具有容許形狀的禁戒譜，$\beta$-$\nu$關聯，以及$\beta$-$\gamma$關聯，等等，都要重新研究。

　　第二個星期再到哥倫比亞訪問，我們一起沿大學附近的 Claremont 街信步漫游時，我向李政道提出了需要重新考查的所有現象的清單。

　　隨後的幾個星期，我都花在對這些過程的計算上。那時，李政道還不大熟悉$\beta$衰變現象。他有點按奈不住了，主張把關於反應（1）、（2）的研究寫成短文，先行發表。我否決了這樣做，因爲我要把$\beta$衰變的計算做完。我的計算只用了一、兩個星期。結果表明，在所有這些過程中，原先的實驗並不能決定相互作用中到底是只有 C 型的項呢，抑或 C、C'型的項同時並存。換句話說，原先所有$\beta$的衰變實驗同$\beta$衰變中宇稱是否守恆的問題毫無關係。隨後，李政道也做了同樣的計算並同意我的結論。

　　一年半後，在諾貝爾演說〔57s〕中，我這樣來描述我們當時對這個結果的心理反應：

> 長久以來，在毫無實驗證據的情況下，人們都相信，
> 弱作用中宇稱守恆，這是令人十分驚愕的。但更令人吃
> 驚的是，物理學家如此熟知的一條時—空對稱定律面臨
> 破產。我們並不喜歡這種前景，只是由於試圖理解
> $\theta-\tau$ 之謎的各種其他努力都歸於失敗，我們才不得不
> 去考慮這樣一種情形。

　　五月份的某一天，我在布魯克海文的 Cosmotron 加速器部介紹了我們的工作。報告快結束時，Walter Selove 問我，原先的實驗與 $\beta$ 衰變中的宇稱守恆問題無關，個中究竟有什麼更深一層的原因?我答曰不知道。一兩天後，李政道到布魯克海文來看我，我們一起思考了這個問題。我們不想通過計算，而要從數學上證明，原先的實驗並未測量到任何與 CC'成正比的量。考慮了粒子的自旋，相位及正、負號之後，問題便含混不清了。此外，像在所有關於對稱性的論證那樣，直覺和邏輯往往摻雜在一起。那天晚上，我明白了，如果引進下述形式上的變換，論證就變得簡單，同時可以推斷，計算中正比於CC'的項必須是"假純量"：

$$C \to C \qquad C' \to -C'$$

　　因為原先的實驗中沒有測量假純量，因此它們與 $\beta$ 衰變中的宇稱守恆問題沒有關係。我因弄清楚這一點而十分高興，並在驅車回住所吃飯的當兒，向李政道解釋了這一切。

　　作為一種推論，我們也搞清了，能夠檢驗弱作用中宇稱是否守恆的實驗，必須可以測量含有"假純量"的項。

一種可能的做法是測量極化核 $\beta$ 衰變的方向分布，但困難在於如何使核極化，而我和李政道都不知道當時已能通過低溫技術使核極化。後來，與 M.Goldhaber、吳健雄等人談及這個問題，我們才知道有這種技術，於是便提議：用 $Co^{60}$ 核來做研究，可能是很合適的。

五月底，我有生以來第一次得了嚴重的背痛病（幾年以後，診斷爲椎間盤錯位）。我不得不臥床數天。在病榻上，我口授，由妻子致禮寫成了一篇論文。因爲她未受過秘書方面的訓練，所以只好一字一句地照記下來。論文的題目是："在弱作用中，宇稱是否守恆？"我把稿子拿給李政道看，他作了幾處小改。於是，我按字母順序寫上了我們的名字。簡單地說，我曾想過要把我的名字排在前面，但後來決定不這樣做。這是出於兩方面的考慮：一則我不喜歡在排名先後上計較，二則我要在事業上扶持李政道。於是，就把稿子交給布魯克海文 Cosmotron 加速器部的 Barbara Keck，請她打字。

我們的預印本出了幾個錯誤。在校閱時，改正了其中一些錯處（參見致 Reinhard Oehme 的信，在論文〔57e〕的後記中曾摘引）。1957 年，R.C.Curtis 和 M.Morita 分別向我們指出其中一個錯誤，但這個錯誤與宇稱不守恆無關（參見〔57l〕）。

6 月 5 日，我帶著致禮和我們的長子弗蘭克林（光諾）驅車到麻省的劍橋。在那裡，我給朱里安·施溫格打過電話，詢問他關於傳聞的他對 $\theta - \tau$ 之謎有些看法這件事。因爲他當時正忙著打包去度暑假，所以得不到要領。

在劍橋期間，我在麻省理工學院（MIT）作過一次報告。這個報告本應在五月底做，因爲我背痛，所以延後了。Ed Purcell 和 Norman Ramsey 說，也許他們能夠在橡樹嶺國家實驗室（Oak Ridge National

Laboratory）做這個實驗。顯然，他們未能說服橡樹嶺實驗室當局支持他們的計劃。

我們的稿子討論了 $\beta$ 衰變的不對稱性及 $\Lambda^0$ 衰變的上一下不對稱性作爲弱作用中宇稱守恆的可行檢驗手段這件事。在 Shirey 和 Al Wattenberg 爲我們舉行的聚會上，同 Al 簡單地交換意見以後，我明白了，$\pi - \mu - e$ 衰變序列也可以作爲一種檢驗手段。回到布魯克海文，我把這一點寫進了尚在打字的稿子中去。在校對時，我們又加上了 $\Xi - \Lambda - p$ 衰變序列。

6 月 22 日，稿子打了出來，並給它標上了布魯克海文國家實驗室的編號：BNL=2819[*]。

我們把它投稿給《物理評論》(The Physical Review)雜誌，同時

---

[*] 到目前爲止，我對與李政道合作的經過在公開場合一直嚴格地保持緘默。例如，除了直係親屬和兩個最親密的朋友之外，我從未同其他人談過上述關於論文〔56h〕的事。以上事情的經過是根據我 1956 年及 1962 年 4 月 18 日的日記寫成的。要不是在 1979 年的某一天，我偶然看到 Zichichi 編輯的一本名爲《Elementary Processes at High Energy, Proceedings of the 1970 Majorana School》（Academic Press,1971）的書，我還不會說出這些事呢。書中有李政道的一篇題爲 "弱相互作用史" 的文章，該文談了他自己關於論文[49a]及〔56h〕的故事。這篇文章含畜地暗示了許多事情，諸如我們兩人之間關係的性質、宇稱不守恆、$\beta$衰變如何與 $\theta - \tau$ 之牽涉上，等等。關鍵的想法及解決問題的策略是如何產生及發展起來的？〔56h〕這篇論文是怎樣寫成的？李政道對此一概迴避，顧左右而言他。我知道，有朝一日輪到我必須把真相公諸於世。最近（1982 年 8 月），我又偶然在《科學哲學史研究》雜誌〔Studies In History and Phylosophy of science, 10（3）(1979),201〕上看到 A.Franklin 一篇題爲 "宇稱守恆的發現與未發現" 的文章。我記不起是否認識這位 Franklin 先生，不過肯定事先不知道有這樣一篇文章。Franklin 對他與李政道的幾次有價值的談話感謝不迭。他的文章幾處引用了李政道 "弱相互作用史" 這份手稿中的段落，手稿記有 "1971 年 3 月 26 日在哥倫比亞大學所作的報告，未發表" 字樣。這份手稿與上面所引的 Proceedings of the Majorana School 中的文章顯然大致相同。

散發了一些預印本。發表時，標題被改爲"弱相互作用中的宇稱守恆問題"，因爲雜誌的編者規定，文章的標題不應該有問號。而我認爲，原來的標題要有意義得多。

我們對稿子非常滿意，感到完成了一件分析宇稱守恆物理的好工作，還討論了當時我們所知道的一切可能的實驗檢驗方案。我們覺得，這件工作的風格是符合好的物理學傳統的。與原來確信的相反，對弱作用來說，宇稱守恆從未被檢驗過。用實驗來加以檢驗是至關重要的。

宇稱守恆文章投稿兩週後，我們提出了一份表格，列出了宇稱二重態與宇稱不守恆的區別。這就是論文〔56i〕。在兩種可能性當中，我們並不偏向哪一種。稍後，在九月份的西雅圖國際理論物理會議上，我再次指出了兩種可能性（參見〔57d〕）。

和其他許多人一樣，我們也不急於斷言弱作用中宇稱不守恆（即左—右不對稱）確係 $\theta - \tau$ 之謎的謎底。一位著名的蘇聯物理學家告訴我，1956 年 10 月在蘇聯召開的一次會議上，蘭道（L.Landau，蘇聯理論物理學家，1962 年諾貝爾物理學獎的唯一得主，譯注）強烈反對我們預印本中的觀點，但後來卻改變了態度。包利在 1957 年 1 月 17 日致 V.Weiskofpf 的那封著名的信中說：

> 我不相信上帝竟然是一個懦弱的左撇子。我敢出大錢打賭，實驗將會給出對稱的電子角分佈。我看不出相互作用的強度與它的鏡象不變性有任何邏輯上的聯係。

實驗物理學家比理論物理學家更關注這個問題：究竟值不值得做一個實驗去檢驗弱作用中的左—右不對稱性？因爲所提出的實驗沒有一個不是極端困難的，因此，只有少數幾組物理學家接受了這項挑戰，這個事實就顯得不奇怪了。我清楚地記得在布魯克海文吃午飯時同一位實驗物理學家的談話。我慫恿他做 $\pi - \mu - e$ 實驗。他開玩笑說，一旦能找到一位絕頂聰明的研究生供他當奴隸役用，他會去做的。

李政道已經同他在哥倫比亞的同事吳健雄聯繫。吳在實驗上對 $\beta$ 衰變物理的貢獻有口皆碑。她決定同美國國家標準局的四位物理學家（E. Ambler, R.W.Hayward, D.D.Hoppes 和 R.P.Hudson）一起合作，進行 $Co^{60}$ 衰變中宇稱是否守恆的檢驗。他們的實驗遇到了把 $\beta$ 衰變的裝置同低溫物理相結合這種技術上的困難。由於他們的勇氣和洞察力，物理學家們得以感受到了近年來在我們這個領域中最偉大的一次激動人心的事件。決定做檢驗宇稱是否守恆實驗的另一個小組由芝加哥的 Val Telegdi 及 J.Friedman 組成。他們的實驗也是困難的。他們的同事們對它不太感興趣。直到 1956 年 11 月的一天，Reinhard Oehme（當時他正在普林斯頓高等研究院作為期一年的學術訪問）告訴我，Telegdi 小組用照相乳膠作為探測器一直在做 $\pi - \mu - e$ 不對稱性的實驗研究，李政道和我才得以知道這個小組的活動。Reinhard Oehme 要我對除李政道以外的其他人保守秘密。

# 【57d】 "關於新粒子的最新知識" (1956年9月在西雅圖舉行的 國際理論物理會上的報告)一 文之後記

論文見：C.N.Yang,Revs.Mod.Phys.,29（l957）,231.

我在論文〔56h〕的後記中已提到 1956 年 9 月在西雅圖會議的報告。

這次西雅圖會議使人十分感興趣。會議討論了許多種觀點。會上，費因曼與 J.M.Blatt 有一場精采辯論，它導致人們去做了一個漂亮的實驗，研究氦在接近 $\lambda$ 點時的比熱問題。參見論文〔61c〕的後記。

# 【57e】 "關於時間反演和電荷共軛下可能的非不變性的注記"一文之後記

論文見：T.D.Lee,Reinhard Oehme,and C.N.Yang, Phys.Rev., 106(1957), 340.

　　1956 年 8 月，我收到芝加哥大學 Reinhard Oehme 的一封信，內中提出了宇稱守恆的破壞與弱作用中電荷共軛不變性及時間反演不變性之間有什麼關係這樣的問題。這是李政道和我在我們的預印本中沒有考慮過的，因此，Oehme 的問題極爲重要。月尾，我們給他復了信（這兩封信全文刊在本後記之末）。Oehme 在 1956 年秋到普林斯頓訪問，同我一起做研究。將近年底時，李政道、Oehme 和我寫成了論文〔57e〕，詳細探討了上面提到的那兩封信中的問題。作爲一個例子，該文用一節的篇幅討論了 $K^0 - \overline{K}^0$ 衰變的模式；使用的是 Weisskopf—維格納那套辦法。我們當時並沒有指望那個例子過了幾年（在發現 CP 破壞之後）會變成很重要（參見論文〔64f〕的後記）。

　　爲什麼我們不能預見 CP 破壞呢？這又是同一個原因使然：人人都自然而然地希望有更多的對稱性，而不是反過來。對這個問題來說，還有一個原因，那就是當時並不存在一個什麼"謎"去迫使我們提出 CP 破壞的設想。事實倒是，1964 年之前，大家都在努力，想通過把電荷共軛包括進來而重新給反射操作下定義的辦法來挽救左一右對稱性。

325

# 附件 1：1956 年 8 月 7 日 R.Oehme 的來信

敬愛的楊教授：

惠賜關於弱作用中宇稱不守恆的大作收到了，非常感謝。關於檢測 $\beta$ 衰變，$\pi - \mu$ 衰變等等事件中宇稱可能受到破壞一事，我有幾個問題求教於您。如蒙指點迷津，則不勝感激！

在尊稿的附錄中，如果假定時間反演不變的話，您所寫出的 $\beta$ 衰變哈密頓量的常數 $c_\alpha$ 及 $c_\alpha{}'$ 就變成實數。我發現，電荷兩共軛下的不變性要求所有 $c_\alpha$ 及 $c_-$，還有 $c_\alpha{}'$ 及 $c_-{}'$ 的相對相位必須為實值，但比值 $c_\alpha \Big/ c_-$，必須是虛數。這看來同時間反演所推出的要求矛盾，而且，倘若把兩個不變原理用在一起，就會得出結論，兩組數（即 $c_\alpha$ 和 $c_\alpha{}'$）的混合是禁戒的。我知道，您並未加上時間反演不變性。如果僅僅要求電荷共軛下的不變性，上面所提到的位相關係就導致 $c'c* + c'*c = 0$。看來這一切表明，終態的密度矩陣中，似乎宇稱相反的各部分之間並沒有相干項存在。即使初始核是極化的，情況也不例外（一階微擾論）。

乍一看來，令人有點迷惑不解的是，在 $\beta$ 衰變這類問題中，何以電荷共軛和時間反演會導致不同的限制？當然，我知道在證明兩種不變性質等價時已經明確假定宇稱是一個好的量子數，並且人們也用到了哈密頓的厄米性以及其他性質。

對 $\pi - \mu$ 衰變來說，在某一方面情況類似。如果人們使用直接耦合，同時加上電荷共軛和時間反演不變性，則沒有宇稱守恆的混合，並且，宇稱破壞型的耦合似乎可以存在。但是，如果只包含電荷共軛不變性，在π介子的其餘系統中，我求得的密度矩陣$\varrho_f$如下：

$$\varrho_f = |T_0|^2 \left\{ g_s^2 + g_{ps}^2 + \frac{m_\mu^2}{m_{\bar{\nu}}^2}\left(f_v^2 + f_{pv}^2\right) + 2\frac{m_\mu}{m_{\bar{\nu}}}\left(g_s f_{pv} + g_{ps} f_v\right)\hat{\nu}\cdot\hat{\varrho}\right\},$$

式中，g、f 為實數的耦合常數，而$\hat{\varrho}$是在$\mu$介子動量方向上的一個單位向量。在這種情況下，只有當微商型及非微商型耦合同時存在時，$\mu$介子才可能是極化的。我想提一提，Telegdi 博士和 Wright 博士已經注意到，具有實常數的 ps+s 耦合不會產生極化。

由以上所述的例子可以看出，似乎在某種限制之下，電荷共軛不變性及時間反演不變性同時成立的話，就意味著宇稱必須守恆。當然，我們不知道對輕子的互作用來說，加上時間反演不變性是否合理。

您誠摯的

Reinhard Oehme

# 附件 2：1956 年 8 月 28 日給 R.Oehme 的復信

敬愛的 Oehme 博士：

8 月 7 日的來信收到，謝謝。您的大函促使我們深入研究了弱作用中的電荷共軛不變性和時間反演不變性問題。對您所注意到的問題及普遍的情況來說，茲評述如下：

(1) 在電荷共軛守恆的條件，你斷定比值 $C'/C$ =純虛數，這無疑是對的。

(2) 預印本中，（A.6）（A.7）兩個公式是錯的。（A.6）應為

$$\alpha = Re\left[ C_T C_T'^* - C_A C_A'^* + i\frac{e^2 Z}{hcp}\left( C_A C_T'^* + C_A' C_T^* \right) \right]$$

$$\times \left| M_{G.T.} \right|^2 \frac{\nu_e}{c} \frac{2}{\xi(\xi + b/W)} \frac{\langle J_z \rangle}{J} \, 。$$

（A.7）亦應作類似的改變。在校閱時，已作了改正。改正後，相干項便可能出現，即使電荷共軛守恆也罷。但是，只有在下面兩個條件下，情況才會如此，即，（a）軸向量和張量型互作用同時存在（如果承認宇稱可能不守恆，則存在軸向量型互作用的通常那種論證就要重新考慮）；（b）電子的波函數應該有一種庫侖扭曲。下面，在第（4）點再回到這個問題上來。

(3) 預印本對弱作用中電荷共軛下不變性的實驗證據是否存在，論述得不正確。校閱時，預印本第 14 頁 7—9 行的 "So is the……and of $K^\pm$" 已改為：

乍一看來，好像 $\pi^\pm$ 和 $\mu^\pm$ 的壽命相等這一點，證明了弱作用中電荷共軛下的不變性。然而，更深入的研究表明，事情並非如此。事實上，一個粒子與其電荷共軛粒子在通過弱作用（直至弱作用最低量階的強度）而衰變方面壽命相等這件事，可以由適當的洛侖茲（Lorentz）變換而證明（即既沒有空間，或時間反演的洛侖茲變換）。因此，目前尚沒有弱作用在電荷共軛下不變性的實驗證據。

上面涉及的粒子及其電荷共軛粒子壽命相等的論述，可以用 Lüders 的一個定理來證明，正如包利曾討論過的那樣（見《Niels Bohr and the Development of Physics》, Pergamon Press,

London, 1955）。

(4) 用同一個定理，人們也可以證明，如果電荷共軛不變性成立，就不可能有宇稱守恆及宇稱不守恆弱衰變之間的相干性（直至弱作用最低量階的強度），除非衰變產物之間有強作用在，以便產生相位移。宇稱不同，所產生的相位移也不同〔（2）中所提到的庫侖扭曲效應就是相位移影響的一個例子〕。您對 $\pi - \mu$ 衰變密度矩陣的計算，給出了即使 C 守恆時也極化的討論，我們認為是錯誤的。

(5) 如果時間反演不變性成立，Lüders 定理便給出一個非常有趣的結果，即反物質構成的世界（反世界）與我們通常世界的螺旋總是相反。如果有任何螺旋存在（即，如果宇稱不守恆）的話，這一點看來是極端重要的。

(6) 如果電荷共軛不變性不成立，人們可能會問，$\theta_1^0$、$\theta_2^0$ 的狀況如何。人們知道，長壽命成分一般說來將不是 $\theta^0$ 及 $\overline{\theta^0}$ 的 1:1 混合，而這一點是可以用實驗加以檢驗的。但是，如果時間反演不變性成立，並且，如果 $2\pi$ 衰變模式是快速得多的一種模式的話，這個比仍將是 1:1，即使電荷共軛不變性可能遭到破懷，情況也如此。

　　您來普林斯頓時，我們將會很高興地同您討論這一切。

　　　　　　誠摯的

　　　　　　　　　　　　　　　　　　李政道
　　　　　　　　　　　　　　　　　　楊振寧

# 【57f】 "宇稱不守恆及微中子的兩分量理論"一文之後記

論文見：T.D.Lee and C.N.Yang, Phys.Rev., 105 （1957）,1671.

　　1956 年秋，吳健雄領導的哥倫比亞－國家標準局小組的實驗進行得很順利。吳健雄往返穿梭於紐約市和華盛頓之間，並把實驗進展的情況隨時通知我們。聖誕節前後，她終於說，他們正在得到一種不對稱性，表明在弱作用中宇稱不守恆。不過她說這只是很初步的結果，告誡我們不要聲張出去。我們並沒有聲張，但流言畢竟傳開了，我們接到數目多得驚人的電話，有的是探聽消息，有的則說可以提供消息。

　　對這一結果做進一步檢驗，證實一切無誤之後，吳健雄及她的小組宣布了實驗結果，物理學界掀起了一陣軒然大波。那是 1957 年元旦前後的事。1 月 15 日，我給歐本海默發了一封電報，他當時正在維京群島度假。電文說："吳健雄的實驗產生大的不對稱，顯示 $G$ 等於 $G'$。因此，微中子是一種二分量波函數。"他的回電只有四個字："走出門了"，這是接過我 1956 年所作報告的話頭來說的。當時我把高能物理學家在 1956 年的狀況比喻爲處在黑暗屋子裡的一個人，他知道屋子一定會有一扇可以讓他脫離困境的門，但門在何方呢？

　　元月中旬，吳健雄、E.Ambler、R.W.Hayward、D.D.Hoppes 和 K.P.Hudson 把他們那篇劃時代的論文投稿給學術雜誌。很快，R.Garwin、萊德曼（L.M.Lederman, 1988 年諾貝爾物理學獎得主，

譯注）及 M.Weinrich 小組和 V.L.Telegdi、J.I.Friedman 小組也投了稿，兩個小組都證實 $\pi-\mu-e$ 衰變中宇稱不守恆，參見《Adventures in Experimental Physics》一書的 gamma 卷，B.Maglich 編輯，普林斯頓的 World Science Education 出版社 1973 年版。

哥倫比亞－國家標準局小組觀測到的大的不對稱性意味著，在 $\beta$ 衰變中，電荷共軛下的不變性也被破壞。參見前面 R.Oehme 的信和論文〔57e〕，以及〔57e〕所列參考文獻中，Ioffe,Okun 和 Rudik 的論文。

由於宇稱不守恆現象的發現，李政道和我寫出了論文〔57f〕，論述二分量微中子理論。這種理論最初由 H.Weyl 提出，包利在《Handbuch der Physik》這本書的一篇文章中曾給予介紹。1956 年 11 月，薩拉姆（A.Salam,1979 年諾貝爾物理學獎得主，譯注）曾散發了一篇討論二分量中微子理論的預印本。他的論文是在獲得任何有關宇稱不守恆實驗證據之前寫成的。1957 年 1 月，藍道也散發過一篇論述二分量微中子理論的文稿。

論文〔57f〕第 4 節得到了一個饒有趣味的結論，那就是，在二分量理論中，探測微中子實驗所得到的截面，應爲四分量理論所預言的兩倍。在寫這篇論文時，我們是在深夜發現這一點的。該文還論述了以前未討論過的一些宇稱不守恆所引起的效應。

元月初，李政道和我寫了另一篇論文，即〔57g〕。事情是這樣的：有一段時間，Garwin—萊德曼—Weinrich 小組所得到的實驗數據與簡單的二分量微中子理論不符。李政道和我急忙做了一番計算，把 Konopinski—Ulenbeck 的微商耦合也包括進來。我們把結果寫成論文，對實驗數據進行解釋。後來，收集到新的實驗數據，原來那種理論不一致的情況消失了，我們便收回了該文。

元月中旬的一天早晨，我悟出了一個道理：在磁場中運動的μ介子是精確測量其額外磁矩的最好手段。我為此激動不已，便趕忙給布魯克海文的斯坦伯格打電話。但是，捕獲μ介子很困難，這是一大障礙，後來，我們就不再繼續討論這個問題了。其他物理學家也曾獨立地有過同樣的想法，後來終於做成了一個十分精確而漂亮的實驗，現在一般把它叫做（g-2）實驗。

1月15日，哥倫比亞大學的物理系召開了一個記者招待會，事後，J.Bernstein 把它形容為"史無前例的"。我不知道這樣說法是否準確，但我的確認為，用記者招待會的方式來宣布一項科學研究的成果是令人討厭的。雖然他們一再敦促，我卻沒有出席。翌日，《紐約時報》用第一版整版刊登了有關宇稱不守恆的文章。

消息很快便傳到歐洲。1957年1月27日，在寫給 V.F.Weisskopf 的信中，包利這樣來描述他對此的反應：

> 現在，第一陣衝擊過去了，我開始恢復常態（在慕尼黑，人們如是說）。

> 是啊，那是非常戲劇性的。1月21日，星期一，晚上8點15分我預定要作一個題為"微中子過去和現在的歷史"的報告。下午5點鐘，我收到的郵件是三篇實驗論文，分別是吳健雄、萊德曼和 Telegdi 的。Telegdi 好意地把它們寄來給我。那天早上，我收到兩篇理論方面的論文，一篇是楊振寧、李政道和 Oehme 的，另一篇是楊振寧和李政道論述二分量理論的。後一篇與我在六至八星期前收到的薩拉姆論文預印本基本相同。關於薩的論文，我前一封短信已經提到過（不知在美國是否能見到該文？）。（同時收到了 Villars 從日內瓦寄來的一封信，其中附有"紐約時報"的文章。）

　　我不知道該從哪說起才好。真是幸運，我沒有同人打賭，否則我就要輸大錢了（我可付不起喲）；我鬧了一個大笑話（我想，這個我還付得起），一順便提一提，我只同人在信中或口頭上說說而已，要是鬧到白紙黑字印出來的文章裡，可就下不了台啦。不過，別人還是有權嘲笑我。

　　最使我震驚的並不是"上帝是個左撇子"這個事實，而是祂強烈地表現自己時，顯示出是左右對稱的。

　　李政道和我接到布魯克海文國家實驗室及哈佛大學的講學邀請。我決定，由李政道去講學，而我則到紐約去，在美國物理學會年會上報告宇稱不守恆。年會在"紐約佬"旅館舉行，關於宇稱的那次專題會議定於 1957 年 2 月 2 日，星期六下午召開。出於決定得太遲，所以它不能作爲正常議程，而只能作爲"報名截止後加進來的"專題討論會。關於這個討論會的消息傳得很快，以致會場爆滿。後來，K.K.Darrow 用下面這段話來描述當時的情景："我們通常不使用的那個最大的會議廳擠滿了人，甚至有人要抓住吊燈。"會上發言的有吳健雄、萊德曼、V.L.Telegdi 和我四個人。按原訂的時間表，緊接著在這個大廳裡進行天體物理的專題會議。其中一個發言者 Leona Marshall 後來抱怨道，聽眾被宇稱問題迷著了，沒有人聽她發言。

　　$\Lambda^0$ 的產生和衰變中的上－下不對稱性（它引發了檢驗宇稱是否守恆的想法）是較爲難做的一個實驗，因爲 $\Lambda$ 的產生率很低。論文〔57j〕強調，尋找這種不對稱性很有用。已經有幾個小組在做這個實驗，但是，直到 1957 年秋，確切肯定它存在（這就意味著在超子衰變現象中宇稱也不守恆）的報告才發表出來。

# 【57h】"量子力學中的多體問題及量子統計力學"一文之後記

論文見:T.D.Lee and C.N.Yang, Phys.Rev., 105(1957),1119.

從 1956 年 6 月到當年 12 月,李政道和我把注意力轉移到多體問題上。雖然,部分原因是我們實際上並不真正地指望吳健雄的實驗會得到戲劇性的結果,但主要原因卻是這段時間我們剛好在多體問題上取得很有意義的進展。

1955 年秋,黃克孫(廣西寧明人,壯族,美籍著名理論物理學家,麻省理工學院教授,譯注)加入了高等研究院。他向我介紹了費米和 G.Breit 以及 J.Blatt 和 V.Weisskopf 發明的贋位勢法(這種方法適用於研究兩個短程相互作用粒子之間在長波長範圍內的相互作用),其時,黃克孫、Luttinger 和我對超流氦的性質感興趣,便把贋位勢法應用到有相互作用的多體系統上去。對一個由稀薄硬球組成的玻色系統,我們用這個辦法通過微擾計算求得了玻色氣體揮發度級數按 $(a/\lambda)$ 的冪進行級數展開的前幾項,其中 $\lambda$ 是熱波長,

$$\lambda = \sqrt{2\pi \hbar^2 / mkT}$$

a 是硬球的直徑。我們還對稀薄硬球費米系統求得了其基態能量用 $P_{Fa}$ 進行級數展開的前幾項,其中 $P_F$ 是系統的費米動量。

雖然這些結果令人滿意,但是,用同樣的辦法,對稀薄硬球玻色系統的基態能量,我們卻求得了下述表達式:

$$E_0 = N \frac{4\pi\ a(N-1)}{L^3} \left\{ 1 + 2.37\ \frac{a}{L} + \frac{a^2}{L^2} \left[ (2.37)^2\ \frac{\xi}{\pi^2}\ (2N-5) \right] \right\} + \cdots (1)$$

式中 N 是硬球的數目，$L \times L \times L$ 是裝載這個系統的周期性盒子的體積，並且

$$\xi = \sum_{l,m,n=-\infty}^{\infty} (l^2 + m^2 + n^2)^{-2}, (l,m,n) \neq (0,0,0),$$

我們已經選擇了 $h=1$ ， $2m=1$ 這樣的單位制。對於固定的密度 $\varrho = NL^{-3}$ ，當 $L \to \infty$ 時，（1）式無意義，因為

$$\frac{a^2\xi}{L^2\pi^2}\ (2N-5) \to \infty \quad \circ$$

在這一點上，我們被困擾了幾個月，直到 1956 年 10 月，介紹我們這一研究成果的稿子才送去發表，它們就是論文〔57a〕及〔57b〕。

1956 年 3、4 月，我開始發展一種不同的方法來計算稀薄硬球系統的揮發度展開及系統的基態能量。但是，這方面的研究做得不多，那是因為去參加羅徹斯特會議及 4 至 6 月關於 $\theta - \tau$ 之謎的緊張工作。七月份，寫完〔56h〕、〔56i〕的稿子後，我回過頭來研究多體問題，並使李政道也對之發生了興趣。我們的合作研究取得了進展，發展了一種我們稱之為"二元碰撞展開"的辦法。用這種方法，我們求得了硬球玻色系統揮發度級數按 $\left(\frac{a}{\lambda}\right)$ 的冪進行級數展開的第一項及硬球費米系統的基態能量。這些都是黃克孫、Luttinger 和我已經用贗位勢法求得的。

隨後，李政道和我轉而用二元碰撞展開法研究波茲曼系統或玻色系統的基態能量。我發現了一種應用最發散項求和的技巧。應用

這種技巧,我們發現,上述(1)式中引起麻煩的那一項經求和後便消失了。於是得到

$$\frac{E_0}{N} = 4\pi\, a\varrho \left[ 1 + \frac{128}{15\sqrt{\pi}} \sqrt{\varrho\, a^3} + \cdots \right] \qquad (2)$$

這一結果使我們大為高興,尤其是因為 $\sqrt{\varrho a^3}$ 這一項的形狀是在沒有做任何詳細計算的情況下,通過最發散項求和技巧首先獲得的(參見〔57〕q)。

(2)式的第一項,即 $4\pi\, a\varrho$ ,P.Price 在 1951 年已經求得。我們在 1953 年也求得了它。對一個粒子通過一堆固定不動的粒子而運動的情形,W.Lenz 在 1929 年曾經給出了一個基態能量的公式,它與這一項基本相同(參見〔57a〕的腳注 6、7)。(2)式的第二項是一個新結果。

從數學的觀點看來,最發散項求和技術是很不可靠的。但是,從那以後,它卻一直被人們在統計力學和場論中廣泛地沿用。但是,有些情況下,它行不通。

得到(2)式後不久,黃克孫、李政道和我發現,用贗位勢法也能求得這一項(參見論文)〔57i〕的後記)。由於這一切,也因為要同 Oehme 合作寫一篇論文,李政道和我便沒有時間把二元碰撞展開法及(2)式的推導過程詳細地寫出來,於是,我們在 1956 年 12 月 10 日寫成一篇簡短總結性文章投了稿,這就是〔57h〕。此後不久,我們的注意力又集中在宇稱不守恆上。不過,我們還是擠出時間寫下(2)式的贗位勢法證明,那就是論文〔57i〕。敘述二元碰撞法的文章一直推遲到 1958—1959 年才投稿。

論文〔57h〕的(5)式有錯(參見〔58d〕的角注 8)。

　　展開式（2）的下一項分別由吳大峻，N.Hugenholtz 和 D.Pines, K.Sawada 等人求得。參見論文〔60g〕的參考文獻（1）。

# 【57i】 "硬球玻色系統的本徵值和本徵函數以及其低溫性質"一文之後記

論文見：T.D.Lee, Kerson Huang（黃克孫）and C.N.Yang, Phys.Rev., 106(1957), l135.

　　論文〔57h〕後記中的公式（2）是用二元碰撞展開法求得的。用它同該後記中的式（1）（即黃克孫導得的公式以及我自己求得的結果）進行比較，是很自然的事。式（1）含有引起麻煩的一項 $a^2\xi 2N\big/L^2\pi^2$。在 $NL^{-3}=\varrho=$ 固定值且 $L\to\infty$ 的情況下，這一項發散。我明白，使用對最發散項求和的辦法就要對由這種項構成的無窮級數求和，這個無窮級數由 $aN\big/L$ 的幂構成。有希望用公式（2）求得結果。

　　首先，我發現了，公式（1）事實上有錯，因爲並沒有正確地把贋位勢法用到這個問題上。仔細檢驗，會發現一種恰當的減去法，通過它，就可以無誤地應用贋位勢法了。於是，無須進行冗長的計算。黃克孫、李政道和我做了這項計算，結果便是〔57i〕。該文第 1 節末及第 4 節的討論涉及了上面所說的各點。我們也得出在基態附近的激發態能譜。

# 【57o】 "自旋1/2超子衰變的一般分波 分析"一文之後記

論文見：T.D.Lee and C.N.Yang, Phys.Rev., 108（1957）,1645.

　　1957 年關於 $\Lambda$ 衰變中宇稱不守恆的實驗，促使我和李政道寫下這篇論文，即〔57o〕。該文定義了參數 $\alpha$，$\beta$ 及 $\gamma$。直到今天，在粒子表中，這些參數還被使用著。

　　1965 年，我發現該文的公式（4）有一處錯誤。在 1965 年 5 月 25 日給克羅寧（J.W.Cronin，1980 年諾貝爾物理學獎得主，譯注）的信中，我把這一點告知了他。

# 【57q】"硬球玻色系統的量子力學多體問題及低溫特性"一文之後記

論文見:Kerson Huang, T.D.Lee and C.N.Yang,載於 "The Many-Body Problem, ed.J.K.Percus"（New York： Wiley-Interscience, 1963）一書中。

　　論文〔57q〕考察了二元碰撞法及贗位勢法的現狀（1957 年 1 月），該文在史蒂文斯學院會議上宣讀。雖然及時把稿子交給了會議組織者，但是直到 1963 年，會議文集才出版。多年以後，該文仍不失爲綜述二元碰撞法中的"對最發散項求和方法"最詳盡的論文。

# 【57s】 "宇稱守恆定律及物理學中的其他對稱定律"一文之後記

論文見：是楊振寧之諾貝爾演講，見 "Les Prix Nobel" (Stockholm：The Nobel Foundation, 1957)一書

　　1957 年 10 月底，把諾貝爾獎金授予李政道和我的公佈使我十分激動。幾天之內，賀喜的電話、電報像潮水般湧來。獲此殊榮也牽起我的個人回憶：我的研究興趣幾乎都集中在對稱原理和統計力學上。我十分感激吳大猷和王竹溪領我進入了這兩個領域。10 月 31日，我給吳大猷寫了下面的話：

　　　　在這令人激動的時刻，往事湧上我的心頭。對您在 1942
　　年春把我引進對稱定律和群論這個領城，心中充滿了感激之
　　情。此後，我大部分的研究工作（包括宇稱問題）都直接或
　　間接地發端於十五年前的春天從您那裡學到的思想。我一直
　　迫不及待地想把這一點告訴您，不過，今天這個日子是最合
　　適不過的了。

　　諾貝爾委員會要求每個得獎者寫一短文簡介自己，登載在《Les Prix Nobel en 1957》上。我那篇短文強調了在吳大猷、王竹溪和泰勒三位教授指導下寫成的那三篇學位論文對引導我進入自己感興趣的領域所起的作用。我也強調了費米教授對我個人發展的強烈影響。

　　至於我們在斯德哥爾摩的演講，李政道和我商定，由我來談證

實宇稱不守恆的實驗做成以前的事態發展,他將談其後的事。〔57s〕是我的演講稿。為了準備講稿,我做了一些關於 C、P、T 及 I 對稱性歷史方面的研究。關於 CPT 定理<sup>*</sup>,我參考了施溫格、G.Lüders、包利及 R.Jost 的論文。

今天,在 1982 年,對稱性的考慮在物理學中已被提昇到一個新的重要程度,對此我用 "對稱性支配相互作用" 這句話來加以概括,參見〔80b〕。

---

<sup>*</sup> C:電荷共軛;P:宇稱;T:時間反演。CPT 定理是指 C、P、T 聯合作用下的不變性定理,譯注。

# 【57t】"1957年12月10日在諾貝爾宴會上的講話"*一文之後記

論文見：C.N.Yang，載於 "Les Prix Nobel" （Stockholm：The Nobel Foundation, 1957）一書。

這個講話是差不多四分之一世紀以前在斯德哥爾摩市政大會堂金壁輝煌的《藍色大廳》裡發表的。物換星移，人間發生了許多事情。今天，讀著這篇演講辭，我知道自己並沒有變。

---

*此講話已翻譯出來，見本書附錄 I 。

# 【58a】 "由 $\Lambda^0$ 衰變時大的角不對稱性確定其自旋的可能性" 一文之後記

論文見：T.D.Lee and C.N.Yang, Phys.Rev., 109（1958），1755.

1957 年 4 月，我們全家到了巴黎，開始我們的首次歐洲之行。我先在高等師範學校講學，隨後到日內瓦的歐洲核子研究中心（CERN）工作兩個月。當時，CERN 的第一座大樓剛竣工，但其理論部辦公室仍設在機場裡租來的活動房屋中。那時，Tatiana Faberge 已經是理論部的秘書，直到今天，她還擔任此職。那年夏天，我與之討論得最多的物理學家是 L.Ferretti, O.Piccioni 和斯坦伯格。

八月底，我們全家回到美國。在返回普林斯頓之前先到布魯克海文待了一個月。

由於發現了弱作用下宇稱不守恆，核物理學家和高能物理學家都一窩蜂去研究各種類型的弱作用。在 1957 年，做了許多關於β衰變的實驗，其中有些用了宇稱不守恆作爲新工具，另一些則仍採用 1957 年以前已知的方法。測量β衰變中的縱向極化，是特別重要的一項發展。李政道和我在 1956 年已經考慮過這種實驗，但那時候我們認爲縱向極化是非常難以探測的，因此，我們未把它列入論文〔56h〕所建議的實驗清單之內。我們始料不及的是，讓電子束通過一個電場，便很容易把縱向極化轉變成橫向極化，而後者的探測則易如反掌。

1957 年春、夏兩季，許多物理學家都把精力集中在準確敲定β

衰變的耦合這個問題上。由於我們受規範概念的盤據，李政道和我傾向於認為這種耦合應為向量型和軸向量型的。在 1957 年 4 月 15—19 日的羅徹斯特會議的第九專題討論會上，J.Tiomno 報告之後，我發言道："如果$\beta$衰變果真是向量而非純量相互作用的話，人們可能問這樣一個問題：這是否與向量場（這種向量場起因於這些守恆定律的概念）有任何關係？"不幸的是，在實驗方面情況很不明朗：不同的實驗給出不同（甚至相反）的結果。隨著夏天到來，矛盾越積越多。在 CERN，後來又在布魯克海文，我通過詳細檢查各種實驗論文及與$\beta$衰變方面的專家商討，決心要搞個水落石出。最後，我認定 B.M.Rustad 及 S.L.Ruby 關於 $He^6$ 的實驗最可靠。

可是，這一次我搞錯了。夏末，費因曼和蓋爾曼，E.C.G.Sudarshan 和 R.E.Marshak,還有 J.J.Sakurai 通過理論分析，全都斷言，耦合是 V—A，同時，他們說 $He^6$ 實驗可能是錯的。Sakurai 的論文有下面這段腳注：

> 應該指出，作者在得知費因曼—蓋爾曼—Sudarshan—Marshak 理論的幾星期前就想到要把$\beta$衰變實驗及$\pi-\mu-e$序列同 V—A 等同起來。但是，楊振寧教授反對這種想法，他認為 $He^6$ 反衝實驗是比較可靠的（同楊振寧的私人通訊)。

Sakurai 沒有記錯。他訪問布魯克海文時，我確實對他如是說。

雖然，V—A 耦合的說法（尤其是費因曼—蓋爾曼的守恆向量流的觀點）在理論上很吸引人，但是，因為還未找出 $He^6$ 實驗的錯誤之所在，故需要實驗上的證實。M.Goldhaber、L.Grodzins 和 A.W.Sunyar 用一個極精巧的實驗通過測量微中子的螺旋性解決了這個問題。實驗發現微中子的螺旋量為-1。這是 V—A 耦合不容置辯的證據,從此開始了人們認識$\beta$衰變的新里程碑。這實驗在 1957 年 12 月初做成。我記得致禮和我動身去斯德哥爾摩的前兩天,Goldhaber 打電話把實驗結果告訴了我。

　　高等研究院邀請李政道在 1957—1958 學年來訪。1957 年秋, 他們一家搬到普林斯頓來,安頓在新落成的住宅裡。現在,我們的 合作要方便多了。我們進行了一項合作,其成果便是論文〔58a〕。 這是一篇優美的論文,對測量超子的自旋很有用。

# 【58d】"稀薄硬球玻色系統的低溫行爲。Ⅰ·平衡性質"一文之後記

論文見：T.D.Lee and C.N.Yang, Phys.Rev.,112（1958），1419.

　　本文及其續篇〔59a〕，是論文〔57i〕的延續。它們使用的是同一種方法。在本文裡，考慮不完全的零動量態佔有率，我們處理了溫度高於絕對零度時稀薄硬球玻色系統的簡並相。

　　正如〔57h〕、〔57c〕、〔57q〕的後記所述，李政道和我在 1956 年秋天花了大量時間在多體問題上。許多富有成果的方向要繼續探索，同時，二元碰撞展開法也需要整理成文，就在這時，傳來了吳健雄在 1956 年底實驗成功的消息。我們馬上把注意力轉向粒子物理，這種狀況持續了將近一年。後來，當我們有時間重新考慮基本粒子以外的其他問題時，我們重又回到多體問題上來，寫出〔58d〕、〔59a〕兩篇論文。這兩篇文章求得了關於熱力學函數及低溫簡並稀薄玻色系統的輸運性質。

# 【59b】"量子統計力學中的多體問題。Ⅰ‧一般表述"一文之後記

論文見：T.D.Lee and C.N.Yang, Phys. Rev., 113（1959）,1165.

　　正如〔58d〕之後記所述，1958 年，在基本粒子理論研究方面稍可鬆一口氣時，有一段時間李政道和我又埋頭於統計力學。1958—1959 年間，我們寫出了五篇論文。它們以〔59b〕開頭；自成一個系列。這一系列的前三篇其實在 1956 年早已完成。後兩篇，即〔60h〕及〔60c〕，試圖找到超流氦相變的準確特性。

　　論文〔60b〕的基本觀念是用動量空間的平均佔據數寫出巨配分函數。所求得的變分原理非常優雅。接著，李政道想到了把這種方法加以推廣，使我們能夠用同樣的方式去處理一個簡並系統。李政道的想法很妙。這就是 x 系集及論文〔60c〕。有一陣子，我們覺得有希望找到轉變爲超流相相變的準確特性，或者對這種相變進行分類。不幸的是，我們並沒有成功。

# 【59c】“現代物理學中的對稱原理”一文之後記

論文見：楊振寧在 Bryn Mawr 學院 75 周年校慶紀念會（1959 年 11 月 6 日）上的報告，未發表。

　　Bryn Mawr 學院在 1959 年提前一年慶祝其 75 周年校慶。該校組織了一次關於“對稱性”的會議，作為慶祝活動的一個組成部分。〔59c〕是我在會議上所作的報告。

　　今天，重讀這篇論文，我想到的既不是自己對對稱性產生相互作用的規範理論缺少成功的例子懷有明顯的偏見，也不是我強調有必要去理解各種對稱性相互間的關係以及它們在概念上的統一（我們在 1955，1956 及 1957 年羅徹斯特會議上已反復強調過這幾點）。我想到的是，雖然 Y.Nambu、G.Chew、W.Frazer、J.Fulco 及許多別的理論物理學家早在 1959 年就已指出存在更多的共振，卻沒有人會想到它們的數目竟會如此巨大。這一點很快就被發現了。

# 【60d】 "對可能實現的高能微中子實驗的理論討論"一文之後記

論文見：T.D.Lee and C.N.Yang,Phys. Rev.,Letters, 4（1960）,307.

　　1959 年夏，我對我弟弟楊振平的研究頗感興趣。他在做相變的計算機模擬。他是這個研究領域的開山祖師，在理論分析方面有很大的貢獻。例如，他證明了，產生了一組位形之後，人們不但要計算各種平均值，比如平均能量、平均比熱等等，還要計算它們的平均偏差 $\sigma(E)$、$\sigma(C)$。他也分析了反轉過程（一種馬可夫過程）趨向平衡的速度。後來，他在 IBM 公司的 Thomas Watson 研究中心的 7090 型計算機上編了一個程式，對二維及三維易興點陣求得了令人矚目的結果。1962 年 4 月 12—14 日在芝加哥舉行的一次會議上，他報告了自己的工作，而文章則在 1963 年發表。

　　1959 年秋，李政道使我對如何獲得關於弱作用的更多實驗信息這個問題發生了興趣。但我們找不出什麼好辦法。李政道同哥倫比亞大學的同事們討論了這個問題。一天，施瓦茲（M.Schwartz, 1988 年諾貝爾物理學獎得主，譯注）想到，應該做出高能微中子與反微中子束，並研究它們與核及核子之間的相互作用。後來事態的發展表明了，這是一個重要的建議。當時，我們誰也不知道，B.Pontecorvo 早在幾個月之前就已經提議做這樣一個實驗。

　　這就是論文〔60d〕的起源。該文討論了高能微中子實驗在理論上的重大意義。這篇文章在《物理評論通訊》上發表，緊跟在施瓦茲的論文之後。

# 【60e】 "弱相互作用居間玻子基的推論：居間玻子四重態的存在及其對偶二重同位旋變換性質" 一文之後記

論文見：T.D.Lee and C.N.Yang, 119（1960），1410.

　　1957 年，隨著弱作用 V 及 A 耦合的確立，理論物理學家對弱作用、電磁作用及向量介子做了許多猜測，有的寫成文章發表了，有的則未發表。發表的文章當中，有施溫格的、格拉肖（S.L.Glashow,1979 年諾貝爾物理學獎得主，譯注）的、S.A.Bludman 的、薩拉姆的、J.C.Ward 的、J.L.Lopes 的，還有其他人的。以今日的眼光來看，Lopes 的文章特別饒有趣味，可是當時並沒有引起人們的注意。

　　1950 年代末，非阿貝爾規範理論高雅的迷人之處已被普遍承認。因此，許多人猜測弱作用的向量介子 W 就是規範玻色子。出於謹慎，李政道和我不想在猜測方面走得太遠，雖然我們時時都期望著規範玻色子同 W 之間可能有某種關係（參見〔58a〕之後記）。假定 W 是弱相互作用的傳遞者，會有許多後果。因此，我們集中力量研究這些後果的邏輯及唯象方面。這就是論文〔60e〕的來由，該文探討了一種相消機制，實驗上必須用到它。我們把它稱爲"分裂機制"。1961 年，我們花了大量時間同 Markstein 一起從數值上計算了微中子束產生 $W^{\pm}$ 的截面。計算的結果就是〔61e〕。

# 【60g】 "非理想玻色系統" 一文之後記

論文見：C.N.Yang, Physica, 26(1960), S49.

　　這是我 1960 年在烏特勒支多粒子問題會議上的報告。

　　據我所知，在會議第 I 專題討論會之末提到的問題直到今天仍未解決。會議第VI專題的討論與後面的一篇論文即〔62j〕有直接的關係。

# 【61a】"'介子是基本粒子嗎?'一文的引言"*之後記

原文見:C.N.Yang, "The Collected Papers of Enrico Fermi, Vol.2"
(Chicago:University of Chicago Press,1965).

　　塞格列(E.Segré,1959 年諾貝爾物理學獎得主,譯注)是《費米選集》的編者,爲此,他在 1960 年代初要我爲費米同我於 1949年合作的一篇文章寫一個前言。我決定把自己在芝加哥當研究生時受到費米影響的體驗寫出來。它就是〔61a〕這篇文章。

　　作爲一個物理學家和一個普通人,費米深深地受到大家的崇敬。我相信他之所以受人尊敬,是因爲他實實在在。他在任何一件事情上都表現出其性格的這種基本力量。1950 年代初的一天,歐本海默(當時是原子能委員會的重要部門—總顧問委員會即 GAC 的主席)告訴我,當費米任期屆滿時,歐曾企圖說服費米繼續留在 GAC內,費米並不願意。他催促費米應允留下。最後,費米說:"你知道,我對這些政治上的事情的看法,有時連自己也不太相信呢!"

---

*此文也一並翻譯出來收入本書之附錄Ⅱ,譯注

# 【61b】 "全局對稱性的某些考慮"一文之後記

論文見：T.D.Lee and C.N.Yang, Phys. Rev.,122（1961）,1954

　　1960 到 1961 年，李政道和我對強作用可能有更大對稱群做了一些推測。論文〔61b〕就是其中之一。它是在 1960 年實驗上發現了各種新的共振傳來令人振奮的消息之後寫成的。

　　1960年末和1961年初在高等研究院對更大對稱群有許多討論。正如論文〔61b〕的腳注 14 所指出的，D.R.Speiser 和 J.A.Tarski 爲 $SU_3$ 的可能性做了大量研究。那是在收到蓋耳曼的預印本之前的事。由於某種原因，他們很遲才把自己的論文發表。

　　1950 年代末，人們已經把規範理論的概念應用到強作用理論及弱作用理論上去。1960 年，J.Sakurai 發表了一篇論文，非常熱烈地提出了一種描寫強作用的非阿貝爾理論。他把這個理論稱爲 VTSI，即強作用的向量理論（VTSI 是英文 Vector Theory of Strong Interaction 的字首縮寫，譯注）。這篇論文的摘要是我在物理學文獻中見過的最長者。$\rho$ 和 $\omega$ 被發現後，他給我來了一封信，表達了他的不滿之意，他認爲我對他"這兩年所追求的目標持超然態度，不太同情"。接著，他說：

　　　　你常對青年理論物理學家說，理論家至高無上的任務就是建議去做好的實驗。然而，你在 1954 年提出楊振寧—米爾斯理論時，並沒有鼓勵人們做實驗去尋找"楊振寧—米爾斯粒子"這是何故？

367

　　我記得，當時我長時間愣愣地坐在那裡，不知如何回信才好。後來到底回信了沒有，我就記不清了。我想，即使那時回了信，也必定只是一些閃爍其詞的客套話，沒有什麼意義。

　　1950 年代末，在蘇聯，人們對規範理論也頗感興趣。1964 年，D.Ivanienko 編輯了一本書，載有十五篇規範理論文章的俄譯。書名叫做《基本粒子和規範場》包括了 J.J.Sakurai、蓋耳曼、格拉肖、施溫格、薩拉姆、J.C.Ward、R.Utiyama、T.Kibble、Y.Ne'eman 和 B.d'Espagnat 等人的文章，論文〔54c〕、〔55b〕也收了進去。

# 【61c】 "關於超導圓柱體中量子化磁通量的理論考慮" 一文之後記

論文見：N.Byers and C.N.Yang, Phys.Rev.Letters, 7(1961), 46.

　　1961 年春，我到史丹佛大學訪問了幾個月。該校活躍的研究風氣，以及美好的天氣都給我留下了深刻的印象。新來乍到，W.M.Fairbank 就讓我看了他同 B.S.Deaver 正在做的關於超導體中可能存在的磁通量量子化的實驗。

　　Fairbank 是從杜克（Duke）大學轉到史丹佛的。1957 年他在杜克曾做了一個漂亮和困難的實驗，求得液氦在 $\lambda$ 相變點的無限大比熱。那個實驗非常重要，原因是：（1）所達到的精確度極高；（2）它解決了理論物理學家關於 $\lambda$ 相變點處的比熱究竟有限還是無限的爭論；（3）它是奠定相變理論的一系列實驗發現中的頭一個。這些發展導致相變的臨界指數的提出，而臨界指數是 1960 年代的一個重要發展。我曾見過 Fairbank 在杜克的實驗裝置，它的雅致，當然，還有他所得到的結果，都給我留下了深刻的印象。

　　磁通量量子化實驗也是非常困難的。讓我看過他和 Deaver 正在進行的實驗之後，Fairbank 問我，假如他們成功地發現了磁通量量子化，磁通量量子化是不是一個物理學的新原理？在這次談話之前，我從未想過磁通量量子化這件事，當然也就回答不了他的問題。

　　之後，N.Byers 和我開始研究這個課題。F.London 和昂薩格亦曾經討論過。我們逐漸認識到，雖然 London 和昂薩格對超導環中可能存在的磁通量量子化的洞察力令人驚奇，而且，或許他們是正確的，不過，他們的推理卻錯了。特別是，London 的書《超流體》，對這個問題有最完整的討論，而是並不正確的，因爲它是基於一個不正確的假設，認爲磁通量存在時，超導體的波函數與磁通量不存在時的波函數成正比。正如後來布洛赫（F.Bloch，1952 年諾貝爾物理學獎得主，譯注）和 H.E.Rorschach 指出的，倘若 London 的論證正確的話，所有的環在一切溫度下將具有量子化的磁通量，事實當然不是這樣。

按照已知的物理學原理，超導環中究竟是否應該有磁通量量子化？Byers 和我一時摸不著頭腦。 這當兒，Deaver 和 Fairbank 取得了初步的結果。他們把結果告訴了布洛赫、N.Byers 和我。Deaver 和 Fairbank 認爲，這些結果表明了磁通量量子化的存在。而布洛赫、Byers 和我則認爲，這還說不準。在這之後不久，我到東海岸去了幾天。再回到史丹佛時，Deaver 和 Fairbank 正在用第二個樣品做實驗，結果，在他們所作的關鍵的圖上得到了漂亮的“階梯”。即使是一個實驗物理的門外漢也能看出，磁通量量子化的確存在。稍後，Byers 和我終於搞清楚，磁通量量子化遵循通常的物理原理，即 BCS[*] 超導理論。這就是論文〔61C〕的來源。

從 Deaver 和 Fairbank 初步的結果這件事，使我再次認識到，某一領域內的專家的確能察覺一些未受過訓練的外行人所不能察覺的事物。可是，我還相信，布洛赫、Byers 和我所採取的懷疑態度是一種健康的態度。不隨波逐流對我們這個學科獲得進展來說是極

---

[*] 即 J.Bardeen（巴丁）、L.N.Cooper（庫伯）和 J.R.Schrieffer（施賴弗）三人所提出的超導性理論。由於這一貢獻，他們分享了 1972 年諾貝爾物理學獎金。在此之前，J.Bardeen 還榮獲過 1956 年諾貝爾物理學獎。他是唯一兩度獲得諾貝爾物理學獎的物理學家。譯注。

端重要的。當然,反過來也對(或者更對一些):實驗物理學家絕不能被理論物理學家所嚇倒。一百年前,麥克斯爾寫信告訴法拉第,他正努力用數學語言來表達法拉第的物理思想。法拉第在 1857 年 3月 25 日的回信中寫道:

尊敬的閣下:

　　大作收悉,不勝感激。您對 "力線" 的高見,我不敢苟同,因為我知道,雖然您所做的一切都是為了哲學的真理,但您要知道,我對 "力線" 是非常欣賞的,它鼓舞我繼續思考。一開始,我看到這門學科需要用如此艱深的數學時,差一點被嚇著了。後來,我見到它居然經得起考驗,真覺得有點不可思議呢。*

---

*　法拉第是英國的一位自學成才的偉大實驗物理學家,出身貧寒,未受過正規教育,數學不怎麼好,大家認為,電場和磁場的力線,只不過是用以形象化地描述電、磁場的工具,但法拉第堅持認為,力線是一種客觀存在的實體。麥克斯爾是英國一位偉大的理論物理學家,他總結並建立了完整的經典電磁學理論。今天的一切電工技術和電器,舉凡發電、輸電、電信、電視……,在原理上無一不有賴於麥克斯爾的電磁理論。譯注。

# 【61f】 "物理學的未來"一文之後記

（1961 年 4 月 8 日在麻省理工學院一百周年校慶慶祝會小組討論會上的發言，未發表。）

1961 年 4 月，MIT 慶祝她的一百周年校慶。其時，美國物理學界對未來充滿了前所未有（後來也不曾再有）的憧憬。當時的氣氛是樂觀的，許多人或者期望物理學的所有基本問題會很快求得解決，或者假定物理學家可以克服任何困難。1940 及 1950 年代，科學技術突飛猛進，所以，這種感情是可以理解的（就好像附和這種樂觀氣氛似的，MIT 校慶後沒幾天，蘇聯便成功地發射了一艘載人太空飛船環繞地球）。

作爲百年大慶的一部分，MIT 組織了一個關於物理學未來的小組討論會。費因曼、考克羅夫特、R.Peierls 和我是小組委員會成員。我決定在我的簡短發言中講一些"不合時宜的話"。這個發言就是論文〔61f〕。

二十年過去了，不幸的我在 1961 年所告誡的事情並沒有講錯。當然，過去的二十年裡，不論實驗上還是理論上都曾有過令人激動的時刻和重要的進展，但是我感到，今天物理學的困難有增無已。一方面，現在的實驗越來越複雜和花錢，做一個實驗要花幾年時間去準備，做起來又要好幾年。現在，高能物理實驗的周期非常之長。不幸的是，今後看來還要更長。另一方面，高能物理也日益複雜，使得理論物理學家本身隔行如隔山，他們同實驗物理學家就更加受到阻隔了。這種演化的一個結果，就是我們的理論物理研究生（甚至實驗物理研究生也如此）越來越脫離物理現象，而追根究底，物理現象是物理學的源泉。這並不是任何人的過錯，卻使人憂慮。恐怕，愛因斯坦和我們大家夢寐以求的那種物理學大統一的局面，到下個世紀還不可能出現呢。

# 【62b】“單π介子交換模型的檢驗”一文之後記

論文見：S.B.Treiman and C.N.Yang, Phys.Rev.Letters, 8(1962), 140.

　　1980 年代初，單π介子交換模型很流行。在各種不同的實驗中，這個模型究竟好不好？好到什麼程度？論文〔62b〕給出了簡單的檢驗方法。

# 【62g】"馬仕俊博士悼念文"*（未發表）一文之後記

該文作者：李政道與楊振寧

　　1962 年初，馬仕俊在澳洲自殺身亡。噩耗傳來，李政道和我爲之震驚。我們給《自然》（Nature）雜誌寫了〔62g〕這篇文章，但雜誌編者拒絕刊登它，原因也許是我們在文中對美國移民當局提出的批評。批評所根據的是自己對馬君的個人了解以及吳大猷的一封書信。吳是馬的老師和同事，他們之間有非常密切的關係。

---

*此文已譯出，參見本書附錄Ⅲ，譯注。

# 【62i】 "與電磁場有相互作用的荷電 向量介子的理論"一文之後記

論文見：T.D.Lee and C.N.Yang, Phys. Rev., 128 (1962), 885.

　　1960 年，李政道和我決定有系統地研究與電磁場有相互作用的帶電向量介子的理論。我們的論文〔60d〕及〔61e〕引發了這方面的研究。上述兩文作了低階的計算。我們發覺，荷電向量介子還未在理論上有系統地研究過，所以決定深入研究這個人們尚未弄清楚的混亂問題。從正則的形式體系出發，依循一般的 Dyson—Wick 程序，我們求得了費因曼圖。所得的結果很複雜。更糟的事，它們的係數不是相對論協變的。經過幾番周折之後，我決定在拉氏函數加上下面一項：

$$-\xi\,\frac{\partial \varphi_\mu^*}{\partial_{x_\mu}^*}\,\frac{\partial \varphi_\nu}{\partial_{x_\nu}} \qquad (1)$$

其中時間、空間的指標 1，2，3，4 被等同地對待。這樣一來，就消除了引起麻煩的 $\delta^4(0)$ 項。事實上，這樣一來，在 $\xi \to 0$ 的極限過程中，$\delta^4(0)$ 項的來源就變成可以理解了。對這一點，論文〔62i〕的附錄 E 有所解釋。

　　在這個問題上，吳大峻有一個很好的建議，那就是，式（1）的 $\xi$ 項應該是電磁規範不變的。李政道和我接受了這個建議。

　　於是，費因曼圖變成協變的了，而且不再包含 $\delta^4(0)$ 的項。不過，它仍然是不可重整化的。隨後，李政道建議引進一種負的度規，這樣一來，我們的理論就可重整化（至少，在 1950 年代討論李政道模型時，李就對負度規感興趣了）。

我們把這樣得到的理論叫做 $\xi$ 極限理論，論文〔62i〕有所討論。後來，這種 $\xi$ 極限理論應用到規範理論的另一個議題上。

$\xi$ 極限理論有一種非常有趣的性質，那就是在 $\xi \to 0$ 的極限過程中，有希望通過對最發散項求和的辦法求得有限的結果。李政道在《物理評論》雜誌緊接著〔62i〕之後的另一篇論文中對此作了探討。

〔62i〕是李政道同我合作的最後一篇論文。

我們的交往始於 1946 年。這種交往曾經是親密而溫暖的。它基於相互尊重、相互信任和相互關心。接著，迎來了 1957 年，以及我們的成功。不幸的是，蒸蒸日上的聲望逐漸在我們的關係中產生了隔閡。雖然，我們富有成果的合作還繼續保持了五年，但是，關係卻慢慢緊張起來。1962 年 4 月 18 日，我倆在李政道的辦公室裡做了一次長談，回顧了 1946 年以來發生過的事情：我們早年的關係；1950 年代初；導致寫出宇稱論文的 1956 年的那些事件，以及隨後的發展。我們發現，除了一些細節之外，我們對所有關鍵的事件都保持著相同的記憶。正如家庭衝突中的和解那樣，這是一次感情獲得宣洩的經歷，我們都感到一種解脫般的暢快。然而，這種和解並沒有得以保持下來。幾個月後，我們就永遠地分手了。

在我同李政道做朋友的十六年間，我對他就像一位兄長。在粒子物理和統計力學領域裡，我在 1950 年代初就已經成了名。我們的合作關係中，我是資深的一方。敏銳地警覺到，他應該走出我的陰影之下，我便有意識地往後靠，盡量在事業上扶持他，同時，在公開場合對我們合作關係的實質嚴格地保持緘默。外人看來，我們的合作是密切而出色的；這種合作對物理學的貢獻良多。人們對此感到欣羨。李政道自己也斷言,這種合作對他的事業和成長具有決定性的影響。

總之,這是我生活中值得回味的一個篇章。雖然,其中也有煩惱。然而,世間萬事萬物中,富有人情味而有意義的事情,又有幾件是完全沒有傷痛的呢!

# 【62j】 "離對角長程序的概念以及液氦和超導體的量子相"一文之後記

論文見:C.N.Yang, Revs.Mod.Phys., 34(1962), 694.

　　我對超流氦的興趣使我意識到了玻色粒子系統中玻色凝結的重要性。超流部分究竟佔多大的百分比,這個問題一直困擾著我。在絕對零度時,已知這個百分比是 100% 。從基本意義上說,這一點怎樣理解呢?我在論文〔60g〕的末尾曾猜測,這與約化密度矩陣 $\varrho_1$、$\varrho_2$…的最大本徵值有關(我現在已不再這樣認爲了)。這種猜測發端於 O.Penrose 和昂薩格的工作。在有相互作用的玻色子情況下,是他們首先給玻色凝結給予精確的定義。

　　庫伯對概念的引入以及 BCS 理論的提出是超導理論的一個里程碑。它澄清了 F.London、M.R.Schafroth、S.T.Butler 和 J.M.Blatt 等人早期的一些概念。它確認,超導是由電子對的玻色凝結引起的。我同 N.Byers 合作的論文〔61c〕使我認識了 BCS 理論的重要性。

　　但我感到不滿意。顯然,BCS 波函數抓住了超導電性的本質。可是,這個本質是什麼?我想搞清楚,對超導來說,電子波函數的哪些性質是不可缺的。換句話說,我要知道,對有相互作用的費米系統和玻色系統來說,"玻色凝結"的精確定義究竟是什麼?我在 1961-1962 年的冬季探討了這些問題。結果便是論文〔62j〕。我一直很喜歡它,即使它顯然還未完結。例如,就我所知,文中第 7 節所提出的問題就還沒有弄個水落石出。正如那個猜想的公式(46)

所顯示，這些問題是困難的。爲了計算超流相的一些物理量，必須超出通常的熱力學極限，並須把配分函數的對數 ln Q 計算到 L 的量級而不僅是 $L^3$ 的量級。

1962 年夏，在 CERN，我同 J.S.Bell 談到〔62j〕的某些猜想公式。兩天之內，他就把其中的一些公式證明了出來。

# 【63e】 "SU₃的質量公式" 一文之後記

論文見：C.N.Yang, in "Some Recent Advances in Basic Sciences,
　　　　Vol.1" (New York：Academic Press, 1966).


　　1963 年春，我再度到史丹佛大學待了幾個月。在那裡，我遇見
了 O.J.Oakes。我們對當時非常流行的核子十重態質量公式感到興
趣。檢驗該公式推導過程正確與否時，我們仔細分析了，在大微擾
的情況下使用微擾論究竟是否合適，尤其是考慮到，隨著相互作用
強度的增加，S 矩陣可以改變黎曼層這一點。我們在分析過程當中
提出的問題，論文〔63d〕有詳述。

　　我們分發了論文的預印本之後，"許多人嚴詞責備楊振寧和
Oakes"（F.Low 說的話）。為了回答他們的批評，1963 年 10 月在
貝爾福研究學院舉行的一年一度的科學會議上做報告時，我詳細介
紹了我們的論文。兩個月後，1963 年 12 月 5 日在阿爾岡國家實驗
室用戶小組會上，我又作了一個同樣的報告。這個報告就是論文
〔63e〕。

# 【64e】"液－汽相變的臨界點"一文之後記

論文見：C.N.Yang and C.P.Yang, Phys.Rev.Letters, 13(1964), 303.

　　1963 年訪問史丹佛時，W.Little 告訴我，蘇聯好幾個實驗室在 1962—1963 年發現了液一汽相變中比熱的對數發散。這表明，了解相變現象的新篇章開始了。後來，楊振平和我寫了論文〔64e〕。文中，我們指出，晶格氣體模型對液一汽相變來說是一個定性的好模型。但是，對 He$^4$ 來說，需要做量子修正，這樣一來，將會降低比熱峰的高度。我們還指出，由於新發現的比熱對數發散，必須考慮低溫校準方面的國際標準可能因此而引起修正。

　　一九六四年春，我入了美國籍。

　　從一九四五至一九六四年，我在美國已經生活了十九年，包括了我成年的大部分時光。然而，決定申請入美國籍並不容易。我猜想，從大多數國家來的許多移民也都有同類問題。但是對一個在中國傳統文化裡成長的人，作這樣的決定尤其不容易。一方面，傳統的中國文化根本就沒有長期離開中國移居他國的觀念。遷居別國曾一度被認為是徹底的背叛。另一方面，中國有過輝煌燦爛的文化。她近一百多年來所蒙受的屈辱和剝削在每一個中國人的心靈中都留下了極深的烙印。任何一個中國人都難以忘卻這一百多年的歷史。我父親在一九七三年去世之前一直在北京和上海當數學教授。他曾在芝加哥大學獲得博士學位。他游歷甚廣。但我知道，直到臨終前，對於我的放棄祖國籍，他在心底裡的一角始終沒有寬恕過我。

不僅如此，我漸漸知道了華人在美國的早期經歷，那是我們的歷史，是浸透了難以用言語形容的偏見、迫害和殺戮的歷史。貝蒂‧李‧宋（Betty Lee Sung）將這一段歷史歸納如下：

> 一八七八年，特拉基（Truckee）鎮的中國人全部被集中起來，趕了出鎮。
>
> 一八八五年，二十八名華人在懷俄明（Wyoming）州石泉（Rock Spring）鎮被無恥屠殺。還有許多人受傷，數以百計的人被驅離家園。
>
> 一八八六年，俄勒岡（Oregon）州的木屋（Log Cabin）鎮又發生一起野蠻的屠殺。
>
> 瑪麗‧柯立芝（Mary Coolidge）教授寫道：「在克爾尼主義（Kearneyism）年代美國居然還有華人活著，這真是個奇蹟。」

接著，又產生了一八九二年的吉芮（Geary）法案和一九○四、一九一一、一九一二、一九一三及一九二四年的排華法案。這些法律使得在美國的華人社區變成畸型的、與美國社會隔離的、受鄙視的、被剝削的獨身男子勞工隊伍。我一九四五年來到美國的時侯，情形依然如此。

六十年代初的一天晚上，我在赴布魯克海文（Brookhaven）實驗室的途中乘火車從紐約去帕巧格（Patchogue）。夜已經很深了，搖搖晃晃的車廂內空盪盪的。一位老人坐在我身後，我便和他聊起來。他是浙江人，大約生於一八九○年前後，旅美已經五十餘年，有時以洗衣為業，有時給餐館洗碗碟。他沒有結過婚，總是一個人孤零零地住在一間屋子裡面。他對人顯然十分友善。我心裡想，難道這意味著他沒有痛與恨？車到貝肖（Bayshore），老人蹣跚地順著燈光慘淡的過道走到車尾，顫巍巍地下了車。看著他那被歲月壓彎了的脊背，我心裡充滿了悲哀和憤怒。

歧視雖然不似早年那樣猖獗，但時至今日仍然存在。一九五四年底，我的太太和我交付了數百元作爲在普林斯頓附近的一個住宅區內訂購一所新房子的保證金。幾週後業主通知說，他必須把保證金退還我們，因爲他擔心我們是中國人可能會對他出售住宅不利。我們怒不可遏，去找了律師。律師卻勸我們不要起訴，因爲他認爲我們勝訴的機會是零。

誠然，有不少因素使我裹足不前。可是我也知道，美國社會對我很寬待。我來美國時是個基礎很好的學生，是這個社會給了我發揮潛力的機會，我知道世界上沒有別的國家如此善待移民。我也認識到，我在這兒的根幾乎在不知不覺之中就已經往深處紮了。

一九六一年元月，我在電視裡觀看甘乃迪總統的就職典禮。羅伯特·佛羅斯特（Robert Frost）應肯尼迪的邀請上台朗誦他的一首詩。他選了《徹底的禮物》（The Gift Outright）。當我聽到：

> 佔有我們尚不爲之佔有的，
> 被已不再佔有的所佔有。
> 我們所保留的使我們虛弱
> 直到發現正是我們自己
> 我們拒絕給與我們生活的土地，
> 於是在放棄中得到了新生。

似乎什麼東西一直觸到了我的心靈。後來在一本集子裡我找到了弗羅斯特的這首詩。它的確很美，很有力量。它在我下決心申請入美國籍起了一部份的作用。

# 【64f】 "$K^0$和$\overline{K}^0$衰變中CP不變性破壞的唯象分析"一文之後記

論文見:T.T.Wu(吳大峻) and C.N.Yang, Phys.Rev.Letters, 13
　　　　(1964) ,380.

　　1964 年夏,我和吳大峻一塊訪問了布魯克海文,我們得悉普林斯頓大學的研究小組此刻正好找到 $K^0$ 和 $\overline{K}^0$ 衰變時 CP 破壞的跡象。這一消息使整個物理學界感到震驚。因為自 1957 年以來,物理學界人人都對 CP 守恆深信不疑。許多物理學家都力圖保存盡可能多的對稱。

　　$K^0 - \overline{K}^0$ 是由蓋耳曼和 A.Pais 從理論上首先提出來討論的奇特的系統。他們預言它將有兩種生命期,這一預言在 1956 年已由 K.Lande、E.T.Booth、J.Impeduglia、萊德曼和 W.Chinowsky 在一次極為成功的實驗中得到證實。即使在此之前,A.Pais 和 O.Piccioni 就已指出,長生命期的 $K^0$ 在穿透物質時將部分地轉變成短生命期的 $K^0$。後來,M.L.Good 證明了這一再生現象中有一相干部份。這一現象使人聯想到晶體中的雙折射,這種現象早在一個世紀以前就由哈密頓(W.R.Hamilton)成功地研究過。再生現象曾在 1961 年由 R.H.Good、R.P.Masten、F.Muller、O.Piccioni、W.M.Powell、H.S.White、W.B.Fowler 和 R.W.Birge 證實。物理學家之所以對 $K^0 - \overline{K}^0$ 系統如此著迷,是因為它既複雜又雅致,也因為它為我們觀察自然界的相互作用的細節提供了一扇窗戶。然而,大家對 1964 年的衝擊卻毫無心理準備。

　　普林斯頓實驗小組所完成的實驗是不可思議而又極其漂亮的。工作人員判斷如何在兩千多個事例中鑑別出幾十個來，從而推斷出一個極為重要的結論：CP 並不守恆。他們進一步從這些事件中估算出不守恆的程度。他們估算的數值通過了隨後許許多多實驗的考驗，再一次證實了他們在做實驗方面的可靠性；而在做前面所述的那個實驗之前，他們就已經以實驗數據準確可靠而著稱於世了。

　　普林斯頓實驗組的新發現消息像野火般迅速傳播。幾個星期裡，看來每一個理論物理學家都在推究 CP 破壞的起源。我和吳大峻對此持謹慎的態度，決定只做一些 $K^0 - \overline{K}^0$ 衰變的唯象分析。儘管多年以前我與李攻道、R.Oehme 在論文〔57e〕中已經在 C、P 和 T 全都不必守恆的普遍假設下討論過這種衰變。但所作的討論太一般化了，以致不能用來分析眼下的新發現，也不能用來提出新的實驗建議。

　　乍看起來，似乎參數太多，以致無法進行唯象分析。然而，我們很快就發現事實並非如此。我們的分析發表時就成了論文〔64f〕。我們定義了實驗上有興趣的參數，並用六個方程把它們聯係了起來。這為分析隨後與 $K^0 - \overline{K}^0$ 衰變有關的實驗提供了一個架構。

　　這是我同吳大峻合作的第一篇論文。1954 年我們在哈佛大學初次見面，那時我到哈佛去給一個演講。然而，只是在 1956 年夏我們才真正坐在一起討論物理問題，那一次我們都到布魯克海文訪問。我發現吳大峻才思敏捷。在物理和數學研究上，他一向大無畏而又堅韌不拔。當時，他是一個年輕的單身漢。可以說，我們很快就很熟了。我們全都注意到他有一個習慣，總是有意地低估自己的力量。例如，我們一塊玩橋牌時，他總會說他的“手氣不好”，通常這表示他沒有足夠的力量開叫一無王，這一點我們是吃過幾次虧後才明白過來的。

　　1950 年代末到 1960 年代初，吳大峻到高等研究院進行了幾次為期一年的訪問。我們曾在一起做過廣泛的討論，但直到 1964 年我們才開始合作發表論文。


（本文由黃健譯）

# 【65a】 "關於高能大動量傳遞過程的一些推測"一文之後記

論文見：T.T.Wu and C.N.Yang, Phys.Rev., 137(1965), B708.

〔65a〕是一篇純粹探討性的論文。

在 1960 年代初，最激動人心的事件是各種共振的發現。這些發現吸引了許多物理學家的注意力。大約就在這個時侯，大家都不太注意，新近在 CERN 和布魯克海文建成的加速器正在揭示實驗室能量大於 10GeV 的強子碰撞時引人入勝的某些普遍特點。G.Cocconi、G.Collins、A.D.Krisch、J.Orear、R.Serber、和 L.Van Hove 等幾位實驗和理論物理學家都在專注於這個課題的研究，此外還有其他一些人，但為數並不多。

我和吳大峻被這些特點深深地吸引。我們感到，它們一定表明了強子的某種普遍的結構性質。因為，倘若沒有普遍的原因，對所有研究過的碰撞來說，大角度和小角度的微分散射截面之間不可能相差 $10^{10}$ 倍以上。我們提出了這樣一種想法：只要把強子看作廣延的物體，就可以找到這些普遍的原因。

我們認為這種想法是正確的，所以便把它引伸開來，寫成論文〔65a〕。這篇論文是非常推測性的，人們普遍都不相信它正確。例如，那時沒有人相信 $np \rightarrow np$ 彈性散射微分截面應該大體上是相對於 90° 對稱的，正如我們的論文中式（36）所推測的那樣。

論文〔65a〕是〔66b〕和〔67b〕的基礎，後兩篇論文提出了強子和原子核碰撞的幾何模型。

　　1965 年春，歐本海默告訴我，他已經決定在 1966 年從高等研究院院長的職務上退休。我認爲他選擇這個時機是恰當的。因爲幾年來他在研究院遇到了麻煩，而事情剛剛平息下去。此外，詹森總統在 1963 年 12 月 2 日把恩里科·費米獎頒給奧本海默，而所有物理學家都認爲，國家早就應該給他這個獎。獲得這個榮譽一年半之後宣布退休，看來再恰當不過了。

　　在那次談話中，歐本海默透露，他將向董事會建議我接任他的遺缺。我本能的反應是，不想當高等研究院的院長。歐本海默要我慎重考慮。

　　我認真考慮了這件事，幾天之後，給歐本海默寫了一封信，信中寫道："我能否當一名出類拔萃的院長是十分值得懷疑的，但無庸置疑的是，當研究院院長決不會令我過得快樂。"然而，不管怎麼說，命運似乎有意安排要改變我的生涯。

　　1964—1965 年間，紐約州議會通過決議，要在州內各所大學設立五個愛因斯坦講座教授職位。這時，J.S.Toll 接任了紐約州立大學石溪分校的校長職務，該校物理系主任 T.A.Pond 教授和石溪的物理教授 Max Dresden 決定接洽勸我接受愛因斯坦講座教授的教席，他們希望能爲石溪爭取到這個職位。他們動員石溪的電機工程教授、當年我在昆明西南聯大的同窗張守廉來游說我去參觀石溪的校園，以便對它的學術氣氛和教職員有所了解。

　　我和妻子帶著兩個較小的孩子，光宇和又禮，於 1965 年春訪問了石溪。我們下榻於大學的宋武（Sunwood）賓館，從那裡可以遠眺長島海峽。在我們到達的那個傍晚，從窗戶望出去，看到了海峽日落的壯觀瑰麗景象，我們的心都快要被它攝去了。

　　然而，我這方面卻猶豫不決。石溪正在擴大中。Toll 和 Pond 答應讓我當幾年後將要建立的理論物理研究院的院長。研究院不大，我將不必把很多時間花在行政事務上。我天性不是那種喜歡管事的人。我對他們這個建議的第一個反應是：我究竟是否懂得如何去管理一個群體，哪怕它只不過是很小的群體？自覺或半自覺地，我一直拿不定主意。最後，我覺得能學會當這個院長。四月底左右，我接受了石溪的職位，並告知 Toll，我將於 1966 年到任。

（本文由黃健譯）

# 【66b】" $\pi p$ 電荷交換散射和高能交換過程的'相干液滴'模型"一文之後記

論文見：N.Byers and C.N.Yang, Phys.Rev., 142(1966), 976.

Byers 於 1964—1965 年到普林斯頓訪問一年。我們重新合作，研究幾個課題，其中包括在幾個 GeV 的能量下強子—強子散射的實驗新結果。幾經失敗後，我們明白了，吳大峻和我在〔65a〕所討論過的把強子看作一個廣延物體的模型可以作為我們一個好的出發點。〔65a〕強調，該模型有大的動量傳遞。另一方面，它也應該有小的（即相干的）動量傳遞，用相函的辦法可以證實這一點。用這種觀點去分析 $\pi^- p$ 電荷交換散射，我們就寫出了論文〔66b〕。

我們同當時正在普林斯頓的 G.E.Brown 常常討論問題（參見〔66b〕的角標 13），從他那裡學到的核物理使我們確信，強子與原子核極其相似，研究時不要忘記這一點。這種觀點直到今天還是強子幾何模型的基礎。

同 G.E.Brown 交往還有一個附帶的結果，那就是我非常欣賞他的物理直覺。一年之後，我說服他轉到石溪。我一直把這件事看作是我對石溪分校的發展所作的一個貢獻。

# 【66c】 "1966年3月14日在愛因斯坦紀念郵票發行儀式上的講話"* （未發表）一文之後記

　　1966 年 3 月 14 日，美國郵政局發行一枚刻有愛因斯坦像的紀念郵票。這張像是傑出的攝影家 Philippe Halsman 拍攝的。歐本海默應邀在發行儀式上致辭。舉行儀式的前幾天，他打電話給我，說他得了感冒，要我代他講話。

　　我寫了〔66c〕這篇短的致詞，在會上宣讀。儀式結束時，愛因斯坦的女兒 Margot，他的秘書 Dukas 小姐和 Halsman 向我走來，一再道謝，使我茫然不知所措。Halsman 說，他要給我看一件東西，我們約定當天下午在我的辦公室見面。

　　他給我看的是他準備寄給《紐約書刊評論》雜誌的一封信稿。這封信批評了歐本海默所寫的一篇論述愛因斯坦的文章，該文是根據 1965 年 12 月 13 日歐在聯合國教科文組織一次慶祝會上的發言寫成的。Halsman 大發雷霆。他對我說，愛因斯坦把他從納粹德國救了出來，是他的救命恩人。愛因斯坦就像是他的親生父親一樣。他的信稿含有非常強烈的言辭。後來，5 月 26 日那期《紐約書刊評論》刊出這封信時，調子大大降低了。

　　我既未見到歐本海默的文章，也未聽過他的有關言論，因此，對這些東西所掀起的風波一無所知。我對 Halsman 一句話也沒有說，對我來說，一切都顯得太突然了。

---

* 此文已譯出，參見本書之附錄IV。

　　後來，我弄到了歐本海默的文章，那是 3 月 17 日發表的。該文言詞優美，描述了歐本海默對作爲一個物理學家和一個普通人的愛因斯坦的看法。他用詞小心謹慎，採用一種印象派的寫法，既剖析了作者自己，也剖析了文章所描述的對象。我認爲 Halsman 有點反應過度。歐文並無惡意，只不過有點"深奧"、複雜罷了。

# 【66e】 "各向異性自旋—自旋相互作用的一維鏈。Ⅰ·關於有限系統基態的貝特假設的證明" 一文之後記

論文見：C.N.Yang and C.P. Yang, Phys. Rev., 150(1966), 321.

　　論文〔66e〕及這個系列的後繼文章〔66f〕、〔66g〕等代表了楊振平同我在 1965—1966 年間的研究工作。是以下幾個動機促使我們去做這項工作的。

　　1951 年初，開始計算易興模型的自發磁化時，我仔細地研究了布洛赫的自旋波理論。為此，我讀了貝特（H.A.Bethe，1967 年諾貝爾物理學獎得主—譯注）和 L.Hulthén 的文章，它們都很有意思。遺憾的是，我走岔了道，尋求 Hulthén 方程的複數解卻不得要領，終於把這個問題擱了下來。

　　1962 年，做完離對角線長程序的研究（論文〔62j〕）之後，我想尋找一個能夠證明有這種長程序存在的哈密頓系統。這項研究走走停停，其中有的是同吳大峻合作，有些則同楊振平一起做。1963 年，E.H.Lieb 和 W.Liniger 發表了兩篇討論具有 $\delta$ 函數相互作用的一維玻色氣體的有趣論文。1963 年夏，我訪問加州大學洛杉磯分校（UCLA）時同 J.B.McGuire 討論了這些文章，受益良多。Lieb 和 Liniger 所用的方法同貝特的一樣，那就是，假定不存在衍射，只有反射，並驗證這個假設是自洽的。我試圖用類似的假設去構造一個

具有離對角長程序的哈密頓，但沒有成功。

稍後，根據我們在 1963 年的一篇論文（即〔64e〕），楊振平和我嘗試著在晶格氣體模型中考慮量子效應。因爲我們確信下面兩點：第一，晶格氣體模型給出液一汽相變中臨界現象的一種極好的近似；第二，對於輕的氣體來說，量子效應是重要的。於是，我們發明了量子晶格氣體。後來才知道，早在 1956 年，松原（T.Matsubara）和 H.Matsuda 就發明了這個模型。1965 年 12 月，我們寫出論文〔66a〕，報告了我們的研究工作。甚至在寫該文以前，我們就明白，這些各色各樣的嘗試都匯集到一點，那就是應用貝特的假說去研究一維海森堡一易興自旋鏈是非常有用的。這個自旋鏈的哈密頓具有下述形式：

$$H = -\frac{1}{2} \sum \left[ \sigma_x \sigma_x{}' + \sigma_y \sigma_y{}' + \lrcorner \sigma_z \sigma_z{}' \right] \qquad (1)$$

這個問題在數學上同具有最近鄰相互作用 Δ 的一維量子晶格氣體問題相同。

在此之前，貝特、L. Hulthén、R.Orbach、L.R.Walker、R.B.Griffith、J.Des Cloizeau、J.J.Pearson 和其他人已經研究過式（1）的特殊情形。楊振平和我發現，通過研究一般情形，人們可以應用關於參數 Δ 的連續性討論求得貝特和 Hulthén 研究過的那些超越方程的解的信息。我們按照這種想法做了這項研究，在 1966 年寫出了〔66e〕、〔66f〕及〔66g〕這幾篇論文。

這三篇論文引出了隨後幾年（1967—1971）的許多努力，其間，黎振球、Bill Sutherland、楊振平和我積極地研究那些應用貝特假說的各式各樣的問題。近年來，這些論文的一些方法和結果對場論變

【66e】"各向異性自旋－自旋相互作用的一維鏈。Ⅰ・關於有限系統基態的貝特假設的證明"一文之後記

得有用起來，對求解一些新模型也有用。

做論文〔66e〕、〔66f〕的過程中，楊振平和我學到了兩種有用的數學方法。其中一種是關於方程解的一個拓撲學定理和關於指數的拓撲學概念。我們是從 Hassler Whitney 那裡學到這個定理的。對於證明貝特假說的確給出基態波函數這點來說，這個定理非常有用。做這個證明時，用到剛才所提的拓撲定理，此外還要加上關於Δ的連續性論證。我們學到的另一個數學工具是求解 Wiener—Hopf 方程的方法。M.Kac 和吳大峻介紹我們去讀 M.G.Krein 關於這個問題的長篇評論論文。我們發現這篇文章寫得很漂亮。

論文〔66e〕、〔66f〕和〔66g〕是在我們從普林斯頓搬到石溪期間寫成的。搬去長島，我們全家都感到興奮。但是，我心裡卻別有一番滋味在心頭。從 27 歲到 44 歲，我在高等研究院整整度過了十七個春秋（1949—1966）。在這裡，我獲得了許多科學成果，也過得很快活。我喜歡這裡樸實無華的喬治式建築和平靜而嚴謹的氣氛。我喜歡它那延伸到林中小吊橋的長長的通幽曲徑。它是世外桃源。它是一個冥思苦想的的國度，住在這裡的人都在默默地想著自己的事情。研究院的終身教授們全是第一流的，到這裡訪問的人一般說來也都很出色。它是一座名副其實的象牙之塔。

搬家期間，有時我免不了要捫心自問：離開高等研究院究竟是否明智之舉。每次，我都得到同樣的答案：是的，我做得對。象牙塔畢竟不是整個世界，為建造一所新大學而出力，這種挑戰是令人興奮的。

405

# 【66h】"光子自能中重疊發散的處理辦法"一文之後記

論文見：R.L.Mills and C.N.Yang, Supplement of the Progress of Theoretical Physics 37 and 38(1966), 507

　　1954 年在布魯克海文，米爾斯和我注意到，在重整化理論中，處理重疊問題時有一處小小的漏洞。Ward 的方法最為優雅地處理了重疊問題，但把這個方法用到光子傳播子上時，人們必須小心，以免遇到不自洽的麻煩。我們提出了一種處理辦法，可以達到自洽的目的。那時，我們沒有發表這項研究結果，因為我們知道，只有得到第 14 階以上的修正後，人們才需要考慮這種不自洽問題（吳大峻的論文中，圖 5、圖 6 明確表明出現這種不自洽的可能性）。

　　1966 年，米爾斯和我把我們的想法寫成論文，收在朝永振一郎六十誕辰紀念文集中，這就是論文〔66h〕。

　　重整化方案是物理學的偉大發展。這個理論的主要締造者是朝永振一郎、施溫格、費因曼和 F.J.Dyson。1965 年把諾貝爾物理學獎授予朝永振一郎、施溫格和費因曼時，我就認為，諾貝爾委員會沒有同時承認 Dyson 的貢獻，因而鑄成了一個大錯。直到今天，我仍然這樣想。朝永振一郎、施溫格和費因曼並沒有完成重整化方案，因為他們只做了低階的計算。只有 Dyson 敢於面對高階計算，並使這一方案得以完成。在他那兩篇極有眼光的頂呱呱的論文裡，Dyson 指出了這種非常困難的分析中主要癥結所在，並且解決了問題。重整化是這樣一種方案，它把可加性的扣減轉換成乘法的重正化。要能行之有效還需要經過證明。這種證明是一項非同小可的艱巨工作，Dyson 把它完成了。他給原初發散性、骨架圖及重疊發散等概念下了定義。利用這些概念，他對問題作了深刻的分析，完成了量子電動力學可重整化的證明。他的洞察力和毅力是驚人的。

# 【67b】 "關於高能散射的幾點注記" 一文之後記

論文見：T.T.Chou (鄒祖德) and C.N.Yang, in "High Energy Physics and Nulear Structure" (Amsterdam：North—Holland, 1967)。

　　1966 年新到石溪來的我所認識的青年物理學家中，有一位名叫鄒祖德。有一陣，我們合作研究統計物理，但不久便把注意力轉到高能碰撞問題上。我們發現，先是在研究大 t 現象時由論文〔65a〕，後又在研究小 t 現象的論文〔66b〕中發展起來的幾何觀點可以擴展成關於彈性碰撞的一種定量理論。論文〔67b〕是我倆在這個問題上合作發表的第一篇文章。在它之後，有一系列富有成果的論文，討論了彈性及非彈碰撞的幾何描述問題（參見〔68b〕、〔69c〕和〔80a〕）。

　　論文〔67b〕的第 2 節致力於敘述 "廣延性結構的證據"。我們認為當時的實驗結果〔高能情況下，彈性微分截面趨於一個極限，即 $\frac{d\sigma}{dt} \to f(t)$〕清楚地顯示了一個具有廣延性結構的物體所引起的衍射現象。我們覺得，這一論證是確鑿無疑的。此外，霍夫斯塔特（R.Hofstadter，1961 年諾貝爾物理學獎得主，譯注）已經測量到質子的物理尺度。鄒祖德同我確信，由廣延散射體引起的衍射現象是可以從波動傳播的普遍原理推理出來的。但是，六十年代中期，許多物理學家都被 Regge 極點及切割性的那一套迷住了，以致不去理會研究高能散射現象的其他方法。我們認為，兩種研究方法並不互相排斥，它們是相輔相成的。

論文〔67b〕是 1967 年 2 月 27 日至 3 月 3 日在以色列舉行的一次會議上報告的。赴會途中，在新加坡短暫停留時，我獲悉歐本海默已於 2 月 18 日逝世。我在 1966 年底與他見過最後一面，當時我到普林斯頓作了一次短暫訪問。那時，大家都知道他得了癌症。我給他打了電話，並到他的辦公室去看望。我原本打算敦促他考慮寫一些關於原子彈和人類關係的文字，諸如最後的見證之類。但是，我見他如此憔悴，便沒有談及這個問題。

世界歷史上，像歐本海默那樣，生活充滿了戲劇性（或者說悲劇性）的人物並不多見。他的同輩人曾認為，歐本海默才氣橫溢，卻沒有對物理學做出什麼重大貢獻，這更增加了他一生的悲劇色彩。這種說法現在已有改變。他同 G.Volkoff、H.Snyder 關於黑洞的開創性的工作，今天被承認是一個偉大的貢獻。在未來的歲月裡，他的這一工作肯定要在物理學和天文學中扮演越來越重要的角色。

# 【67d】"古典同位旋規範場方程的一些解"一文之後記

論文見：T.T.Wu and C.N.Yang, "Properties of Matter Under Unusual Conditions, eds. H.Mark and S.Fernbach" (New York： Wiley — Interscience, 1969)。

　　1955 至 1957 年間，我雖未發表過任何關於規範場的論文，但我還是不時地做這方面的研究。1960 年代初，吳期泰和我合作，試圖做規範量子—規範量子散射方面的計算，並討論么正性問題。求得的結果使我們莫明其妙，只好把它束諸高閣。1967 年，吳大峻和我著手研究一個不同的問題：力圖找出純規範場的古典解。結果便是論文〔67d〕，我們把它獻給泰勒的六十壽辰紀念文集。

　　論文〔67d〕的目的是尋求沒有奇異點的古典解，然後研究這些解附近的微擾，看看是否會得到激發態。1930 年代，玻恩( M.Born，1954 年諾貝爾物理學獎得主，譯注 )和 Infeld 已經作過類似的嘗試，但他們不得不採用一個比較任意的拉氏函數。利用規範場，我們不需要做這種特別的假設。文章的第Ⅲ節詳細計算了哈密頓的二階變分 $\delta^2 H$ 。1940 年代初，包利、S.Dancoff、施溫格和胡寧已經用強耦合理論做過這方面的探討。

　　在策略上，論文〔67d〕重要的新意在於引進了式（5）的假設，它把同位旋指標同空間指標混合起來了。

　　我們都認為，所求得的解是沒有根源的。即使它正確，也肯定會令人誤解（參見〔75c〕）。

在 1967 年，吳大峻和我並不意識到，我們的目標實際上同對稱破壞的觀點有很大關係。1960 年代初以來，Y.Nambu、J.Goldstone、P.W.Anderson、P.W.Higgs 和其他許多人在場論中已經討論過對稱破壞問題了。回想起來，這是因為我有一種先入為主的看法，抗拒基本場論中對稱破壞的觀點。我覺得，如果一種對稱性是不可觀測的話，它就不能在基本理論中佔有一席之地。在鐵磁體中應當觀測不到各向性這種對稱性。但是，我爭辯道：如果把鐵磁體拆散開來的話，原子間的基本相互作用便會顯示出各向性這種對稱。事實上，這就是何以人們從各向性哈密頓出發去研究磁性問題的原因。我認為，在具有對稱破壞的場論中，對稱性是不可觀測的：沒有一樣東西是可以拆散的。

現在我知道，在我那種先入為主的論證當中，有幾件事搞錯了：（1）嚴格遵奉「只考慮可觀測的對稱性」這種哲學，是不可取的。任何情況下，對局部規範對稱性來說，「可觀測性」的意義本身並不清楚。（2）只有在低溫下，對稱性才可能破壞。在足夠高的溫度下，完整的對稱性可得到恢復。

1960 年代和 1970 年代關於規範理論的論文數不勝數，要把它們羅列出來是不可能的。其中，特別重要的是 G.t'Hooft（他是 M.Veltman 的學生）關於重整化的出色工作，以及格拉肖、溫伯格（S.Weinberg，1979 年諾貝爾物理學獎得主，譯注）和薩拉姆所發展的模型取得的成功。關於漸近自由、大統一、量子色動力學和量子囚禁的激動人心的觀點，全都顯示了一種蓬勃發展的局面。但我依然相信，這裡面仍缺失了某些基本的新觀念。例如，引進一個場去使對稱破壞，不會是一種終極理論，雖然它或許是一種好的臨時理論，就像費米的 $\beta$ 衰變理論那樣。

# 【67e】"具有排斥性$\delta$函數相互作用的一維多體問題的一些準確結果"一文之後記

論文見：C.N.Yang, Phys.Rev.Letters, 19 (1967), 1312.


　　B.Sutherland 是我在石溪的第一個研究生。他很文靜。起初我覺得他很恬靦，缺乏自信。但是，很快我就發現他的物理知識基礎非常牢靠。除此之外，他還非常有創意性。看到他在統計力學研究方面日漸成熟，我由衷地感到高興。

　　Sutherland、楊振平和我探討了貝特假說的各種應用。論文〔67e〕以及 Sutherland 後來的一篇論文代表了這方面的一個應用。最近在求解 Kondo 問題（參見論文〔66e〕）時，發現論文〔67e〕、〔66f〕和〔69a〕所使用的方法很有用。

　　論文〔68a〕是接著〔67e〕的。〔68a〕同後來關於可解模型 S 矩陣的研究有很大的關係。做這方面研究的有 R.Baxter、A.A.Belavin、I.V.Cherednik、L.D.Fadeev、V.A.Fateev、M.Karowski、L.A.Takhtadzhan、H.B.Thacker、D.J.Wilkinson、A.B.Zamolodchikov、B.Zamolodchikov 及其他一些人。

# 【69a】 "具有排斥力δ函數相互作用的一維玻色系統的熱力學"一文之後記

論文見：C.N.Yang and C.P.Yang, J.Math.Phys., 10(1969), 1115.

〔66e〕中建立貝特假設的嚴格性這時得到了回報。它使我們對這個問題的量子數 $I_1$、$I_2$、…等有更好的理解。由這種理解而產生的"安全感"使我們能夠在後來邁出了更大的一步，從而解決了有限溫度的問題。這項研究在某種意義上爲後續研究工作的起飛構築了一個牢靠的平台。

究竟在什麼時侯以及如何發生下一次飛躍，是一個常會提出的重要問題。這過程所涉及的心理因素，諸如魄力、衝勁、氣質、鑑賞力和信心等，全都起著重要作用，或許就像技巧的作用一樣重要。我們做〔69a〕這項研究的經歷正好表明，牢固的基礎十分有用。但是，過份注意基礎的牢靠可能會壓抑冒險精神，這種精神同樣也是重要的。

論文〔69a〕所解決的問題是有限溫度下的場論。如果我沒有搞錯，直到今天它還是在有限溫度下已求得解答的唯一不尋常的例子（除了推廣相關模型的情形以外）。它巧妙地定義了真空、相互作用及激發譜。請參看論文〔71d〕及〔71b〕的注記。

# 【69c】"高能碰撞中的極限分裂假說"一文之後記

論文見：J.Benecke, T.T.Chou, C.N.Yang and E.Yen(閣愛德), Phys.Rev., 188(1969), 2159.

　　1968 年，鄒祖德和我寫了一篇論文，解釋了〔67b〕關於彈性碰撞過程的觀點，這就是〔68b〕。很自然地，我們的思想便轉向非彈性散射問題。一段時間以來，人們從 Collins 小組在布魯克海文所做的實驗得知，在強子—強子碰撞過程中，出射粒子的橫向動量很小。考慮到這一引人注目的事實，重新考察早先的許多觀點，例如吳大峻和我在論文〔65a〕提出的"廣延性物體"觀點；幾何模型；費米統計模型；G.Cocconi 的、K.Niu 的、以及 P.Coik 等人的兩火球模型；還有 M.L.Good 和 W.D.Walker 的衍射分解觀點等等，我們（Benecke、鄒祖德、閣愛德和我）逐漸明白了，各種模型的異同實際上都同這個實驗事實有關。基於這種歸納法的考慮，我們提出了極限分裂的假設，寫成了論文〔69c〕。

　　在論述這個假設的第 8 節中，我們列出了一些實驗數據，以此作為數據。不過，這些實驗並不是為驗證這個假設而做的。因此，在我們心目中，它們並不佔有重要份量。使我們大膽提出這個假設的，實際上是第 8.7 節的理論論證。後來，在基輔作報告時，我把這種論證用上了，那就是本書的論文〔70f〕。這種理論說明了，如果你相信彈性散射的幾何觀點，那麼，你一定也相信極限分裂假設。

　　1970 年至 1973 年間，這一假設得到了無數實驗的證實，這並不出我們所料，但仍使我們高興（最精確的一個實驗是比薩－石溪實驗。或許很多人都曾想到過要做這個實驗，但我最先聽到的是 J.Kirz 的建議）。1971 年，A.M.Baldin 把這個假設推廣到核碰撞上面去。

我們試圖向其他物理學家解釋極限分裂假設，這種經歷非常有趣。很多情況下，他們先是不相信，繼之又說，這種想法是顯然的，而且它只不過是一種運動學的觀點。是的，運動學確實起了一定作用，但它所涉及的物理學決不只是運動學。在拋射體座標系和實驗室座標系中，"分裂"和"極限分裂"的概念是一種動力學描述而不是運動學描述。

我們的論文曾在 1969 年 9 月石溪會議上報告過。費因曼也在會上報告了一篇論文，該文有些部分與我們的想法非常相近，但用不同的語言表述，觀點也不相同。兩種觀點的差異是因爲我們選用實驗室座標系及拋射體座標系，而費因曼則選用質心座標系。很快，大家就直接或間接地明白了兩者之間的關係並對此加以討論，其中有鄒祖德和我的論文〔70c〕。

# 【70b】"統計力學中一些精確解的問題"一文之後記

論文見：C.N.Yang，載於 "Proceedings of the Ⅶ Winter School of Theoreticcal Physics in Karpacz" (University of Wroclaw, 1970)一書中。

　　論文〔70b〕對貝特假設中的基本步驟作了簡單介紹。該文還嚴格證明了，當密度保持不變而系統變成無限大時，可以在這種極限過程下寫出一個積分方程。

　　我在〔66e〕、〔67e〕的後記中說過，近幾年來，貝特假設已被用來解決新的問題。這是很好的。但是，我不相信能把它推廣到更高的維數。不存在衍射這個假設（它是貝特假說的基礎）不適用於任何真正更高維數的問題。

　　論文〔70b〕收集了 1970 年我在波蘭卡爾巴茨冬季講習班上所作的演講。我在講習班過得很愉快，衷心感謝主人的熱情款待。我喜歡波蘭人的那種熱情和充滿生氣。他們幽默，並且深深了解自己祖國多災多難的歷史。

# 【70f】"高能強子－強子碰撞"一文之後記

論文見：C.N.Yang，載於 "Proceedings of the Kiev Conference— Fundamental Problems of the Elementary Particle Theory" (Academy of Sciences of the Ukranian SSR, 1970)一書中。

論文〔70f〕比〔69c〕更全面地給出了極限分裂假設的物理背景。

# 【71b】"關於相變及臨界現象的注記"一文之後記

論文見：C.N.Yang，載於 "Phase Transitions and Critical Phenomena, Vol Ⅰ,eds. C.Domb and M.S.Green" (New York：Academic Press, 1971) 一書中。

　　重讀這篇注記，更加深了我對吉卜斯（W.Gibbs）的景仰。他那本《統計力學基本原理》真像詩篇般地美麗。在進行純理論的綜合時，不怕與實驗相矛盾，他的這種頑強精神證明了他的目光深和遠。

　　我仍然堅持論文〔71b〕最後四節的幾點猜測。其中一點提議，統計力學與量子場論會相互影響而成長。這在今天已經是一個不爭的事實。下一個十年，情況將更加如此。請參閱論文〔69a〕的後記。

# 【72c】 "當前基本粒子物理的幾個概念"一文之後記

論文見：C.N.Yang，載於《The Physicist's Conception of Nature, ed. J.Mehra》(Dordrecht：Reidel, 1972)一書中。

　　長期以來，我一直仰慕著狄拉克。有機會在 1972 年慶祝他七十華誕的特里雅斯特會議上發言，我感到莫大的榮幸。

# 【73b】 "能量爲30至1500 *GeV/c*的pp 碰撞的不透明度"一文之後記

論文見：A.Wu Chao(趙午) and C.N.Yang, Phys.Rev., D8(1973), 2063.

在 1972 年芝加哥討會議上，魯比亞（C.Rubbia，1984 年諾貝爾物理學獎得主，譯注）透露了 ISR 在 CERN 所做的實驗結果：pp 彈性截面在 $t = -1.4(GeV/_c)$ 外確有一下凹。對我和鄒祖德來說這是個好的訊息，因爲自從 1968 年以來，幾何模型一直預言這個下凹的存在。從一開始，我們就不懷疑幾何模型的普遍正確性，但它與實驗符合得這樣好，還是我們始料所不及的。

也是 1972 年，G.B.Yodh、Y.Pal 和 J.S.Trefil 從宇宙線數據得出結論：在能量非常高的情況下，質子─核子總截面隨能量緩慢地增加。1973 年，ISR 的一些實驗顯示，在能量很高時，pp 截面隨能量增加。這些實驗結果引人注目地證實了鄭洪和吳大峻在 1970 年所作的預言。考慮到這些結果，趙午和我用相函形式並同時假定散射振幅是純虛數的辦法，在論文〔73b〕中對 pp 彈性散射做了一種唯象的分析。由此而得到的高能不透明度方程 $\Omega(b)$ 同 $[G_E(k)]^2$ 的傅立葉變換符合得很好，其中 $G_E$ 是質子的形狀因子。

1974 年，F.Hayot 和 U.P.Sukhatme 指出，有辦法，而且只有一種辦法能使幾何模型與總截面隨能量增加的實驗事實並行不悖，那就是增加下式的 K：

$$\Omega = K[G_E]^2,$$

　　這是一項極好的建議，隨後有關幾何模型的計算都按這種辦法進行。

　　趙午是我的研究生。他什麼都學得很快。他對我們在 1973－1974 年間合寫的三篇論文有很大的貢獻。我知道，他會成爲一個好的高能物理理論家。但我感到，如果他轉向加速器設計，則貢獻會更大，因爲加速器設計沒有高能理論那麼多的人力。所以我催促他轉換研究領域。令人高興的是，一切都盡如人意，他現在已是一位年輕的加速器理論名家。

# 【74c】 "規範場的積分形式"一文之後記

論文見：C.N.Yang, Phys.Rev.Letters, 33(1974), 445.

1967—1968 年，當我考慮規範場概念及其可能的推廣（例如分立群的情況或空間本身是分立的情況）這個問題時，我明白了，不可積相因子的概念是非常重要的。一旦我把注意力集中到這一點上，Levi—Civita 的平行位移概念事實上就是不可積相因子的一種特殊情形，這一點就變得很清楚了。它使我理解了規範場公式

$$F_{\mu\nu} = \frac{\partial B_{\mu}}{\partial x_{\nu}} - \frac{\partial B_{\nu}}{\partial x_{\mu}} + i \in (B_{\mu} B_{\nu} - B_{\nu} B_{\mu}) \tag{1}$$

與黎曼幾何公式

$$R^l_{ijk} = \frac{\partial}{\partial x^j} \begin{Bmatrix} l \\ ik \end{Bmatrix} - \frac{\partial}{\partial x^k} \begin{Bmatrix} l \\ ij \end{Bmatrix} + \begin{Bmatrix} m \\ ik \end{Bmatrix} \begin{Bmatrix} i \\ mi \end{Bmatrix} - \begin{Bmatrix} m \\ ij \end{Bmatrix} \begin{Bmatrix} l \\ mk \end{Bmatrix} \tag{2}$$

是相似的。這兩個公式之所以相似，皆因（2）式是（1）式的一個特例！理解到這一點，我喜不自勝，得意忘形之狀實難用筆墨形容。我因而明白了，從數學的觀點看來，規範場在根本意義上是一種幾何的概念。我也搞清楚了，上述公式（1）與薛丁格 1932 年論文中的公式之間的相似性（包利在 1954 年已察覺到這一點）不是偶然的巧合（參見論文〔54b〕的後記）。

理解了規範場的幾何意義，我便找當時石溪的數學系主任，傑出的微分幾何專家 Jim Simons 商量。他當時是石溪數學系系主任，

他說，規範場一定同纖維叢上的聯絡有關係。於是，我試圖從諸如 Steenrod 的《纖維叢的拓撲》之類的書去了解纖維叢理論，但什麼也沒有學到。對一個物理學家來說，現代數學的語言顯得太冷漠抽象了。這是 1967 至 1969 年間的事。

後來，我終於寫成了論文〔74c〕，它與不可積相因子的想法有關。我並沒有理解，在規範場理論中有必要作全局的考慮，因為我並沒有抓住纖維叢概念的精髓（參見論文〔75c〕的後記）。因此，論文〔74c〕全是在一個"圖表"上，即一個座標系內進行討論的。論文〔74c〕所總結的觀點，後來在論文〔75c〕中做了更完整的討論。

從意識論的觀點來看，規範場論的概念是從前量子電動力學的下述代換演變來的：

$$p \rightarrow p - \frac{e}{c} A \qquad (3)$$

後來，量子力學建立後，必須用另一種代換：

$$p - \frac{e}{c} A \rightarrow -i\hbar(\partial - \frac{ie}{\hbar c} A) \qquad (4)$$

推廣到非阿貝爾規範場則涉及

$$\partial - \frac{ie}{\hbar c} A \rightarrow \partial - i \in B \qquad (5)$$

參見〔77e〕。這意味著，規範勢在數學上就是"聯絡"。這一點對我來說，顯然是晚得多的時侯（正如上面所說，是 1967 至 1969 年間）才認識到的。因此，Mayer 下面這段話並不正確：

　　讀了楊振寧和米爾斯的論文，就可以看出他們一定明白了規範勢的幾何意義，因為他們使用了規範共變微商和聯絡的曲率形式。此外，該文的基本方程將與由更為幾何的考慮而導得的方程相符……

　　米爾斯和我在 1954 年所做的是麥克斯爾理論的推廣。我們不懂得麥克斯爾理論的幾何含意，因此並沒有從這個方向去看問題。

　　我在論文〔74c〕中建議，重力方程應該改寫成一個三階微分方程。今天，我比 1974 年那時更相信，這種想法是大有希望的，因為三階方程比二階的更自然，況且，愛因斯坦理論的量子化只會導致困難。

　　我的大多數物理學同事都對數學採取一種效用性態度。或許因為受父親的影響，我比較欣賞數學。我欣賞數學的價值觀念，我欽佩數學的美和力；在謀略上，它充滿了巧妙和複雜；而在戰略戰役上則充滿驚人的曲折。除此之外，最令人不可思議的是，數學的某些概念原來竟規定了統治物理世界的那些基本結構。

# 【75c】"不可積相因子的概念以及規範場的全局表示"一文之後記

論文見：T.T.Wu and C.N.Yang, Phys.Rev., D12 (1975), 3845.

　　研究場論的物理學家必須學纖維叢的數學概念，這一點越來越清楚了。1975 年初，我邀請 Jim Simons 給我和同事們做一系列的"午餐報告"[*]，講授微分型及纖維叢。他友好地接受了邀請。於是，我們學到了斯托克定理、拉姆定理等等。學到的東西使我們理解了 Bohm—Aharonov 實驗的數學意義，以及狄拉克的電單極和磁單極的量子化規則。吳大峻和我後來還懂得了深奧而非常普遍的陳省身—Weil 定理。我們意識到了規範場具有全局性的幾何內涵（不應同物理學家的全局相因子混爲一談）。這種內涵是自然而然地用纖維叢概念表示出來的。

　　在論文〔75c〕中，吳大峻和我探討了這些全局性的內涵。我們證明了，規範相因子給了電磁學一種基本而完整描述。這種描述既不會過多，也不會不足。一旦接受了這一點，該文的其餘部分便只不過介紹了纖維叢的概念而已；這些概念加倍澄清了規範理論物理學中那些含混籠統的觀念。

---

[*] 國外的大學有一種習慣，在午餐時間邀請某方面的專家講學或做報告。這種報告一般都是非正式的，可自由參加。譯注。

# 【76a】"極化核及極化強子中的強子物質流分布"一文之後記

論文見：T.T.Chou and C.N.Yang, Nucl.Phys., B107(1976), 1.

具有非零自旋的一個核被極化時，內中有一種核子流。這是一個被普遍接受的觀點。質子中有強子物質，極化時，它裡面是否也有一種"強子物質流"？鄒祖德和我的答案是："的確如此，它一定會有。"從幾何模型看來，這是唯一可能的答案。我們相信，測量這種強子物質流分布是重要的（我們把強子物質理解為強子的組成部分，即夸克或層子，抑或別的什麼成份）。

論文〔76a〕證明了，用 R 型極化參數實驗，就可以進行這種測量。這裡的關鍵之處是，隨著總截面的增加，對拋射強子來說，朝向它的靶強子物質比背向它的要顯得黑一些。

因為 K.Lane 提出了一個問題，所以我們加上了一個附錄。附錄的標題是"狄拉克粒子的自旋是否涉及運動？"這個問題人們在 1920 年代和 1930 年代討論往復運動時曾深入探討過。從那以後，它差不多被遺忘了。

# 【76c】"狄拉克無弦磁單極：磁單極球諧函數"一文之後記

論文見：T.T.Wu and C.N.Yang, Nucl.Phys., B107(1976), 365.

寫出論文〔75c〕後，吳大峻和我懂得了，數學家圖表的概念將會消除磁單極理論中存在了四十多年之久的奇異弦困難，並揭示隱含在狄拉克磁單極物理學中的非尋常叢的真實特點。隨著研究的深入，我們為這項工作的優雅而感到高興，所得的結果在論文〔76c〕中給出。它們是我所做過的最優雅的工作之一。

這種優雅也導致了研究的深入。在論文〔77b〕中，進一步討論了〔76c〕所介紹的單極球諧函數和某些更深一層的性質。論文〔77c〕、〔77d〕探討了狄拉克電子同狄拉克磁單極的互作用問題。論文〔78a〕及〔78g〕把狄拉克磁單極（不應把它同 t'Hooft—Polyakov 磁單極混淆起來）推廣到 $SU_2$。

# 【76d】 "無奇異弦狄拉克磁單極：經典拉格朗日理論"一文之後記

論文見：T.T.Wu and C.N.Yang, Phys. Rev., D14(1976), 437.

　　爲了對電子、磁單極和電磁場的理論進行量子化，吳大峻和我試圖借助論文〔76c〕所使用的觀點來寫出一個古典的拉格朗日函數。結果在某種程度上非常令人滿意。其中一點是，它幫助我們理解了狄拉克在 1948 年得出的一個結論，即古典作用量積分只能在 $mod^{4\pi\,eg}\!\!\big/_c$ 的範圍內確定：

$$\mu = \mu_0 (mod^{4\pi\,eg}\!\!\big/_c )$$

　　多年來，我一直認爲狄拉克這一早期結果是正確的，不過，直到 1976 年，我們才理解了它的含義。當然，它是通過費因曼路徑積分得出狄拉克量子化條件 $^{2eg}\!\!\big/_{\hbar c}$ = 整數聯繫起來的（參見論文〔76d〕的第VI.6 節）。我們對這種關係深感滿意，並著手應用路徑積分發展一種二次量子化理論。但這種努力沒有成功。參見論文〔78e〕的後記。

# 【76g】"中美科技交流對中國科學家之意義"一文之後記

C.N.Yang,載於 "Reflections on Scholarly Exchanges with the People's Republic of China, ed.A.Keatley" (Committee on Scholarly Communication with the People's Republic of China, 1976)。

　　"與中華人民共和國學術交流委員會"是一九六六年由美國學術委員會（American Council of Learned Societies），美國科學院（National Academy of Sciences)以及社會科學研究院（Social Science Research Council）協同建立起來的。七十年代初中美之間的友好接觸開始以後，此委員會作爲架設兩國間的一座重要橋樑發揮了很大的作用。委員會的幹練秘書安娜・凱利（Anne Keatly）爲該委員會編輯一本小冊子，她請我寫一篇文章。這就是《中美科技交流對中國科學家的意義》。

　　一九七一年春，從報上可以清楚地看出，自一九四九年以來凍結了的中美關係正在顯出融解跡象。當我獲悉美國國務院已經解除了美國公民不可到中國旅行的禁令後，我認識到重見我的故鄉，重見我的家人、親戚、老師和朋友們的機會來了。我迫不及待，因爲我怕剛剛打開一條小縫的門，很可能由於越戰和亞洲不斷變化的地理政治形勢而在幾個月內又會被重新緊閉起來。我於是向巴黎中國大使館申請簽證，於一九七一年夏天訪問了中國一個月。

　　我不打算在這裡描述那次旅行的經歷。但到了一九七二年夏天作第二次旅行時，我已經拿定主意，作爲一名中國血統的美國科學家，我有責任幫助這兩個與我休戚相關的國家建起一座了解和友誼的橋樑。我也感覺到，在中國向科技發展的道途中，我應該貢獻一些力量。

一九七二年七月一日，周恩來總理在人民大會堂的新疆廳宴請我。前一年他已經為我舉行過一次宴會。在這第二次宴會上，我覺得可以比較從容地說出我心中要說的話。我觀察到，在那些年裡，中國政府的片面的平等主義已經毀了中國的科學。因此我建議他考慮採取一個多注意基礎科學的政策，哪怕從全國的觀點看，這也許並不立刻見到實惠。

周總理顯然和毛澤東主席討論了我的建議，他們兩人都認為值得進一步考慮。一九七二年七月十四日，總理指示北京大學周培源副校長研究如何實施這樣一個政策。後來我聽說這一連串事情曾為基礎研究在中國創造了較多的機會，但是主要的科技發展在一九七六年底"四人幫"倒台以前卻一直沒有能夠開始。

在那個年代我對當時在中國發生的事件並沒有足夠的了解，我不知道四人幫喜不喜歡我的建議。在一九七三年我對張春橋，四人幫的一員，對我的敵示感到迷惑。事實上，他曾經公開的批評我，但我在一九七七年後才知道這個事件。

# 【77e】"磁單極、纖維叢和規範場"一文之後記

論文見：C.N.Yang, Annals of the New York Academy of Science, 294 (1977), 86.

　　這是我獻給 R.E.Marshak 六十歲生日紀念的一篇論文。為寫這篇論文，我考察了規範場的早期歷史。相的概念如何進入物理學，而且，這個概念是怎樣滲透到如此眾多的技術領域，這一點是非常饒有趣味的。

# 【77h】 "規範場論的某些問題，Ⅱ"一文之後記

論文見：Gu Chao-hao（谷超豪） and C.N.Yang, Scientia Sinica(中國科學), 20(1977), 47.

　　1974 年訪問上海復旦大學時，我問他們，復旦有沒有願意同我討論微分幾何問題的數學家和物理學家？之所以這樣問，是因為我知道該校在微分幾何領域很強。我這一問，引出了我同復旦大學十幾個教授長達數年富有成果的合作。它還使石溪同復旦簽訂了對雙方大有裨益的交流協議。

　　論文〔77h〕是合作的成果之一。該文討論的問題基本上是幾何的。標題頁所列的合作者應全都是論文的聯合作者。

　　至於〔77h〕所討論的許多問題的最近發展，可參閱 M.A.Mostow, Communications in Mathematical Physics, 78(1980), 137。

# 【77i】 "在紀念李昭輝的專題討論會上的講話"*一文之後記

原文載於："Unification of Elementary Forces and Gauge Theories, eds.D.B.Cline and F.E.Mills" (Harwood Academic, 1977).

1977 年春末，我在費米國家實驗室待了一個月，經常見到李昭輝。其間，我們討論過循環瞬子解問題，還討論過他當時剛剛對之發生興趣的天體物理學。我在六月中旬回到石溪。幾天以後，他的秘書打電話告訴我，昭輝已在一次車禍中喪生。對我來說，這不只是晴天霹靂。

昭輝是預定於 1977 年 10 月在費米國家實驗室舉行的一次關於宇稱不守恆、弱中性流及規範理論的國際會議的組織者之一。他死後，會議名稱便被改為紀念李昭輝國際會議。這個名稱改得很恰當。摘登的論文〔77j〕是我在會議的紀念會上的發言。

我頭一次見到他是 1960 年，當時他來普林斯頓高等研究院當一名年輕的博士後。我對他的獨立思考能力有深刻的印象。隨著幾年同他的交往使我確信，他是一位優秀的物理學家。1965 年秋，我決定搬到石溪時，請他也一道到那裡任職。他接受了，我很高興。這對我倆都帶來好運，因為他在石溪做得很好，後來幾年，他做了很重要的研究工作，對石溪物理系的貢獻很大。1973 年，他轉到費米國家實驗室當理論組主任，但我們仍保持著密切的聯係。他的死對物理學界是一種打擊；而對我來說，還更是一種深重的個人損失。

---

* 這篇講話已譯出，參見本書的附錄Ⅴ，譯注。

# 【78e】"電子、磁單極和光子的互作用（Ⅰ）"一文之後記

論文見：Tu Tung-sheng（杜東生），T.T.Wu and C.N.Yang, Scientia Sinica
(中國科學), 21(1978), 317.

　　吳大峻和我雖然在論文〔76d〕中找到了一個適用於有相互作用的電子、磁單極和光子系統的令人滿意的古典哈密頓，但用路徑積分使這樣一個動力學系統量子化卻失敗了。1976 年夏，我們同杜東生一起研究這個問題，當時三人都在 CERN 訪問。通過推廣論文〔76c〕設立圖表的方案，可以把縱向和橫向的電磁場分離開來，並能遵循一種與通常的量子電動力學使用的費米正則程序相平行的方法。這就是論文〔78e〕，它在 1977 年底寫成。

　　原稿的標題頁上並沒有帶星號的角注，它顯然是由編者加上去的，因此，收入此選集時把它刪掉了。

# 【78k】 "BPST膺粒子解的點狀SO₄" 一文之後記

論文爲楊振寧所作，載於 "Felix Bloch and Twentieth-Century Physics,
eds. M.Chodorow et al." (Houston：Rice University, 1980)一書中。

　　A.A.Belavin、A.M.Poyakov、A.S.Schwartz 和 Yu.S.Tyupkin 的
膺子解，亦即瞬子，在數學上與陳省身—Weil 定理有關係。它具有
一些很引人注目的性質，論文〔78k〕證明了其中的一個性質。

# 【79b】 "轉動中子或光學干涉儀中的相移"一文之後記

論文見：Max Dresden and C.N.Yang, Phys.Rev., D20(1979), 1846.

　　1979 年春訪問密蘇里大學時，S.A.Werner 邀請我看了他們那發展起來的漂亮的中子干涉儀實驗。一般說來，我對位相和相干性方面的實驗總是很感興趣的，對這一個尤其如此。回到石溪，Max Dresden 和我對 Werner 及他的同事們所測量的相移的理論推導困擾，便寫了論文〔79b〕。

# 【80a】"強子碰撞的幾何模型"一文之後記

論文為：T.T.Chou 與 C.N.Yang 合作，載於 "Proc. of the 1980 Guangzhou Conference on Theoretical Particle Physics" (Beijing：Science Press, 1980)一書中。

　　論文〔80a〕（節選）是鄒祖德和我在 1980 年廣州會議上的報告。總結了幾何模型同實驗比較所得到的理論結果。自從這個報告發表以來，已有一些別的實驗證實了幾何模型關於 K 介子電荷半徑及 $\overline{p}p$ 散射存在下凹的預言。

# 【80b】"愛因斯坦對理論物理的影響"
## 一文之後記

原文見：C.N.Yang, Physics Today, 33(1980), 42.

　　1979 年是阿耳伯特・愛因斯坦百年誕辰，世界各地都開會紀念。我參加了其中的四個，分別在普林斯頓、伯爾尼、耶路撒冷和特里雅斯特舉行。論文〔80b〕摘自我在特里雅斯特所作的報告。

　　愛因斯坦終生不渝地在構築"一個完整的理論物理體系"。他尋求能夠使自然界的結構實現大統一的那些概念和基本原理。這種統一的中心問題是各種力，或者說，相互作用。這些力把物質聯結在一起，產生各種各樣的反應，從而構成了自然現象。

　　我相信，今天我們同愛因斯坦夢寐以求的大統一還相距甚遠。不過，我們確實已經掌握了其中的一個關鍵，那就是"對稱性支配相互作用"是愛因斯坦本人首先提出了這個觀念。從歷史的觀點看來，這種發展是特別饒有興味的，因為古代哲學家曾經試圖把對稱性同宇宙的結構聯係起來。在古希臘，泰梅和柏拉圖把四種"基本的"自然實體即火、空氣、水、土分別同規則的四面體、八面體、二十面體和立方體聯係起來。古代中國的易經把三線形及六線形的符號同自然現象聯係起來。當然，今天我們所指的對稱性同古代哲學家所指的不是同一碼事，但在概念上它們有著普遍的關係，這是不爭的事實。

　　前面還有嚴重的困難等候著。這些困難中有許多關係到如何處理場論中的發散，以及在眾多理論中究竟選擇哪一個理論的問題。

我們知道，爲了消除發散困難，對稱性是有用的。但是，我們尚未明瞭對稱概念的全部範圍。看來需要新的基本觀念，這些觀念使得引進新的數學概念成爲必要。今天我們還不知道這些新數學概念究竟是什麼。它們可能是四元數，也可能是遞級李代數，或者是複流形。很可能，它們是一些還沒有命名甚或未知的概念。麥克斯爾在1873年寫道：

> 法拉第爲闡明電磁感應現象而使用他的力線概念的方式，表明他實際上是一位高超的數學家——一位後人能從其身上汲取靈感而推出有價值且富於生命力的新方法的數學家。
>
> 一種精密的科學，其進步有賴於恰當而準確的觀念的發現和發展。通過這些觀念，我們可以對實驗事實作出理性的表述。這種表述一方面足夠普遍，它們經得起任何特例的考驗；另一方面，它們又足夠準確，能夠保證我們通過數學推理而得出的推論正確無誤。
>
> 從歐幾里德的直線到法拉第的力線，這是科學賴以取得進步的觀念的特徵。而通過自由運用動力學以及幾何學的觀念，我們可以指望科學會更向前發展。數學計算的目的，是把應用這些觀念所得到的結果同實驗所關心的量之測量結果二者進行比較。有關電現象的科學現正處於這樣一個階段，其中，測量和計算都極爲重要。
>
> 或許，我們甚至還忽略了這門學科的名稱。它將以我們正在收集的材料爲基礎而發展壯大起來。

# 附錄 I 1957年12月10日在諾貝爾宴會上的講話

楊振寧

國王和王后陛下，各位殿下，
女士們，先生們：

　　首先，讓我爲我太太和我本人所受到的熱情款待，向諾貝爾基金會及瑞典科學院表示感謝。我還要特別向 Karlgren 教授表示感謝。他剛剛用中文摘引了一段話，聽了它我心裡感到溫暖。

　　授予諾貝爾獎金的機構建於 1901 年。那一年，發生了具有重大歷史意義的事件。順便提一句，這一事件對我的個人生活道路具有決定性的影響；而且，我今天之所以能參加 1957 年諾貝爾典禮，與這一事件還有著關係。請允許我花幾分鐘講一講個中緣由。

　　上一世紀後半葉，西方文化及經濟制度的擴張所引起的衝擊給中國帶來了嚴重的衝突。但是，在尋得解決這種衝突的辦法之前，理性向感情讓了位。在 1890 年代，有一群中文稱之爲義和團而英文則叫做拳師的人，聲稱自己刀槍不入。他們用自己的愚昧無知去反對在中國的西洋人，招致許多歐洲國家及美國入侵北京。這個事變稱之爲義和團戰爭，雙方都以野蠻的屠殺和無恥的劫掠爲特徵。現在看來，驕傲的中國人失望、憤懑情緒的爆發，是這一事件的起因。從外部來說，他們受到列強日甚一日的侵略；從內部來說，他們受到腐敗政權的壓迫。它引發了一場永無休止的爭論：中國究竟應該引進多少西方文化爲宜？

　　這場戰爭以簽訂庚子條約而於 1901 年告終。條約規定中國向列強賠款大約五億盎司的白銀，這在當時是一個大得令人咋舌的數目。大約十年之後，以一種典型的山姆大叔的姿態，美國決定把她的那份賠款還給中國，用這筆錢設立了一項基金，資助了一所大學，即清華大學，還設立了獎學金，讓中國派學生到美國學習。我是這兩個項目的直接受益者。我在清華大學校園那種與世隔絕而且學術氣息濃厚的環境中長大，父親是該校的教授。我享有安逸的童年。不幸的是，我同代的大多數中國孩子卻享受不到這一切。後來，我在清華受到了很好的碩士研究生教育。靠著前面提到的那項獎學金，我又能繼續在美國求學。

　　今天站在這裡，同你們談及這件事，我心情沉重。因為我知道，在多重意義上說，我事實上是中西文化的共同產品。這兩種文化在我身上既有和諧的一面，又有衝突的一面。應該說，我對自己的中國傳統感到驕傲，同時又對現代科學（在人類文化中，這一部分是起源於西方的）傾心。我已經獻身於科學，並將繼續為她而獻身。

# 附錄 Ⅱ "介子是基本粒子嗎？"一文之引言

楊振寧

　　第二次世界大戰末期，費米到芝加哥大學物理系及當時新成立的核子研究所工作（該所現以他的名字命名）。其時美國各大學正在恢復學術研究工作及研究生教育。被戰爭耽誤了學業的學生們紛紛回到校園。芝加哥大學招收的物理研究生特別多。我們也許永遠無法知道，其中有多少人是慕費米之名而來的。就我本身而言，我於一九四五年十一月由華赴美，是決心拜費米或維格納爲師的。但是我知道，戰時的研究工作已使他們離開他們各自的大學。記得我到紐約後不久，有一天走了很長一段路來到蒲平（Pupin）大廈，登上八樓打聽費米教授近期是否即將授課（譯者注：蒲平大廈是哥倫比亞大學物理系所在地）。遇見的幾位秘書都一無所知。然後我到普林斯頓去，結果又令我大失所望，因爲在下一年度裡維格納要休假。但在普林斯頓，我從張文裕教授那裡聽到消息說，有可能在芝加哥會建立一個新的研究院，而且費米會加入該所。我隨即去芝加哥並到芝大註了冊，但直到一九四六年元月，費米登上講台，我親眼見到了他，一顆心才放了下來。

　　衆所周知，費米的講課非常明白易懂。他的特點是，每個題目都從頭講起，舉簡單的例子並且盡可能避免"形式化"（他常常開玩笑說，複雜的形式主義留給"主教們"去搞吧）。他推理簡明，給人的印象是得來全不費功夫。但這種印象是錯誤的：他的簡明是精心準備，反覆推敲，權衡各種不同描述方式的利弊之後才得到的。
一九四九年春天，費米講授核物理〔後來由奧里爾（J.Orear），羅森
菲爾德（A.H.Rosenfeld）和施路特（R.A.Sch1uter 整理成書出版），
因爲有事要離開芝加哥幾天，他讓我代他講授一堂課並把一本小筆
記本交給我，上面寫滿了他爲每一節課認真準備的每一個細節。行
前他和我一道將全部內容討論了一遍，解釋每一個講法後面的推理
過程。

　　費米習慣於每週對小組的幾個研究生作一兩次非正式的不經準
備的晚間講演。大家聚集在他的辦公室，然後由他或某位同學提出
一個專題。接著費米就查閱他的那些作了詳盡索引的筆記本，找出
關於該專題的筆記，隨後給我們講解。我還保存著一九四六年十月
至一九四七年七月我參加他的晚間講演時所作的筆記。其中包括（照
原順序排列）下列題目：恆星的內部構造及演變理論，白矮星的結
構，伽莫夫－熊伯格（Gamow—Schönberg）關於超新星的構想（由
於電子被核俘獲而產生的微中子冷卻），黎曼（Riemann）幾何，廣
義相對論與宇宙學，托馬斯（Thomas）—費米模型，處於高溫與高
密度的物態，托馬斯因子 2，中子被仲氫和正氫的散射，同步輻射，
塞曼（Zeeman）效應，電路噪聲的“約翰遜（Johnson）效應”，
玻色—愛因斯坦（Bose—Einstein）凝聚，多重週期性系統與玻耳
（N.Bohr，1922 年諾貝爾物理獎得主，譯注）量子化條件，波恩—
英費耳德（Born-Infeld）基本粒子理論，統計力學基礎的概述，介
子在物質中的減速，中子在物質中的減速等。這些討論維持在初級
水準，總是側重於論題的本質與實用；所採取的方法通常不是分析
性的，而是直觀和幾何的。

　　這麼多年來，費米一直就物理學的各個不同科目一從純理論物

理到純實驗物理，從三體問題的最佳座標這樣簡單的問題到廣義相
對論如此深奧的科目─做著詳細的筆記，這一事實本身對我們大家
就是重要的一課。我們學到了，那就是物理。我們懂得了，物理不
應該是專家的科學，物理應該從平地壘起，一塊磚一塊磚地砌，一
層一層地加高。我們懂得了，抽象化應在具體的基礎工作之後，而
決非在它之前。從費米的這些演講中我們還懂得了，他對使用台式
計算機作簡單的數字運算很感興趣，沒有厭惡這一類工作。

除了正式和非工式的課程以外，費米還將他的午餐時間幾乎全
部獻給了研究生（起碼在一九五〇年之前是這樣）。午餐時進行的
談話很自然地涉及各種題材。我們發現費米有幾分保守，喜歡獨立
思考。我們注意到他討厭任何形式的做作。關於我們的研究工作，
他有時會給一些概括性的忠告。我記得他曾經強調，一個年輕人應
該將他的大部分時間用於解決簡單的實際問題，而不應專一處理深
奧的根本問題。

《介子是基本粒子嗎？》是費米和我於一九四九年夏天寫的。
正如文中所明確聲明的，我們並不抱任何幻想，以爲我們提出的內
容可能真的符合現實。事實上，我原本傾向於將此文湮沒在筆記本
中不予發表。但費米說，學生的任務是解決問題，研究人員的任務
是提出問題；而他認爲我們提出的問題有發表價值。這裡我可以附
帶聲明，此問題今天（一九六三年）仍未解決。

西格芮（Segre）在爲這本費米全集所寫的序言中說，費米幫助
提出的一個非常重要的問題，是核的殼層模型中的自旋軌道相互作
用〔見梅耶（M. G. Mayer），Phys. Rev., 75,1969（1949）一文後面
的謝辭〕。費米首先提出的另一個問題是核子守恆概念〔見楊振寧、
蒂歐姆諾（J.Tiomno），Phys.Rev., 79,495（1950），腳注 12〕。我還

可以指出，費米對宇稱守恆這個問題也一直很有興趣。〔見芝加哥大學核研究院奧里爾、羅森菲爾德和施路特於一九五一年合編的《國際核物理與基本粒子物理會議文件匯編》第 2 頁及第 109 頁。〕（參閱 Collected Papers of Enrico Fermi,第 245 文。）

一九五四年秋天，費米病危。那時在哥倫比亞大學的蓋耳曼（Murray Gell-Mann）和我到芝加哥比靈斯（Billings）醫院探望他。我們走進病房時，他正在讀一本描寫憑著堅強意志戰勝噩運和巨大自然障礙的真實故事集。他很瘦，但只略顯哀愁。他很鎮靜地告訴我們他的病情。醫生對他說，幾天之內即可回家，但沒有幾個月可以活了。說完他讓我們看放在床邊的一個筆記本，告訴我們那是他關於核物理的筆記。他計劃出院後利用剩下來的兩個月時間將它修改出版。蓋耳曼和我被他的堅毅精神和對物理學的熱誠所感動，有好一會我們不敢正眼看他。（我們探望後不出三周，費米就去世了。）

有人說，人的生命不應以年，而應以成功的事業來衡量。恩里科·費米的多種事業之一是作為芝加哥大學的一名教師。他曾直接或間接地影響了我這一輩的眾多物理學家，這是有案可查的。下面是一九四六至一九四九年在芝加哥大學作研究生的物理學家的部分名單（我一九四九年離開芝加哥，不熟悉他後來的學生）：阿格紐（H.M.Agnew），阿爾戈（H.V.Argo），張伯倫（O.Chamberlain），丘（G.F.Chew），法韋耳（G.W.Farwell），加溫（R.L.Garwin），戈德伯格（M.L.Goldberger），拉扎若斯（D.Lazarus），李政道（T.D.Lee），莫芮什（A.Morrish），芮茨（J.R.Reitz），羅森布魯思（M.N.Rosenbluth），塞洛夫（W.Selove），斯坦伯格爾（J.Steinberger），斯頓海默（R.M.Sternheimer），沃蕭（S.Warshaw），沃吞伯格（A.Wattenberg），沃爾芬斯坦（L.Wolfenstin），威爾科克斯（H.A.Wilcox），楊振寧（C.N.Yang）。

# 附錄 Ⅲ 悼念馬仕俊博士（未發表）

李政道　楊振寧

　　馬仕俊博士於一九六二年一月二十七日在澳洲雪梨市逝世。他過早地離開人間的噩耗對他的物理學界的同事和朋友是一大打擊。深知他的爲人的朋友們，更感到無限悲痛。

　　馬先生一九一三年生於北京。一九三五年他在北京大學獲理學士學位。吳大猷教授是他的老師之一，並指導他寫了第一篇發表了的論文（一九三五年），該文論述對氦原子某些受激態的一些計算。一九三七年他在一次全國性競賽中獲勝，得到留英獎學金，去英國劍橋大學，成爲海特勒（W.Heitler）的學生。在那裡的四年中，他研究介子理論，於一九四一年獲博士學位。

　　隨後他回到戰時的中國，在昆明國立西南聯大執教。他是一位極其認真的老師，講稿準備得非常整齊。我們兩人曾在不同時期（一九四一—一九四三和一九四五）聽過他的課。楊振寧清楚地記得一九四三年春曾從馬先生開設的課程中學習過場論。他的講課既清楚，又有條理，而且範圍廣泛。今天我們回想那時的教室，既無暖氣，又無禦寒設備，窗戶被常有的空襲震碎，泥地由於使用過度而到處凹陷不平。想起這些，我們彷彿仍然可以看到年輕、瘦削覷䁢的馬先生站在黑板前，奮筆疾書。我們再一次認識到，默然誠意的努力可以戰勝物質上的欠缺。

　　一九四六年馬先生來到普林斯頓高等研究院。其時，海森堡的S—矩陣理論對物理學的重要影響剛剛開始。S—矩陣的著名的多餘零點就是馬先生在普林斯頓訪問發現的。一九四七年馬先生前往愛爾蘭，加入都伯林高等研究院。一九四九年他在該所指出費米處理量子電動力學方法的一個困難，導致一年後古普塔－布勞勒（Gupta－Bleuler）方法的產生。

一九四九至一九五一年和一九五一至一九五三年，馬先生分別在芝加哥大學和加拿大渥太華的國立研究院工作。一九五三年美國好幾個單位向他發出邀聘。雖然他的妻子是美國人，他卻全拒絕了，主要因為他不願意面對美國移民局對待東方人所採取的敵視的、有時甚至帶侮辱性的態度。他接受了澳洲雪梨大學的職位。在隨後數年裡，美國的大學一再邀請他，但他都因為同樣的理由拒絕了。

馬先生一直從事場論的研究，總共發表了約四十篇論文。他的論著簡潔明瞭，實實在在，沒有半點矯揉造作，從中可以洞悉他的人格和他的一生。

# 附錄 IV　1966年3月14日在愛因斯坦紀念郵票發行儀式上的講話（未發表）

楊振寧

　　有機會在此紀念愛因斯坦的儀式上致辭，我感到十分榮幸。今天，我是代表高等研究院出席這個集會的。愛因斯坦自該院一成立便應邀作它的一名教授，研究院對此感到非常自豪。我自己作爲一名年輕的物理學者來到普林斯頓的初期，曾經有幸聆聽他的講演，並曾數次和他討論問題。然而，我今天所要說的並不是這些交往。我在這裡作爲愛因斯坦的一個崇拜者發言，他是我們這個時代最偉大的物理學家；與牛頓一道，是歷史上兩位最偉大的物理學家。

　　十九世紀下半葉宏觀物質的物理學有了高度的成功。該世紀的兩個最輝煌的物理學成就—電磁學和熱力學—統計力學爲描述物質的宏觀性質奠定了全面的基礎。然而在這樣的描述中還缺乏某種東西：怎樣去了解構成宏觀物質的基本結構單位呢？十九世紀末，物理學家已經發現與以往研究宏觀物質所看到的完全不同的奇怪現象，其中包括：邁克爾遜—莫利（A. A Michelson—Morley，邁克爾遜是 1907 年諾貝爾物理學獎得主，譯注）的光速實驗，放射現象，普朗克 （M. Planck）輻射定律等等。總而言之，物理學正進入一個新階段，在這個新階段裡，物質與能的微觀性質成了研究的中心課題。

　　愛因斯坦將他的獨特的天才帶進了這一階段，給了我們兩次物理思想上的革命：狹義相對論與廣義相對論，並且爲形成第三次革命－量子力學作出了他的貢獻。在這樣做的時侯，他不僅建立起了深入的原子現象的理論，還將人類從絕對時間和歐氏空間的觀念中解放出來，給人對物理世界的理解的意義作出了全面的新估價。

愛因斯坦的工作表露出了他的有力的深刻的物理洞察力。他有強烈的美感和結構感。他既大膽而富創造性，又沉著而當仁不讓。讓我給各位念一念一九三五年他在居里夫人（M. S. Curie, 1903 年諾貝爾物理獎及 1911 年諾貝爾化學獎得主，譯注）逝世時的講話的開首一段：

> 在居禮夫人這樣一位巍峨的巨人已經結束了她的生命的時刻，讓我們不要僅僅回顧她的工作所帶給人類的豐碩成果。領導人物的道德品質比之他們純粹的智慧結晶對於一代人以及對於歷史進程也許有更巨大的意義。而智力成果本身與人的品格的關係，也遠比通常以為的要密切得多。

愛因斯坦自己就是追求科學所需要的力量和毅力的象徵，他的研究工作是在他之後的科學家的靈感和勇氣的源泉。

# 附錄 V 在李昭輝追悼會上的講話 (1977年)

楊振寧

　　李昭輝（Benjamin W. Lee）生於一九三五年，今年年初逝世，終年四十二歲。他一生發表了一百多篇關於理論物理的研究論文。

　　理論物理的主要目的，是對物理世界作出簡明而廣泛的理論描述。它的歷史告訴我們，這是一項極成功的事業。為了了解微妙、複雜而又常常是頭緒紛紜的自然現象，這門學科已經產生了不可思議地精確的理論描述。它使用最美最深邃的數學概念，同時又幫助創造並發展這些概念。

　　因為自然界是微妙而複雜的，對於理論物理的追求需要勇氣和熱忱，要敢於涉足到渾沌朦朧的新現象裡。因為所運用的概念是優美而深奧的，對於理論物理的追求需要鑑賞力與洞察力，要能總體地了解與掌握理論結構。

　　李昭輝的研究工作表明，他在這兩個方面都有高超的能力。他和介雅德（Gaillard）與羅斯納（Rosner）於發現 $J/_\Psi$ 粒子前就已經完成的在《現代物理評論》（Reviews of Modern Physics）上的論文，當時就引起了人們的注意，在發現了粲量子數後的今天更顯露出其價值。他關於規範場理論重整化的工作是近年來有關理論物理基本結構的重要成果之一。我們知道，在理論物理這一領域，沒有多少成就經過十年之後仍然為人們所重視，經過二十年之後仍為人們注意的則更少而又少。然而，我冒昧揣測，規範場重整化五十年以後將仍然會保持其重要性。

我們十分幸運，能和昭輝在石溪共事多年。他是一位令人激奮的物理學家，又是易於合作而慷慨大方的同事和朋友。他總是熱情洋溢，同時又有清醒的頭腦和嚴謹的作風。我們很多人，特別是我，曾經多次和他在一起愉快地討論問題，受益良多。

昭輝逝世的時侯正處於他物理學事業的巔峰。對於前面有些什麼奧秘等著大家去發現，他有許多想法。今年一月，美國物理學會在芝加哥舉行會議時，曾將海捏曼（Heineman）獎授予史蒂夫‧溫伯格（Steve Weinberg）。昭輝在會上有一篇講話，這裡讓我引用其中一段：

> 在目前的框架內，我們已了解，或者希望了解，弱相互作用，到了了解電動力學的程度嗎？我們還得解決 CP 破壞及弱相互作用的超高能性狀。關於這些課題，我在下面將作一些評論。但是我相信我們的路子是對的，關於這一點我比以往樂觀。而且我要說，史蒂夫在這裡面的貢獻確實與他今天要獲得的榮譽相稱。

昭輝的夭逝是他的家人和朋友的巨大損失，是費米實驗室的巨大損失，也是物理科學的巨大損失。

# 譯後記

　　世界著名物理學家，1957 年諾貝爾物理學獎得主楊振寧教授把他的大作"Selected Papers,1945—1980, With Commentary"寄贈譯者。這大十六開本洋洋灑灑 596 頁的巨著，選載了楊先生 1945 至 1980 年的 75 篇物理學論文。它們是楊振寧先生總數多達三百的論著中一小部分，其中不少是楊先生的傳世之作。對於選入該書的每一篇文章，楊先生都附上一篇後記。它們佔全書七分之一的篇幅，編排在該書的前面，按年代先後排列，自成一體。這些後記敘述了楊先生寫作每篇論文的時代背景，披露了他當時的心態，陳述了他對親自經歷的重大歷史事件的看法和評價，傾訴了他對故國、故人的親切回憶，生動地描繪了他同其他偉大歷史人物之間的交往等等。我們可以從中窺見楊振寧先生幾十年間的心路歷程。"在有些方面，也許比自傳還更有自傳性"（楊先生語）。

　　甫收到楊先生的贈書，譯者便迫不及待地把這幾十篇後記一口氣讀完。它們清新雋永、充滿了一片溫馨之情，讀來不只是一種享受，委實令人愛不釋手。譯者強烈地希望與他人分享自己的喜悅和感受，因而心底萌發了要把它們翻譯出來的願望。譯者的這種想法得到廣西科學技術出版社張興強社長及黃健先生的支持（黃先生還親自翻譯了〔64f〕和〔65a〕兩篇後記），於是就有了今天的這本書。

　　考慮到大部分讀者對涉及的物理學內容不一定感興趣，譯者對各篇後記所列的參考文獻作了刪節。感興趣的讀者請參閱原書。關於楊振寧先生的生平和對物理學的貢獻，可參閱《楊振寧的科學思想與方法》（甘幼玶著，將由光明日報出版社出版）。

另外，需要說明的是，收入本書的〔45a〕、〔48a〕、〔64e〕、〔76g〕、附錄Ⅱ—附錄Ⅴ等八篇文章，轉載自甘幼玶與黃得勛合譯的《讀書教學四十年》一書（楊振寧著，三聯書店香港分店出版，1985年）。在此謹向黃得勛先生致謝。

除重要歷史人物外，書中的人名一般不翻譯。

甘幼玶謹識

戊辰孟春月於邕垣廣西大學

# 外國人名及中譯對照

Abel, N. H. 阿貝耳

Alvarez, Luis W. 阿爾瓦雷茲

Bardeen, J. 巴丁

Baxter, R. J. 巴克斯特

Beethoven, L. von 貝多芬

Bernouilli, Nicholas, Daniel and Johann 伯努利家族

Bethe, H. A. 貝特

Bloch, Felix 布洛赫

Bohr, Niels 玻耳

Boltzman, L. 玻耳茲曼

Born, M. 玻恩

Bose, S. N. 玻色

Brattain, W. H. 布拉頓

Brown, G. E. 布朗

Brown, R. 布朗

Cartan, E. J. 嘉當

Chan, M. H. W. 陳鴻渭

Chandrasekhar, S. 錢德拉謝卡

Chang, Sheldon 張守廉

Chao, Alexander W. 趙午

Chau, Ling-Lie 喬玲麗

Cheng, Hung 鄭洪

Chern, Shing-Shen 陳省身

Chou, T.T. 鄒祖德

Chu, C.W. 朱經武

Clausius, R. 克勞修斯

Compton, A. H. 康普頓

Cooper, L. N. 庫柏

Cronin, J. W. 克羅寧

Deaver, B. S. Jr. 第佛

Dickson, L. E. 狄克遜

Dirac, P. A. M. 狄拉克

Dresden, M. 德累斯頓

Dyson, F. J. 戴遜

Einstein, A. 愛因斯坦

Euclid 歐幾里德

Euler, L. 歐拉

Fermi, Enrico 費米

Feynman, R. P. 費因曼

Fields, J. C. 菲爾茲

Fitch, Val 菲奇

Gauss, C. F. 高斯

Gell-Mann, M. 蓋爾曼

Gibbs, J. W. 吉卜斯

Glashow, S. L. 格拉肖

Hamilton, W. R. 哈密頓

Heisenberg, W. K. 海森堡

Higgs 希格斯

Hitler, A. 希特勒

Ho, Ping-ti 何炳棣

Hsiung, Ping-Ming 熊秉明

Huang, Kerson 黃克孫

Ising, E. 易興

Jacobi, W. G. J. 雅可俾

Jen, C. K. 任之恭

Jimbo, M. 神保道夫

Josephson, B. D.約瑟夫森

Joule, J. P. 焦耳

Kao, Charles K. 高錕

Kamerlingh Onnes 卡默林‧昂奈斯

Kelvin, Lord（即 William Thomson） 凱爾文

Kepler, J. 刻卜勒

Kissinger, H. A. 基辛格

Kroll, N. 克羅爾

Lagrange, C. J. L. 拉格朗日

Lamb, W. E. 蘭姆

Lee, Benjamine 李昭輝

Lee, T. D. 李政道

Ling, Gilbert 凌寧

Livermore, L. 利弗莫爾

Lorentz, H. A. 羅倫茲

Ma, S. T. 馬仕俊

Maxwell, J. C. 麥克斯爾

McCarthy, J. R. 麥卡錫

Michelangelo 米蓋朗基羅

Mills, R. L. 米爾斯

Mozart, W. A. 莫扎特

Mussolini, Benito 墨索里尼

Newton, I. 牛頓

Nieh, H. T. 聶華桐

Nobel, A. B. 諾貝爾

Onsager, L. 昂薩格

Oppenheimer, J. R. 歐本海默

Oswald, W. 奧斯瓦爾德

Pais, A. 派斯

Pauli, W. 包利

Picaso, P. 畢卡索

Planck, M. V. 普朗克

Pupin, M. I. 普平

Rembrandt 蘭布朗

Riemann, G. F. B. 黎曼

Rockefeller, N. 洛克菲勒

Rutherford, E. 盧瑟福

Salam, A. L. 薩拉姆

Sawada 澤田

Schrieffer, J. R. 施里費

Schrodinger, E. 薛丁格

Schubert, F. P. 舒伯特

Schwartz, M. 施瓦茲

Schweitzer, A. 施韋策

Schwinger, J. S. 施溫格

Shockley, W. 肖克萊

Sloan, A. P. 斯隆

Sommerfield, A. J. W. 索末菲

Steinberger, J. 斯坦伯格

Sutherland, B. 蘇瑟蘭

Teller, E. 泰勒

Thomson, J. J. 湯姆遜

Ting, Samuel C. C. 丁肇中

Toll, J. S. 託爾

Tomonaga, S. 朝永振一郎

Tonomura, A. 外林

Tu Yang, Chih Li 楊致禮

Uhlenbeck, K. K · 烏崙貝克

Uhlenbeck, G. G · 烏崙貝克

Van der Graaff 范德格拉夫

Van der Waals, J. D. 範德瓦爾斯

Van Gogh 梵谷

Weinberg, S. 溫伯格

Weyl, H. 韋爾

Wien, W. 維恩

Wigner, E. P. 維格納

Wolif, R. 沃爾夫

Wright, Orville and Wilbur 萊特兄弟

Wu, Chien-Shiung 吳健雄

Wu, T. T. 吳大峻

Yan, Edward 閻愛德

Yan, T. M. 顏東茂

Yau, Shing-Tung 丘成桐

Yang, Chen Ning 楊振寧

Yang, Chen Ping 楊振平

Yang, Franklin 楊光諾

Yang, Gilbert 楊光宇

Yang, Eulee 楊又禮

Yuan, Luke C. L. 袁家騮

Yukawa, H. 湯川秀樹

Zeeman, P. 塞曼

Zheng Chern, S. N. 陳鄭士寧

Zheng, T. S. 鄭桐蓀

國家圖書館出版品預行編目資料

楊振寧：20世紀一位物理大師及其心路歷程／丘成桐
編輯. -- 初版. -- 新竹市：交大出版社,
2001[民 90]
　　面：　　公分
譯自：Chen Ning Yang ： A Great
Physicist of the Twentieth Century
ISBN 957-30151-0-2（平裝）

1. 楊振寧 – 傳記 2. 物理學 – 美國 – 傳記
3. 物理學 – 論文,講詞等

330. 9952　　　　　　　　　　　90015468

# 楊振寧 — 20世紀一位物理大師及其心路歷程

編　輯　者：丘成桐
發　行　人：張俊彥
出　版　者：國立交通大學出版社
國外出版者：International Press
地　　　址：新竹市 300 大學路 1001 號
電　　　話：（03）5736308
電 子 信 箱：publish@cc.nctu.edu.tw
總　經　銷：五南圖書出版公司
　　　　　　台北市和平東路二段 339 號 4 樓
　　　　　　（02）27055066
印　　　刷：三億打字機商行
出　　　版：二〇〇一年十月初版
定　　　價：新台幣 480 元